普通高等教育“十三五”规划教材
土木工程类系列教材

ArcGIS 10.2 基础实验教程

主　编　丁　华
副主编　李如仁　成谴　刘艳　杨丹

清华大学出版社
北京

内容简介

本书由浅入深地介绍了 ArcGIS 10.2 Desktop 软件的基本操作及使用技巧。全书共 6 章 16 个实验，其主要内容包括地理信息系统基础知识、ArcGIS 10.2 简介、ArcGIS 10.2 基础实验、ArcGIS 地图制作、ArcGIS 查询及分析功能、ArcGIS 应用案例。本书第 1、2 章介绍基础理论知识，第 3～5 章包括 14 个基础实验，每个实验给出了详细的操作步骤，第 6 章灵活运用前面介绍的 GIS 技术解决两个真实案例。

本书为 GIS 软件操作入门指导书，注重实用性、全面性及理论与实践的结合，适合地理信息系统和相关专业的本科、高职学生使用。

图书在版编目(CIP)数据

ArcGIS 10.2 基础实验教程/丁华主编. —北京：清华大学出版社，2018(2024.8重印)
(普通高等教育"十三五"规划教材. 土木工程类系列教材)
ISBN 978-7-302-50238-8

Ⅰ. ①A… Ⅱ. ①丁… Ⅲ. ①地理信息系统－应用软件－高等学校－教材 Ⅳ. ①P208

中国版本图书馆 CIP 数据核字(2018)第 114733 号

责任编辑：秦 娜
封面设计：陈国熙
责任校对：赵丽敏
责任印制：刘 菲

出版发行：清华大学出版社
网 址：https://www.tup.com.cn，https://www.wqxuetang.com
地 址：北京清华大学学研大厦 A 座　　邮 编：100084
社 总 机：010-83470000　　邮 购：010-62786544
投稿与读者服务：010-62776969，c-service@tup.tsinghua.edu.cn
质量反馈：010-62772015，zhiliang@tup.tsinghua.edu.cn
印 装 者：小森印刷霸州有限公司
经 销：全国新华书店
开 本：185mm×260mm　　**印 张**：13.75　　**字 数**：334 千字
版 次：2018 年 6 月第 1 版　　**印 次**：2024 年 8 月第 15 次印刷
定 价：38.00 元

产品编号：077177-02

GIS 技术已经深入应用到测绘科学、资源调查、环境评估、交通运输、水利电力等多个领域，并发挥越来越大的作用。作为世界领先的地理信息系统 (GIS) 构建和应用平台，ArcGIS 是全球市场占有率最高的 GIS 软件，也是 GIS 专业人员使用的最流行的 GIS 软件。ArcGIS 可供全世界的人们将地理知识应用到政府、企业、科技、教育和媒体领域。ArcGIS 10.2 Desktop 是 ERSI 公司于 2013 年在 ArcGIS 10.1 基础上的改进版，是目前应用广泛且比较稳定的版本。

作者长期工作在教学第一线，有丰富的 ArcGIS 软件教学经验，能够从教学实践和学生的需要出发编写教材，为 ArcGIS 软件教学提供有力的支持。ArcGIS 桌面软件体系功能繁多，操作相对比较复杂，要想熟练掌握该软件，必须有难度适宜且循序渐进的教程指导学生由浅入深、由易到难逐步学习，否则学生很容易失去兴趣，从而难以坚持。本书从 GIS 基础知识和 ArcGIS 简介入手，通过 16 个实验将理论与实践操作结合起来。本书兼顾基础理论和实验指导书的优点，可以使初学者快速入门，并很容易掌握 ArcGIS 的操作技能。

全书共 6 章，其中第 1 章和第 2 章为 GIS 和 ArcGIS 基础介绍，对 GIS 的整个知识体系及 ArcGIS 的系统结构进行介绍；第 3 章为 ArcGIS 基础实验，通过 5 个实验介绍 ArcGIS 桌面软件的基本属性、功能和简单操作；第 4 章介绍地图制作，这是 GIS 软件平台的基本功能，也是对空间数据进行空间分析的前提；第 5 章介绍了 ArcGIS 的查询和分析功能，包括查询统计、缓冲区分析、叠置分析及模型构建器等内容；最后一章则是通过两个应用实例，将前面所学的方法综合运用到实践中，解决实际问题。第 3~6 章共 16 个实验，每个实验都有详细的步骤，并辅以相应的数据，读者可以通过手机扫描下面提供的二维码下载数据。

本书在编写过程中还邀请了同样从事 GIS 软件教学的李如仁、成谴、刘艳、杨丹等几位老师参与本书部分章节的编写；几位相关专业老师和学生对本书进行多次检查和测试，尤其是王欣、杨大勇老师和覃怡婷同学，在此表示感谢。此外，本书在编写过程中参考了国内外许多同行的教程和著作，在此向各位作者表示感谢。

由于作者水平有限，书中难免有欠缺之处，编者将在教学和科研实践中不断充实和完善本教程，也请读者朋友多提宝贵意见。

ArcGIS 10.2 基础实验教程实验数据.rar

编　者

2018 年 1 月

目　录

地理信息系统基础知识

地理信息系统、遥感和全球定位技术三者有机结合，构成科学地理学日益完善的科学技术，引起世界各国普遍的重视。地理信息系统(Geographic Information System, GIS)是一门综合性学科，结合地理学与地图学、遥感、测绘学以及计算机科学，已经广泛地应用在不同的领域。地理信息系统是管理和分析空间数据的科学技术，它及时而又准确地向地学和测绘工作者、各级管理和生产部门提供有关区域综合、方案优选、战略决策等方面可靠的地理或空间信息。

地理信息系统是测绘专业的一个重要方向，测绘不但为 GIS 提供不同比例尺和精度的地理定位数据，而且其理论和算法可直接用于空间数据的变换和处理，将 GIS 引入测绘，则可以用一种全新的思想和手段来解决复杂的分析和管理问题。

1.1 GIS 的概念

地理信息系统具有采集、存储、查询、分析、显示和输出地理数据的功能，是为地理研究和地理决策服务的计算机技术系统。地理信息系统是一种以地理坐标为主的信息系统，即空间信息系统。

地理信息系统的概念中涉及地理和地理信息两个术语。地理泛指地球表面各种自然现象和人文现象，以及它们之间的相互关系和区域差异。地理信息是指人对地理现象的感知，其内容包括地理系统诸要素的分布特征、数量、质量、相互联系和变化规律等，地理信息的特点包括空间定位特征、多维结构特征、动态特征等。此外，地理信息系统也与信息系统密切相关，信息系统是具有数据采集、管理、分析和表达数据能力的系统，它能够为单一的或有组织的决策过程提供有用信息。一个基于计算机的信息系统包括计算机硬件、软件、数据和用户四大要素。地理信息系统除了具有一般信息系统的功能，还能显示数据的空间分布，并且有强大的空间查询、分析、模拟、统计和预测等功能。

国际地理信息系统从 20 世纪 60 年代开始发展，随着社会的进步，对自然资源和环境的规划管理要求越来越迫切，计算机的发展促使人们研制地图的分析、应用和输出系统，从而导致 GIS 的产生；20 世纪 70 年代是巩固时期，世界各地研制了不同专题、不同规模、不同类型的 GIS；20 世纪 80 年代是突破的阶段，随着计算机价格的降低以及广泛应用，GIS 软件向智能化方向发展；20 世纪 90 年代，计算机进入全面应用阶段，伴随地理信息产业的建立和数字化信息产品在全世界的普及，GIS 深入到各行各业；进入 21 世纪，GIS 有了重大发展，信息产业的日新月异使 GIS 向云计算、大数据、智能化等方向快速发展。

我国的 GIS 发展从 20 世纪 70 年代开始进入准备阶段，并开始讨论计算机在地图制图和遥感领域中的应用；20 世纪 80 年代起，开始有组织、有计划地发展 GIS 技术；20 世纪 90 年代，进入稳步发展阶段，我国建立了相当数量的 GIS 运行系统，高校开设 GIS 专业；进入 21 世纪，我国自主研发了很多综合地理信息平台，地理信息产业在我国快速发展起来，并迅速与国际接轨。

1.2 GIS 的组成

地理信息系统包括空间数据、系统硬件、系统软件和用户四部分，如图 1-1 所示。

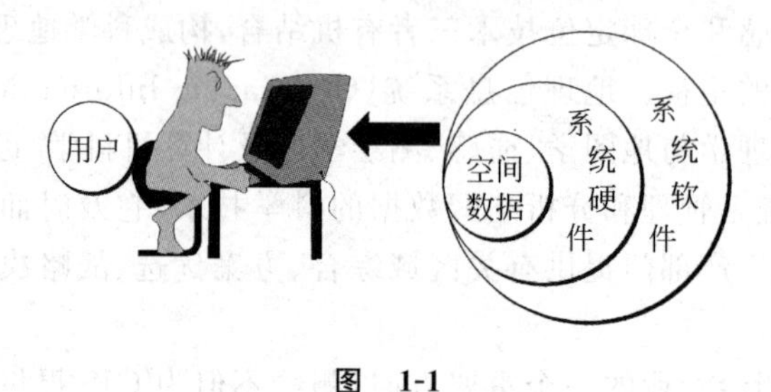

图 1-1

1. 系统硬件

GIS 硬件配置一般包括处理设备、输入设备、存储设备和输出设备四个部分，如图 1-2 所示。

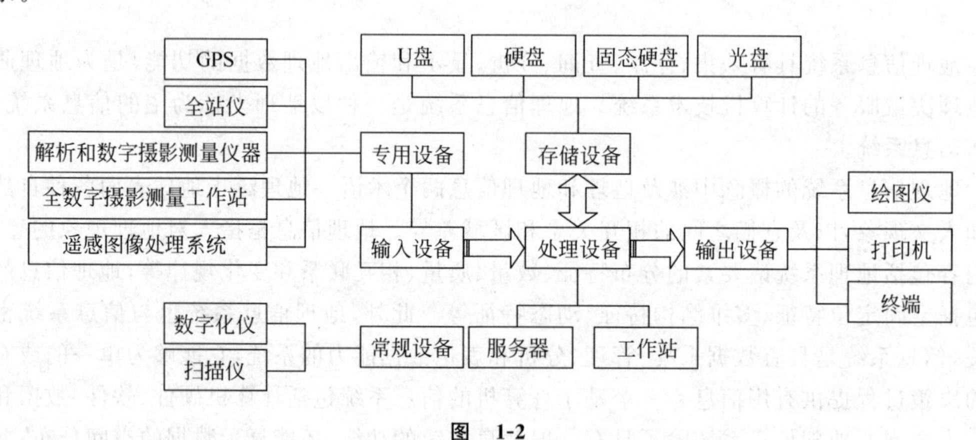

图 1-2

(1) 处理设备是硬件的核心部分，主要包括计算机主机、服务器、工作站、屏幕、鼠标和键盘等。

(2) 输入设备包括常规设备和专用设备。常规设备是数字化仪、扫描仪等，而专用设备是近十几年发展的 GPS、全站仪、全数字摄影测量工作站、遥感图像处理系统等。输入设备的拓宽，为 GIS 系统提供了更多的数据源，与之相对应地产生了多源 GIS 系统平台。

(3) 存储设备是用来存储 GIS 空间数据和处理结果的设备，目前主要包括大容积的 U 盘、硬盘、移动硬盘等，近几年还出现了小体积、高速率传输的固态硬盘和固态移动硬盘。存储设备正向小体积、大容积、高传输速度的方向发展，为 GIS 的推广提供了有利条件。

(4) 输出设备：最常见的输出设备是显示器、绘图机、打印机等。

2. 系统软件

GIS 系统软件按功能可以分为数据输入、数据管理、空间分析、数据输出、应用模块五个部分。

(1) 数据是 GIS 的血液，数据输入的目的是将现有的地图、外业观测成果、遥感影像、文本资料转换为 GIS 可以处理与接收的数字形式，使 GIS 系统可以进行识别、管理和分析，不同数据输入需要不同的设备。数据输入就是构建地理信息数据库的过程。

(2) 数据管理模块是 GIS 的核心。GIS 核心部分有一个巨大的地理数据库(包括各种关系数据库、oracle 等)，它必须能管理存储于 GIS 中的一切数据，具有数据库的定义、维护、查询、通信等功能。

(3) 空间分析是 GIS 的大脑，它是 GIS 区别于一般数据库和信息系统的重要特征。通过对 GIS 中空间数据的分析和运算，GIS 可以为具体应用提供分析处理后的信息。一般针对各种专业应用模型，需要专业人员进行二次开发。GIS 具有地形分析、叠置分析、缓冲区分析、网络分析等基本分析功能。

(4) 数据输出是将 GIS 中的数据经过分析、转换、处理、组织，并以报表、专题地图等形式提供给用户，网络 GIS 还可以通过网络在线传输给客户。

(5) 应用模块是指应用于某种特殊任务的 GIS 软件模块，GIS 基础软件中不具备这个模块，但是用户往往需要用它们来进行房地产管理、自然灾害分析等。为了实现这些扩展功能，必须在 GIS 软件的基础上开发出应用模块。

GIS 软件各部分的关系如图 1-3 所示。

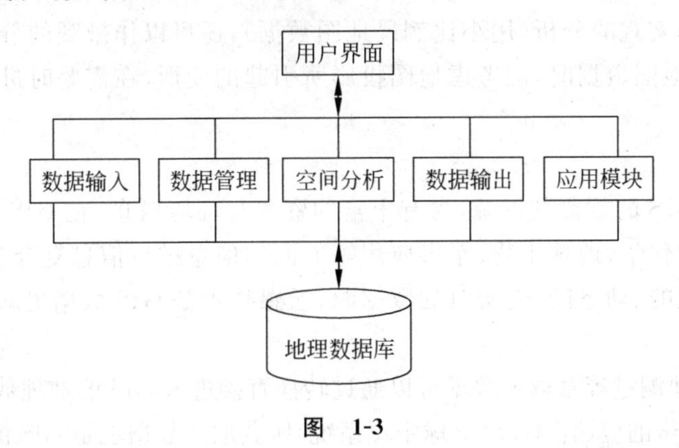

图 1-3

3. 管理和操作人员

GIS 软件平台的操作和二次开发，都必须由掌握该技术的人员对 GIS 的管理、操作和开发人员进行培训，使他们能熟练完成各项 GIS 任务。

从事 GIS 的工作人员按层次不同，可分为以下几类：

(1) 低级技术人员：不必知道 GIS 如何工作，其任务是数据的输入、结果输出等。

(2) 业务操作人员：熟练掌握 GIS 操作，维持 GIS 的日常运行，完成应用任务。

(3) 软件技术人员：精通 GIS 操作，负责系统的维护、系统的开发、数学模型的建立等。

(4) 科研人员：利用 GIS 进行科研工作，并能够提出新的应用项目、新的要求和功能等。

(5) 管理人员：包括决策、公关等人员，应懂得 GIS 技术，能介绍 GIS 功能，寻找客户等。

GIS 管理和操作人员使 GIS 系统能够正常发挥其功能，并对 GIS 系统进行开发、管理和使用，也是 GIS 的重要组成部分。GIS 中的数据非常重要，本书会单独列出一小节进行讲解。

1.3　GIS 中的数据

数据是 GIS 的血液，没有数据，GIS 就无法运行。空间数据（地理数据）是 GIS 的操作对象，是现实世界经过模型抽象的实质性内容。

1. 数据源

数据源是指建立 GIS 的地理数据库所需的各种数据的来源，主要包括地图、遥感图像、数字摄影测量工作站、无人机数据采集系统、文本资料、统计资料、实测数据、多媒体数据、已有系统的数据等。无人机数据采集系统、实测数据、地图数据和遥感图像是目前地理信息系统主要的数据来源，下面进行详细介绍。

1）地图数据

地图是 GIS 的主要数据源，因为地图包含着丰富的内容，不仅包含实体的类别和属性，还包含实体间的空间关系。地图数据主要通过对地图的跟踪数字化和扫描数字化获取。地图数据不仅可以作宏观的分析（用小比例尺地图数据），还可以作微观的分析（用大比例尺地图数据）。在使用地图数据时，应考虑地图投影所引起的变形，在需要时进行投影变换，或转换成地理坐标。

2）遥感数据

遥感数据是 GIS 的重要数据源，含有丰富的资源与环境信息，在 GIS 支持下，可以与地质、地球物理、地球化学、地球生物、军事应用等方面的信息进行信息复合和综合分析。遥感数据是一种大面积的、动态的、近实时的数据源，遥感技术是 GIS 数据更新的重要手段。

3）实测数据

野外试验、实地测量等获取的数据可以通过转换直接进入 GIS 的地理数据库，以便于进行实时的分析和进一步的应用。GPS（全球定位系统）所获取的数据也是 GIS 的重要数据源。

4）无人机数据采集系统

无人机技术可以大大提高 GIS 专业技术人员的工作效率，在很短的时间内就能为一个中、小型作业区域获取高质量的航拍影像，并可以把它们转换为所需的 2D 和 3D 成果。作为一种新光栅数据的采集方法，无人机技术是卫星或载人飞机数据采集技术的有利补充，虽然相比遥感图像覆盖率低、费时，但是能获取高分辨率的数据。此外，无人机现势性强，可随意控制工作时间，收集地理图像无需等待，并不受各种因素的影响，如天气、时间差异、成本问题。其所能达到的精度为每个像素 1.1cm，明显高于当前卫星和载人飞机可以达到的分辨率。

无人机并非产生了新的 GIS 应用，但它相比于现有的数据获取方法来说成本更低，因此可以迅速扩大现有的 GIS 应用市场。换句话说，同样是在林区上方低空飞行收集数据，无人机会比传统的飞行员驾驶飞机节约大量成本。

2. 数据特征

空间数据有属性、空间、时间三个基本特征。

（1）属性特征：用以描述事物或现象的特征，即用来说明"是什么"，如事物或现象的类别、等级、数量、名称等。

（2）空间特征：用以描述事物或现象的地理位置，又称几何特征、定位特征，如点的三维坐标等。

（3）时间特征：用以描述事物或现象随时间变化，如一年内湖水面积的变化等。

目前 GIS 主要考虑的还是属性特征与空间特征的结合，较少考虑到空间数据的时间特征，时空 GIS 也是地理信息系统的一个研究方向。实际上由于空间数据具有时间维度，过时的信息虽不具有现势性，却可以作为历史性数据保存起来，作为趋势分析的基础数据，但是会增加 GIS 表示和处理数据的难度。

3. 数据类型

根据空间数据的基本特征，可以把空间数据归纳为几何数据、属性数据、元数据三类。

几何数据用来描述空间实体的位置、形状、大小等信息如描述一幢房子位置和形状的坐标数据。空间数据通常是通过测绘手段获取的，包括地图、无人机、遥感、GPS 等。其表示方法有两种：一种是矢量形式，一般用三维或二维坐标串来表示；一种是栅格形式，用规则的像元阵列来表示。两者都从集合的角度把空间目标分为点状、线状和面状目标三种基本类型。

属性数据是指描述空间目标的社会或自然属性的数据，如房子的户主、建筑年代、建筑材料等。

元数据是描述数据的数据，即关于数据（几何数据和属性数据）的描述性数据信息。元数据尽可能多地反映数据集自身的特征规律，以便于用户准确、高效与充分地开发与利用数据集。元数据的内容包括对数据集的描述、对数据质量的描述、数据处理信息说明、数据转换方法的描述等。元数据帮助数据生产者管理和维护空间数据，便于数据用户查询和检索地理空间数据，并提供有关信息以便于数据的处理和转换。元数据是数据共享和有效使用的重要工具。

4. 数据存储

GIS 中数据的存储方式主要有三种：文件方式、数据库方式和文件夹方式。

1）文件方式

矢量数据、栅格数据及表格数据都可以以文件形式存储。通常情况下，一个数据由几个同名的文件（不同扩展名）组成。例如，ArcGIS 中以 Shapefile 形式保存的矢量数据包含了 shp、shx 和 dbf 等文件，其中 shp 文件保存空间图形数据，dbf 文件保存属性数据，shx 文件是连接图形和属性的索引文件。

2）数据库方式

数据库方式主要应用于属性数据，所有数据统一存储在数据库中，由数据库系统管理，可以是小型单用户数据库（如 Access），也可以是企业级的多用户数据库（如 Oracle、DB2、Informix、SQL Server 等）。目前，地理数据越来越庞大，且数据类型也越来越复杂，采用面向对象的数据库来存储和管理地理数据是目前 GIS 数据库的发展方向。

3）文件夹方式

所有数据存储在同一文件夹中，由相应的文件管理系统进行管理，这种数据存储方式很少使用。

目前绝大多数 GIS 平台采用图形数据以文件形式存储，而属性数据存储在数据库中，用唯一的关键字（KEY）将属性数据与图像数据进行关联。

5. GIS 的数据结构

数据结构是数据组织的形式，是适合计算机存储、管理和处理的数据逻辑结构。空间数据结构是地理实体的空间排列方式和相互关系的抽象描述。地理数据库中采用空间数据结构来数字化表达地理空间信息。GIS 中的数据结构主要有两种类型：基于矢量的数据结构和基于栅格的数据结构。现代的一些地理信息系统结合了两种数据结构，采用混合数据结构和矢量栅格一体化的数据结构。

1）矢量数据结构

矢量数据结构是通过坐标值来精确表示点、线、面等地理实体的方法（图 1-4）：点由一对 x，y 坐标表示；线由一串 x，y 坐标表示；面由一串有序的且首尾坐标相同的 x，y 坐标表示。矢量数据结构可以表示现实世界中各种复杂的实体，当问题可描述成线和边界时特别有效。矢量数据冗余度低，结构紧凑，并具有空间实体的拓扑信息，便于深层次分析，此外矢量数据的输出质量好，精度高。

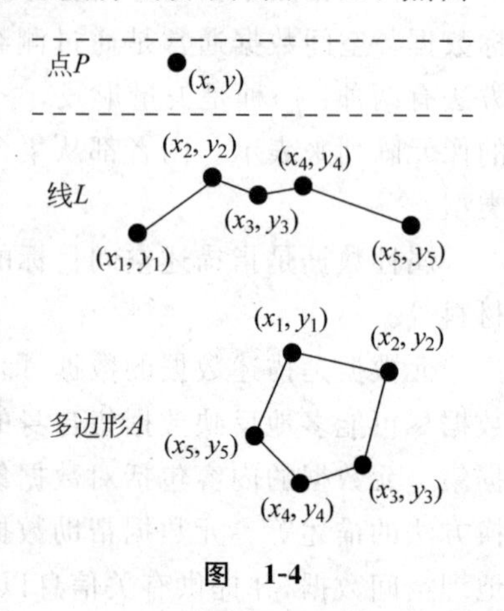

图 1-4

矢量数据通常有四种获取方式：①由外业测量获得，可利用测量仪器自动记录测量成果（电子手簿），然后转到地理信息数据库中；②由摄影测量获得，可利用摄影测量技术获得矢量化的测量成果，然后转到地理数据库中；③由栅格数据转换获得，利用栅格数据矢量化技术把栅格数据转换为矢量数据；④跟踪数字化，用跟踪数字化的方法把地图变成离散的矢量数据。

按矢量数据是否明确表示各地理实体的空间相互关系，矢量数据的数据模型可分为实体型和拓扑型两大类。实体型仅记录空间对象位置坐标和属性信息，不记录拓扑关系，其优点是编码容易、数字化简单、显示速度快，缺点是数据冗余，可能出现重叠或者裂缝，引起数据不一致，空间分析困难。拓扑结构是明确定义空间结构关系的一种数学方法，在 GIS 中它常用于空间数据的组织。拓扑型记录地理实体间的相对空间位置，无需坐标和距离，其优点是结构紧凑，数据冗余度小，拓扑关系明晰，使得空间查询、空间分析效率高，缺点则是对单个地理实体操作的效率低，难以表达复杂的地理实体，且局部更新困难。实体型和拓扑型都是目前最常用的矢量数据结构模型，实体型代表软件为 MapInfo，拓扑型代表软件为

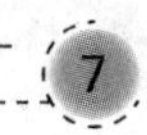

ArcGIS。

2）栅格数据结构

栅格数据结构是以规则的像元阵列来表示空间地物或现象分布的数据结构，其阵列中的每个数据表示地物或现象的属性特征。换句话说，栅格结构将地理空间划分成若干行、若干列，称为一个像元阵列，其最小单元称为像元或像素。每个像元的位置由行列号确定，其属性则以代码表示（图 1-5）。栅格数据结构与通过记录坐标的方式尽可能地将点、线、面地理实体表现得精确无误的矢量数据结构有很大的差异。

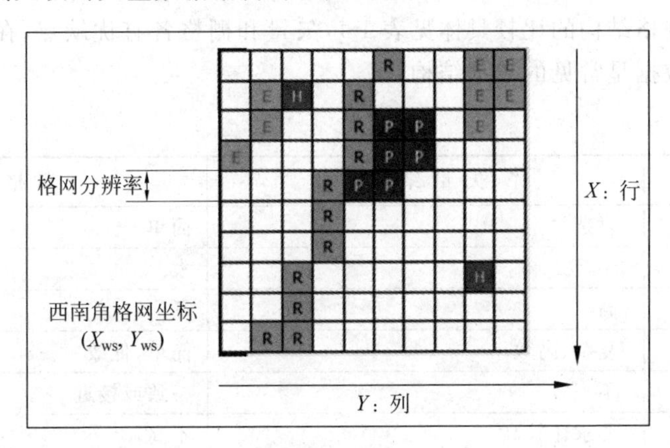

图　1-5

对于栅格数据结构，点为一个像元；线为在一定方向上连接成串的相邻像元集合；面则是聚集在一起的相邻像元的集合。栅格数据表示的是二维表面上的地理数据离散化数值。在栅格数据中地表被分割为相互邻接、规则排列的矩形方块（有时也可以是三角形、六边形等），每一个地块与一个像元对应，因此像元就是栅格单位，对地图的分辨率和计算精度起关键作用，栅格数据的比例尺就是像元大小与地表相应单元大小之比。栅格数据记录的是属性数据本身，而位置数据可以由属性数据对应的行列号转换为相应的坐标。栅格数据的阵列方式很容易为计算机存储和操作，不仅直观，而且易于维护和修改。

栅格数据的获取方式通常有以下几种。

(1) 来自于遥感数据。通过遥感手段获得的数字图像就是一种栅格数据，它是遥感传感器在某个特定的时间对一个区域地面景象的辐射和反射能力的扫描抽样，并按不同的光谱段分光和量化后，以数字形式记录下来的像素值序列。遥感能周期性、动态地获取丰富的信息，并可直接以数字方式记录和传送。

(2) 来自对图片的扫描。通过扫描仪对地图或其他图件的扫描，可以把资料转换为栅格形式的数据。

(3) 由矢量数据转换而来。通过运用矢量数据栅格化技术，把矢量数据转换成栅格数据，这种情况通常是为了有利于 GIS 中的某些操作，如叠置分析等，或者是为了有利于输出。例如，对于从专题图上获取的矢量数据结构的地块图，以及温度或降雨量分布图，可用软件方法将其转成栅格结构数据图，并对其进行叠置分析。

(4) 由手工方法获得。在专题图上均匀划分网格，逐个确定网格的属性代码值，最后形成栅格数据文件。

栅格数据结构的表示方法通常有直接栅格编码、游程长度编码、四叉树编码等，此处不作详细介绍。

3）矢量与栅格一体化

在数字化线状实体时，除记录原始取样点外，还记录所通过的栅格，每个面状地物除记录它的多边形边界外，还记录中间包含的栅格。矢量与栅格一体化的数据结构既保持了矢量特性，又具有栅格的性质，将矢量与栅格统一起来。

4）矢量结构与栅格结构的比较

矢量结构和栅格结构的比较具体见表 1-1，矢量和栅格各有优缺点，在地理信息系统中矢量数据和栅格数据是常见的数据结构。

表 1-1

比较内容	矢 量 结 构	栅 格 结 构
数据结构	复杂	简单
数据量	小	大
图形精度	高	低
图形运算、搜索	复杂、高效	简单、低效
软件与硬件技术	不一致	一致或接近
遥感影像格式	要求比较高	不高
图形输出	显示质量好、精度高，但成本比较高	输出方法快速，质量低，成本比较低廉
数据共享	不易实现	容易实现
拓扑和网络分析	容易实现	不易实现

6. 数据组织

在 GIS 系统中，采用横向分幅（标准分幅或区域分幅等）、纵向分层（主题层等）来组织空间数据。将现实世界中的空间对象层层细分，先将地图按主题分层，每层再按照邻近原则分块，每块也称为对象集合。如有需要，再将大块分为小块，最后分为单个对象。对象集合是由多个单个对象组成。图块结构和图层结构是空间数据库在纵、横两个方向的延伸，同时空间数据库是两者的逻辑再集成。

数据分层（thematic layer）是地理信息系统中的关键词之一，地理信息系统通常对地理对象采用按主题分类、按类设层的原则，同种要素的集合就是一个主题层，也就是说将不同的“层”要素进行重叠，就形成不同主题。如图 1-6 所示，影像底图图层、高程图层、水文地理图层、边界图层、土地利用图层、道路图层叠加在一起就形成某地区地表基本状态主题。科学有效的数据分层是数据管理、GIS 地图编制、制图综合、专题制图、空间分析的前提。国内外著名的 CAD、GIS 软件都充分利用了层的概念和技术。

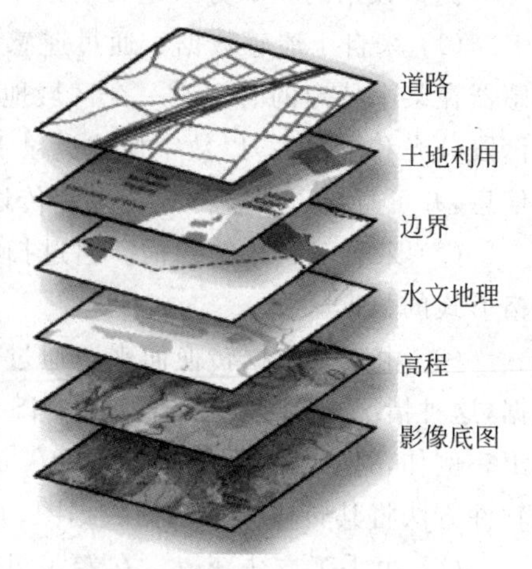

图 1-6

横向分块组织管理是将某一区域的空间信息按照某种分块方式分割成多个数据块，以文件或表的形式存放在不同的目录或数据库中。图幅对应一块区域，分块的方式主要有标准经纬度分块、矩形分块和任意区域多边形分块。标准经纬度分块是根据经、纬线将空间数据划分成多个数据块；矩形分块是按照一定大小的矩形将空间数据划分成多个数据块；任意区域多边形分块就是按任意多边形将空间数据划分为多个数据块。

1.4　GIS 的功能与应用

GIS 是计算机技术与控件数据相结合而产生的一项高新技术，它除了具有基本的数据采集、管理、处理、分析和输出功能，还具有处理地理信息的各种高级功能。GIS 的这些功能，通过利用空间分析技术、模型分析技术、网络技术、数据库和数据集成技术、二次开发技术，可以演绎出丰富多彩的系统应用功能，满足社会和用户的广泛需求。

1.4.1　GIS 的功能

地理信息系统具有数据采集与输入、数据编辑与更新、数据存储与管理、空间查询与分析及数据显示与输出等基本功能(图 1-7)。如果这些基本功能不能满足用户需要，还可以进行二次开发和编程，利用高级语言对 GIS 平台进行更专业、更强大功能的深度开发。

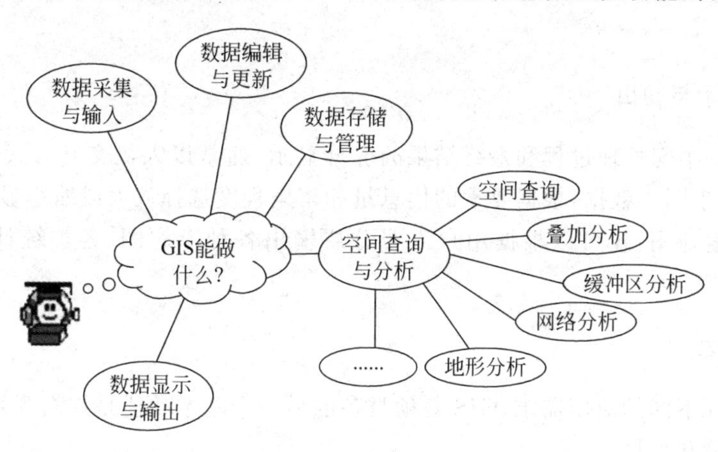

图　1-7

1. 数据采集与输入

数据采集与输入即在数据处理系统中将系统外部的原始数据传输给系统内部，并将这些数据从外部格式转换为系统便于处理的内部格式的过程。对于多种形式、多种来源的信息，可实现多种方式的数据输入，主要有图形数据输入(如管网图的输入)、栅格数据输入(如遥感图像的输入)、测量数据输入(如 GPS 数据输入)和属性数据输入(如数字和文字的输入)。

2. 数据编辑与更新

数据编辑主要包括图形编辑和属性编辑。属性编辑主要与数据库管理结合在一起完成，图形编辑主要包括拓扑关系建立、图形编辑、图形整饰、图幅拼接、图形变换、投影变换、误差校正等功能。数据更新即以新的数据项或记录来替换数据文件或数据库中相对应的数据项或记录，它是通过删除、修改、插入等一系列操作来实现的。

3. 数据存储与管理

数据存储，即将数据以某种格式记录在计算机内部或外部储存介质上。属性数据管理一般直接利用商用关系数据库软件进行管理，如 FoxBase，FoxPro 等。空间数据管理是 GIS 数据管理的核心，各种图形或图像信息都以严密的逻辑结构存放在空间数据库中。

4. 空间查询与分析

对地理空间的查询与分析是 GIS 的核心功能，也是 GIS 得以广泛应用的重要原因之一。空间查询是地理信息系统以及许多其他自动化地理数据处理系统应具备的最基本的分析功能，即可查出满足一定条件的空间对象，并将其按空间位置绘出，同时列出它们的相关属性等。空间模型分析是在地理信息系统支持下，分析和解决现实世界中与空间相关的问题，它是地理信息系统应用深化的重要标志。空间分析是地理信息系统的核心功能，也是地理信息系统与其他计算机系统的根本区别，它以空间数据和属性数据为基础，回答真实地理客观世界的有关问题。地理信息系统的空间分析可分为拓扑分析、叠置分析、网络分析和地形分析等。

5. 数据显示与输出

数据显示是中间处理过程和最终结果的屏幕显示，通常以人机交互方式来选择显示的对象与形式，对于图形数据，根据要素的信息量和密集程度选择放大或缩小显示。GIS 不仅可以输出全要素地图，还可以根据用户需要分层输出各种专题图、各类统计图、图标及数据等。

6. 二次开发

为满足各种不同的应用需求，GIS 必须具备的另一个基本功能是二次开发环境，包括专用语言开发环境和控件。

1.4.2 GIS 的应用

用地图表示空间数据的方法至少有 2000 年的历史了，但只有通过 GIS，空间数据才真正全面发挥了它的各种作用。GIS 既可以对数据进行定量分析，也可以把分析结果表达为图形，同时支持数据思维和空间思维，比传统地图上的空间分析和针对统计数据的定量分析有了质的飞跃，因而 GIS 已渗入资源管理、区域和城乡规划、灾害监测、环境评估等社会和经济的各个方面(图 1-8)，并发挥越来越大的作用。

1. 资源管理

GIS 最初起源于资源清查，是 GIS 最基本的职能，也是目前趋于成熟的主要应用领域。资源清查包括土地资源、森林资源和矿产资源的清查、管理，土地利用规划，野生动物的保护

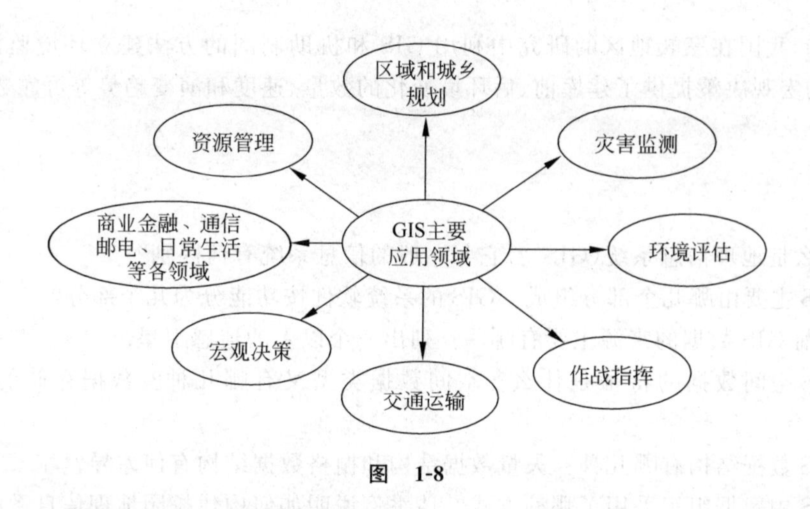

图　1-8

等。GIS 的主要任务是将各种来源的数据和信息有机地汇集在一起，并通过统计、叠置分析等功能，按多种边界和属性条件，提供区域多种条件组合形式的资源统计和资源现状分析，从而为资源的合理开发、利用提供依据。例如，加拿大应用 GIS 完成全国土地资源潜力和估算，又如利用 GIS 进行世界小麦大面积估产的高准确率，这些说明 GIS 在资源清查方面的应用趋于成熟。

2. 灾害监测

GIS 方法和多时相的遥感数据，可以有效地用于森林火灾的预测预报、洪水灾情监测和淹没损失估算，确定泄洪区内人员撤退、财产转移和救灾物资供应的最佳路线，为救灾抢险和防洪决策提供及时准确的信息。

3. 环境评估

利用 GIS 技术建立城市环境监测、分析及预报信息系统，可为实现环境监测与管理的科学化、自动化提供最基本的条件。在区域环境质量现状评价过程中，利用 GIS 技术的辅助，可实现对整个区域的环境质量进行客观、全面地评价，以反映出区域中受污染的程度以及空间分布状态。

4. 交通运输

近年来，GIS 在交通方面的应用得到人们广泛的重视，并形成了专门的交通地理信息系统 GIS-T，以满足道路交通管理方面的要求。GIS-T 可以实现车辆的跟踪和调度、路径优化分析、设备管理、运输路线分析、合理调度车辆等功能。在 GIS-T 的上述功能中，空间分析功能是地理信息系统软件的核心，叠置分析、地形分析和最短路径优化分析等功能是为空间分析服务的，此外交通设计部门可以利用 GIS-T 的等高线、坡度坡向、断面图的数字地形模型的分析功能进行公路测设。

5. 宏观决策

GIS 利用地理数据库，通过一系列决策模型的构建和比较分析，可为国家宏观决策提供依据。例如，我国在三峡地区的研究中利用 GIS 和机助制图的方法建立环境监测系统，为三峡工程的宏观决策提供了建库前、后环境变化的数量、速度和演变趋势等可靠数据。

习题

1. 什么是地理信息系统(GIS)？它与一般的信息系统有何区别？

2. GIS 主要由哪几个部分组成？GIS 的系统软件按功能分为几个部分？

3. 目前 GIS 数据的来源主要有哪些？列出三个以上的遥感卫星。

4. GIS 空间数据的特征是什么？空间数据类型又有哪几种？数据存储的方式有哪三种？

5. GIS 数据结构有哪几种？矢量数据结构和栅格数据结构有何差异？

6. GIS 中数据组织采用了哪种方式？请举例说明如何构建校园地理信息系统主题。

7. GIS 可应用于哪些领域？试结合你的专业论述 GIS 的应用和发展前景。

ArcGIS 10.2 简介

ArcGIS 是美国 ESRI(Environmental Systems Research Institute)公司研发的构建于工业标准之上的无缝扩展的 GIS 产品家族，也是目前功能最强大、技术最成熟的综合地理信息平台之一。ESRI 公司集 40 余年地理信息系统(GIS)咨询和研发经验，开发出 ArcGIS 综合地理信息平台。ArcGIS 平台整合了数据库、软件工程、人工智能、网络技术、云计算等主流的 IT 技术，是一个全面的、可伸缩的 GIS 平台，也为用户构建一个完善的 GIS 系统提供完整的解决方案。

ArcGIS 软件平台自 1982 年问世以来，经过 30 多年的不断发展，已经成为一个多源综合地理信息平台。2001 年 ESRI 公司发布的 ArcGIS 8.1 构造了一个革命性的数据模型，设计了完全开放的体系结构，并成为一个可伸缩系统；2004 年 ESRI 推出了新一代版本 ArcGIS 9 软件，对于构建一个完全的 GIS 来说，ArcGIS 9 是下一代集成的软件产品，与此同时引入两个新产品，即 ArcGIS Engine 和 ArcGIS Server；2010 年，ESRI 推出 ArcGIS 10，这是全球首款支持云架构的 GIS 平台，在 WEB2.0 时代实现了 GIS 由共享向协同的飞跃，同时 ArcGIS 10 具备了真正的 3D 建模、编辑和分析能力，并实现了由三维空间向四维时空的飞跃。自 ArcGIS 10 发布以来，不断升级，目前最新的版本为 ArcGIS 10.5(2017 年推出)，本书以 2013 年发布的 ArcGIS 10.2 中文版作为教学版本，与后来发布的 ArcGIS 10 系列版本的基本功能大致相似，可以互相参照学习。

2.1 ArcGIS 10.2 的组成

ArcGIS 10.2 是 ESRI 公司 2013 年全新推出的 ArcGIS 新版本，能够全方位服务于不同用户群体的 GIS 平台，组织机构、GIS 专业人士、开发者、行业用户甚至大众都能使用 ArcGIS 打造属于自己的应用解决方案。相对于 2010 年发布的 ArcGIS 10.0，ArcGIS 10.2 的性能进一步提升，架构进一步优化，功能进一步增强，为不同的用户群体提供了更丰富的内容，更完善的基础设施，更灵活多样的扩展能力和更多即拿即用的应用。

ArcGIS 10.2 产品体系包括 ArcGIS 移动产品、二次开发工具(主要是 ArcGIS Engine)、ArcGIS Server、ArcGIS Desktop(桌面)、ArcGIS Online、City Engine 等，如图 2-1 所示。

1. ArcGIS 移动产品

ArcGIS for Mobile 将 GIS 从办公室延伸到了轻便灵活的智能终端和便携设备(车载、

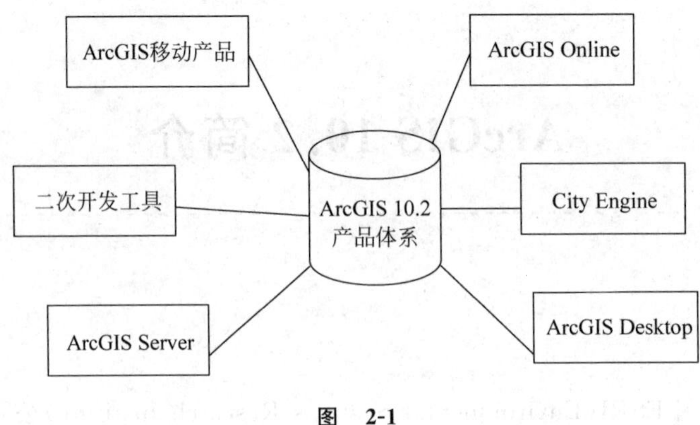

图 2-1

手持)之上。用户通过 iPhone/iPad、Galaxy/HTC/华为/小米、Lumia、Window Mobile 等移动设备就能够随时随地查询和搜索空间数据。除了常用的定位(GPS/北斗)、测量、采集、上传等 GIS 功能,还可以执行路径规划、空间分析等高级 GIS 分析功能。另外,先进的端云结合架构让用户直接在移动端就能快速地发现、使用和分享 ArcGIS Online 和 Portal for ArcGIS 中的丰富资源。

2. 开发工具

ESRI 为开发者提供了灵活多样的扩展能力,同时开放了更多立即可用的资源。功能强大的 ArcGIS Engine 开发包提供多种开发的接口,可以实现从简单的地图浏览到复杂的 GIS 编辑、分析系统的开发;Web APIs 和 Runtime SDKs 为用户提供了基于移动设备和桌面的轻量级应用的多样化开发选择;提供一体化的资源帮助平台 ArcGIS REST API,在 GitHub 上开通频道,提供 ArcGIS for Developers 网站,为开发者访问各种在线资源、获取 ArcGIS 开源代码铺就了方便快捷的高速通道。

3. ArcGIS 桌面平台

ArcGIS for Desktop 是为 GIS 专业人士提供的用于信息制作和使用的工具,利用它可以实现任何从简单到复杂的 GIS 任务。ArcGIS for Desktop 的功能特色主要包括高级的地理分析和处理能力,提供强大的编辑工具,拥有完整的地图生产过程以及无限的数据和地图分享体验。

4. ArcGIS Server

ArcGIS Server 是基于服务器的 ArcGIS 工具,通过 Web Services 在网络上提供 GIS 资源和功能服务,其发布的 GIS 服务遵循广泛采用的 Web 访问和使用标准。ArcGIS Server 广泛用于企业级 GIS 的实现以及各种 Web GIS 应用程序中,可以在本地和云基础设施上配置运行于 Windows 及 Linux 服务器环境。值得一提的是,Server 10.2 版本中新增了两个扩展模块:Geoevent Processor for Server(实时数据处理分析)和 Portal for ArcGIS。

5. ArcGIS 云平台(Online)

云时代带来了全新的互联网服务模式。ArcGIS 云平台是 ArcGIS 与云计算技术相结

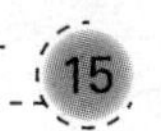

合的最新产品，不论在 Web 制图还是资源的分享等方面，都为用户提供了前所未有的服务体验。ArcGIS 云平台提供了全方位的云 GIS 解决方案。产品系列主要包括公有云(ArcGIS Online)和为微软 Office 软件量身定制的地图插件(ESRI Maps for Office)。

6. CityEngine 三维建模产品

ESRI CityEngine 是三维城市建模软件，应用于数字城市、城市规划、轨道交通、电力、建筑、国防、仿真、游戏开发和电影制作等领域。CityEngine 提供的主要功能——程序规则建模，使用户可以使用二维数据快速、批量、自动创建三维模型，并实现了“所见即所得”的规划设计。另外，与 ArcGIS 的深度集成，可以直接使用 GIS 数据来驱动模型的批量生成，这样可以保证三维数据精度、空间位置和属性信息的一致性。同时，City Engine 还提供如同二维数据更新的机制，可以快速完成三维模型数据和属性的更新。

2.2 ArcGIS 10.2 的主要功能和新特性

ArcGIS 是目前最流行的地理信息系统平台软件，主要用于创建和使用地图，编辑和管理地理数据，分析、共享和显示地理信息，并在一系列应用中使用地图和地理信息。

1. ArcGIS 10.2 的主要功能

(1) 信息的输入和转换：将从外部各种渠道收集所得的原始数据输入到 ArcGIS 系统内部，转换为系统便于处理的内部格式的过程。信息的输入包括对空间数据和属性数据这两类数据的输入，其中输入点、线、面这类带有空间位置和几何特性的要素为空间数据输入，而文字、表格和其他非几何数据的输入为属性数据输入。信息的转换包括将常用的其他软件文件转换到 ArcGIS 中，通过多个软件之间的联动获取比单纯用 ArcGIS 输入来得更丰富的外界信息，如将 DWG 格式文件转换输入到 ArcGIS 中。除此之外，还有通过 ArcToolbox 这一强大的工具集进行的 GIS 内部的矢量数据和栅格数据之间的转换。

(2) 数据的编辑：对已有的数据进行修改、更新以及建立它们之间联系的过程。主要包括拓扑关系的建立、数据的投影变换、扭曲拉伸、裁剪、拼接和提取以及坐标校正等。其中，可以借助拓扑关系来编辑要素和检验数据质量。

(3) 数据的查询：包括通过空间位置查属性和通过属性查空间位置两个方面，即“某个特定位置有什么”和“某个特定要素在哪里”。除此之外，还有多种方式的 SQL 查询，能实现更多、更灵活的数据定量和定位。

(4) 空间数据的分析：ArcGIS 的核心功能，能够通过对基础数据的分析并叠加其影响来量化解决现实生活中与空间相关的实际问题，应用范围很广，包括栅格、矢量的数据分析、三维分析和网络分析。栅格数据分析包括生成高程栅格、坡度栅格(可以通过高程栅格转换)、距离栅格、密度栅格，重分类、栅格计算等具体功能；矢量数据分析包括基于空间位置的查询、缓冲区分析、叠置分析、邻近分析、泰森多边形、空间统计等功能；三维分析包括创建栅格和 TIN 表面，对于表面积与体积、坡度坡向、可视性分析、表面长度等一系列表面分析，还有 Arcscence 三维可视化及二维转三维的数据转换等；网络分析包括最佳路径、最近设施、服务区、上下行、选址与配置等具体的可运用于解决生活中实际问题的功能。

(5) 成果表达和输出：ArcGIS 具有强大的地图输出功能，不仅可以输出全要素地图，也可根据自身需求输出各种专题图、统计图、表格等。

(6) 二次开发和编程：为了满足不同的应用需求，ArcGIS 具备了二次开发功能，这极大地拓展了 ArcGIS 的应用领域。

2. ArcGIS 10.2 的新特性

1) 更丰富的内容

ArcGIS 10.2 基于云平台打造了全新的地图生态系统，积累了大量地图数据，主要包括地图、影像、地理编码、空间分析、网络分析等类型，为用户使用 GIS 数据和功能、快速开发应用系统提供了强有力的支持。ArcGIS 10.2 提供大量免费的、高质量的底图；提供覆盖全球的高分辨率影像；打造全球地址库，提供中国区的地理编码服务；并推出网络分析服务和多种空间分析服务。

2) 更完善的基础设施

ArcGIS 10.2 在原有的完善的公有云基础设施上更进一步，推出全新的产品 Portal for ArcGIS 10.2，加上已有的 ArcGIS Online 和 ArcGIS Server，ESRI 为用户量身打造了三个不同应用层次的产品，为 GIS 系统的开发和应用提供了完善的基础支持。

3) 更灵活多样的扩展能力

除了前面提到的 ArcGIS Engine、Web APIs 和 Runtime SDKs、ArcGIS REST API 等开发通道，ArcGIS 10.2 中还推出了三个全新的 Runtime SDKs。至此，ArcGIS 实现了对 Windows、Mac、Linux 以及 iOS、Android、Windows Phone 等主流操作系统的全面支持。

4) 更多即拿即用的 Apps

ArcGIS 10.2 提供了更多拿来即用的 App。桌面端 App 包括 ESRI CityEngine、ArcMap、ArcScene 等应用程序；Web 端 App 如 Flex Viewer、Storytelling、Web3D Viewer 等应用模板；移动端 App 有 Collector App、Operations Dashboard for ArcGIS、ArcGIS App 和 Windows 8 App 等轻量级应用。

2.3 ArcGIS 10.2 的桌面平台

对于利用 GIS 信息进行编辑、设计的 GIS 专业人士来说，桌面 GIS 占有主导地位。GIS 专业人士使用标准桌面作为工具来设计、共享、管理和发布地理信息。本书主要应用 ArcGIS 10.2 桌面的功能，因此本节详细介绍 ArcGIS 10.2 桌面的主要构成及其功能特点。ArcGIS for Desktop 是为 GIS 专业人士提供的用于制作和使用信息的工具，利用 ArcGIS for Desktop 可以实现任何从简单到复杂的 GIS 任务。ArcGIS for Desktop 包括高级的地理分析和处理能力，提供强大的编辑工具、完整的地图生产过程以及无限的数据和地图分享体验。

2.3.1 ArcGIS 10.2 桌面平台的构成

1. ArcGIS for Desktop 的级别

ArcGIS for Desktop 根据用户的伸缩性需求，提供三个独立的软件产品级别，每个产品提供不同层次的功能水平(图 2-2)。ArcGIS for Desktop 基础版提供了综合性的数据使用、制图、分析以及简单的数据编辑和空间处理工具；ArcGIS for Desktop 标准版是在 ArcGIS for Desktop 基础版的功能基础上，增加了对 Shapefile 和 Geodatabase 的高级编辑和管理功能；ArcGIS for Desktop 高级版则是一个旗舰式的 GIS 桌面产品，在 ArcGIS for Desktop 标准版的基础上，扩展了复杂的 GIS 分析功能和丰富的空间处理工具。

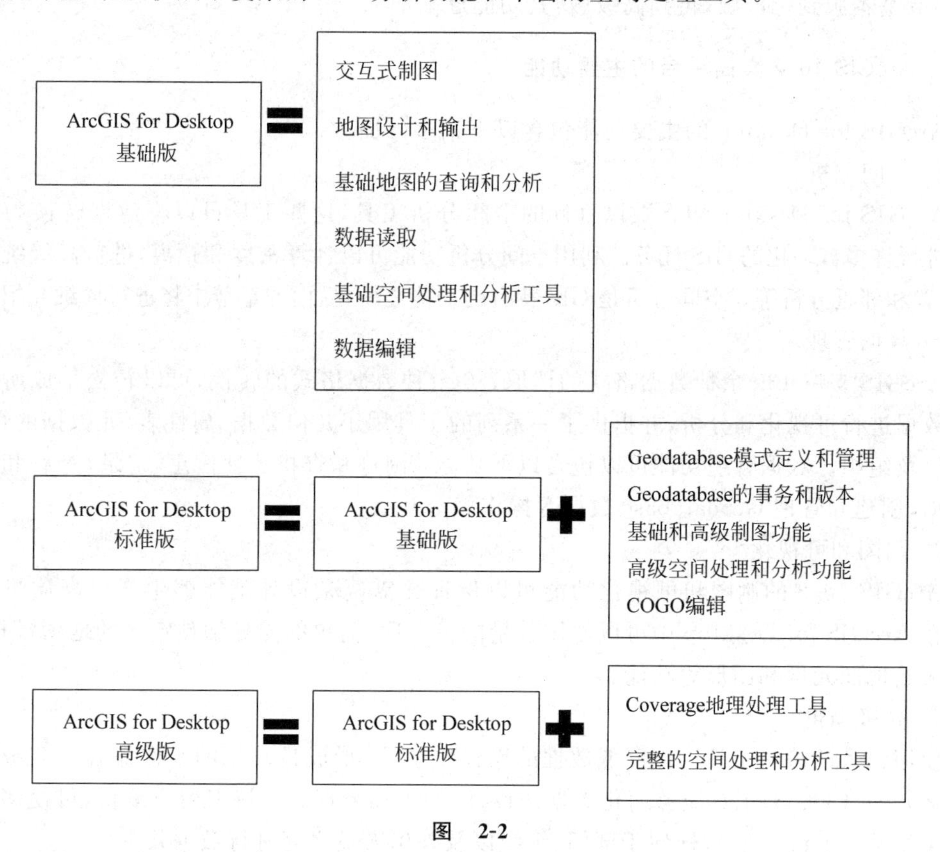

图 2-2

因为 ArcGIS for Desktop 基础版、标准版和高级版的结构都是统一的，所以地图、数据、符号、地图图层、自定义的工具和接口、报表和元数据等都可以在这三个产品中共享和交换使用。

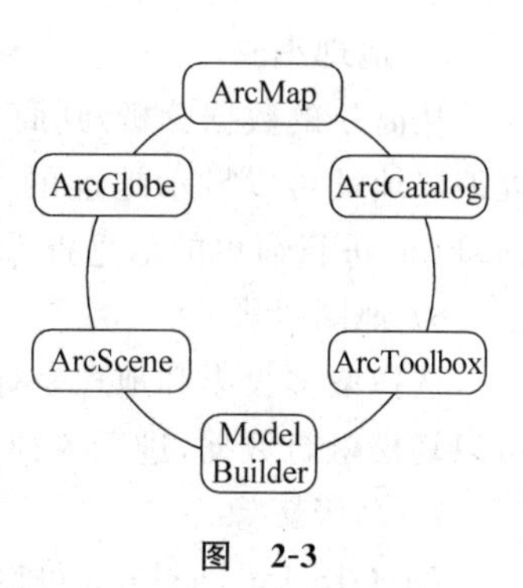

图 2-3

2. ArcGIS for Desktop 应用程序

ArcGIS for Desktop 包含一套带有用户界面的 Windows 应用程序(图 2-3)。其中，ArcMap 是主要的应用程序，具有基于地图的所有功能，包括地图制图、数据分析和编辑等；

ArcCatalog 是地理数据的资源管理器,帮助用户组织和管理所有的 GIS 信息,比如地图、数据集、模型、元数据、服务等;ArcScene 和 ArcGlobe 是适用于 3D 场景下的数据展示、分析等操作的应用程序;ArcToolbox 和 ModelBuilder 则是进行 Geoprocessing(地理处理)的应用环境,分别提供了内置对话框工具和模型工具。

此外,ArcGIS for Desktop 为三个层次的产品都提供了一系列的扩展模块,使得用户可以实现高级分析功能,如栅格空间处理和 3D 分析功能。这些模块通常根据功能被划分为三类,即分析类、生产类和解决方案类。

这些应用程序(ArcMap、ArcGlobe、Arcscene 等)以及扩展模块均存在于 ArcGIS for Desktop 的三个层次产品中,只是它们能实现的功能在不同的层次有所不同,从 ArcGIS for Desktop 基本版到标准版,再到高级版,其功能逐渐加强。

3. ArcGIS 10.2 桌面平台的主要功能

ArcGIS for Desktop 的主要功能包含以下诸多方面。

1) 空间分析

ArcGIS for Desktop 包含数以百计的空间分析工具,这些工具可以将数据转换为信息以及进行许多自动化的 GIS 任务。利用空间分析功能可以计算密度和距离,进行高级统计分析、叠置和邻近分析等。空间分析是 GIS 特有的功能之一,后面的章节中将进行详细介绍。

2) 数据管理

ArcGIS 支持 130 余种数据格式的读取、80 余种数据格式的转换,可以轻松集成所有类型的数据进行可视化和分析,并提供了一系列的工具用于几何数据、属性表、元数据的管理、创建以及组织。数据管理功能可以包含以下功能:浏览和查找地理信息,记录、查看和管理元数据,创建和管理 Geodatabase 数据等操作。

3) 制图和可视化

ArcGIS 10.2 的制图和可视化功能可以保证无需复杂设计就能够生产出高质量的地图。在 ArcGIS for Desktop 中可以使用大量的符号库、简单的向导和预定义的地图模板、成套的大量地图元素和图形等功能。

4) 高级编辑

使用强大的编辑工具可以降低数据的操作难度,并形成自动化的工作流程。高级编辑和坐标几何(COGO)工具能够简化数据的设计、导入和清理。支持多用户编辑,可使多用户同时编辑 Geodatabase,这样便于部门、组织以及外出人员之间进行数据共享。

5) 地理编码

从简单的数据分析,到商业和客户管理的分布技术,都是地理编码的广泛应用。使用地理编码地址可以显示地址的空间位置,并识别出信息中事物的模式。通过在 ArcGIS for Desktop 进行简单的信息查看,或使用一些分析工具,就可以实现这些功能。

6) 地图投影

选择诸多投影和地理坐标系统,可以将来源不同的数据集合并到共同的框架中。用户可以轻松融合数据,进行各种分析操作,并生产出极其精确、具有专业品质的地图。

7) 高级影像

ArcGIS for Desktop 可以使用许多方法对影像数据(栅格数据)进行处理,可以使用它作为背景(底图)分析其他数据层。可将不同类型规格的数据应用到影像数据集,或参与分析。

8) 数据分享

在 ArcMap 界面,可以直接使用 ArcGIS Online 导入底图、搜索数据或要素、向个人或工作组共享信息。

9) 定制用户界面

在 ArcGIS for Desktop 中,可以使用 Python、. NET、Java 等语言通过 Add-in 或调用 ArcObjects 组件库的方式来添加和移除按钮、菜单项、停靠工具栏等,能够轻松定制用户界面。或者,使用 ArcGIS Engine 开发定制 GIS 桌面应用。

2.3.2　ArcMap、ArcCatalog 及 ArcToolbox 介绍

ESRI ArcGIS 分别用 ArcCatalog(GIS 是一套地理数据集)、ArcMap(GIS 是一幅智能地图)和 ArcToolbox(GIS 是一套空间处理工具)来表达。这三部分是组成一个完整 GIS 的关键内容,并被用于所有 GIS 应用中的各个层面。

1. ArcMap 介绍

ArcMap 是在 ArcGIS Desktop 中进行制图、编辑、分析和数据管理时所用的主要应用程序,承担所有制图和编辑任务,也包括基于地图的查询和分析功能,ArcMap 可用于所有 2D 制图工作和可视化操作。作为 ArcGIS for Desktop 的组成部分之一,ArcMap 和 ArcCatalog 一起构成了完整的数据处理与管理分析的功能。下面主要介绍 ArcMap 的界面和主要功能。

1) ArcMap 的界面

ArcMap 程序窗口主要包括四部分(图 2-4):空间数据的显示窗口,表示显示窗口中图层的内容列表,几个处理数据的工具条以及基于最下方的状态栏。在 ArcMap 中,可以根据个人的喜好和工作的类型来改变外观。工具条可以隐藏或显示,可以向工具条中添加新命令。工具条可以固定在程序窗口的不同位置,也可以独立于窗口而悬浮于其他位置。本书的练习基于默认的标准界面。

ArcMap 提供两种类型的地图视图:地理数据视图和地理布局视图。在地理数据视图中,可以对地理图层进行符号化显示、分析和编辑 GIS 数据集。在数据视图的内容列表窗口中,帮助组织和控制数据框中 GIS 数据图层的显示属性。数据视图是任何一个数据集在选定的一个区域内的地理显示窗口。而在地图布局窗口中,可以处理地图的页面,包括地理数据视图和其他地图元素,如比例尺、图例、指北针和参照地图等。通常 ArcMap 可以将地图组成页面,以便打印和印刷。

2) ArcMap 的主要功能

(1) 丰富的图形编辑工具:ArcMap 中含有很多在最新 CAD 编辑软件包中受欢迎的图形编辑功能,可以帮助用户快速便捷地创建和编辑地理要素。

(2) 功能强大的数据编辑器:ArcMap 可以编辑 Shapefile 文件和地理数据库,也可以一次编辑整个数据文件夹。ArcMap 可以利用地理数据库的编码值、范围域及拓扑校验来快速编辑数据,维护高质量数据。

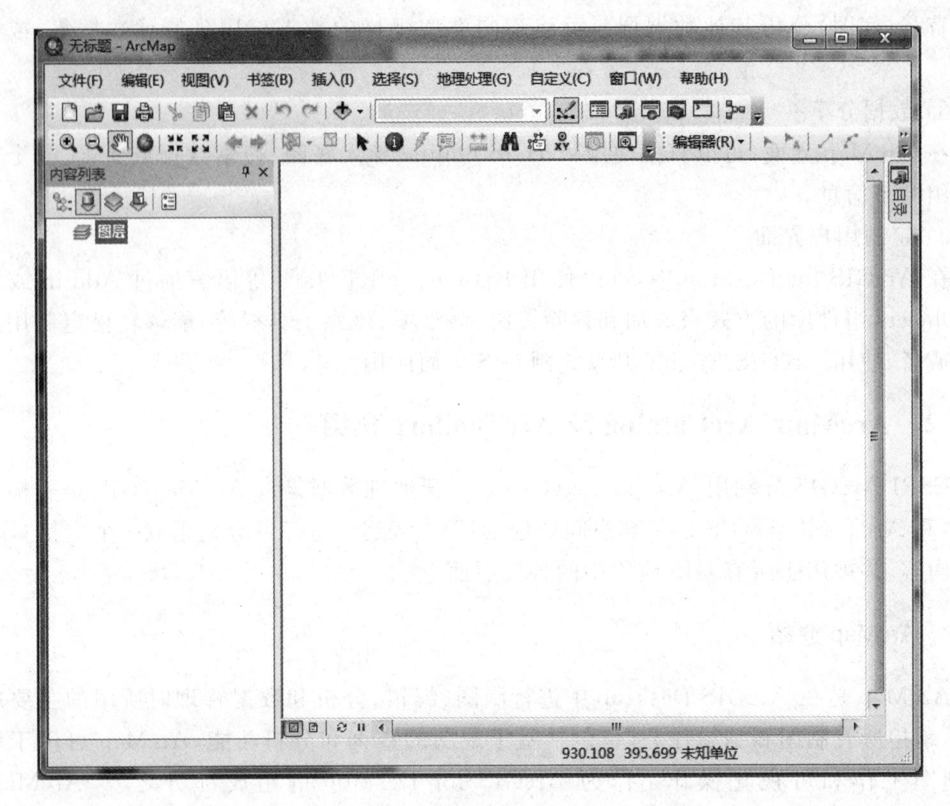

图 2-4

(3) 提供两种地图视图：ArcMap 提供了两种不同方式来查看地图，数据视图和布局视图。在两种视图中以不同的方式查看并处理地图。数据视图隐藏了布局的所有地图元素，如标题、指北针及比例尺等。在布局视图中，可以在一张虚拟页面上布置、安排地图元素。可以在数据视图和布局视图中编辑地理数据。

(4) 编辑和管理拓扑的工具：ArcMap 提供了编辑有拓扑关系的要素的工具，拓扑关系是在地理数据库中或者地图拓扑中定义的。ArcView 编辑地图拓扑的功能有限，只能同时编辑要素共享部分较简单的、临时的拓扑形式。

(5) 编辑和管理地理数据库中网络的工具：ArcMap 提供了编辑存储于地理数据库中几何网络的工具。

(6) 对要素数据进行弹性伸缩、配准和边界匹配的工具：ArcMap 提供了对不同数据源的要素数据进行坐标转换、配准、弹性伸缩以及边界匹配的工具。

2. ArcCatalog

ArcCatalog 是地理数据的资源管理器，负责组织和管理所有 GIS 信息，例如地图、数据集、模型、元数据、服务等。可以使用 ArcCatalog 来组织、查找和使用 GIS 数据，也可以利用基于标准的元数据来描述数据。GIS 数据库管理员使用 ArcCatalog 来定义和建立 Geodatabase。GIS 服务器管理员则使用 ArcCatalog 来管理 GIS 服务器框架。自 ArcGIS 10 开始，已经将 ArcCatalog 嵌入到各个桌面应用程序中，包括 ArcMap、ArcGlobe、ArcScene。

ArcCatalog 包括以下的功能：浏览和查找地理信息；创建各种数据类型的数据；记录、

查看和管理元数据；定义、输入和输出 Geodatabase 数据模型；在局域网和广域网上搜索和查找的 GIS 数据；管理运行于 SQL Server Express 中的 ArcSDE Geodatabase；管理文件类型的 Geodatabase 和个人类型的 Geodatabase；管理企业级 Geodatabase，支持的大型关系数据库包括 IBM DB2、Informix、Microsoft SQL Server(including SQL Azure)、Netezza、Oracle、PostgresSQL 等；管理多种 GIS 服务；管理数据互操作连接。

ArcCatalog 可以创建各种数据类型的数据，包括创建 File GeoDatabase；创建 Personal GeoDatabase；创建 Shapefile 以及创建地理数据库中的对象(包括要素数据集、要素类、栅格数据集、关系类、几何网络及拓扑关系等)。此外，ArcCatalog 还可以管理地理数据库、矢量文件和栅格文件。这些功能常用在 ArcCatalog 中。

ArcCatalog 的界面如图 2-5 所示，主要包括主菜单、工具栏、目录树以及内容、预览和描述窗口。

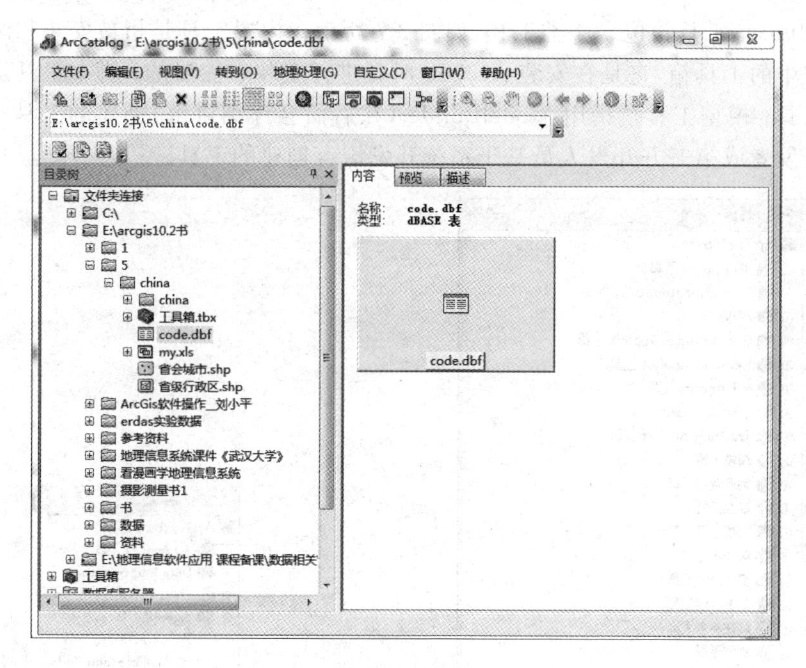

图　2-5

(1) 目录树：ArcCatalog 通过使用目录树面板查看磁盘上的文件和数据库连接来管理所有地理信息项。选中目录树中的元素后，可在右侧的内容预览面板中查看到其特性、地理信息以及属性，还可以在目录树中对内容进行编排、建立新连接、添加新元素(如数据集)、移除元素、重命名元素等。此外，目录树面板还可以与 GIS 服务器、共享地理数据库和其他服务建立连接。

(2) 内容、预览和描述窗口：ArcCatalog 中的预览选项卡窗口显示目录树中高亮显示的信息项的相关信息，有多个预览选项可供使用。ArcCatalog 可以对数据集的地理视图、属性表或项目描述进行预览；使用内容目录树窗口可查看目录树中所选项的内容；使用预览选项卡窗口可查看所选项的地理视图或表视图，还可以在“预览”面板的底部对许多预览选项进行设置。

3. ArcToolbox

ArcToolbox，顾名思义，就是工具箱，它把 ArcGIS 桌面的许多功能分门别类存放在不同工具箱里，可以完成 3D 分析、空间分析、数据转换、数据管理、空间分析统计等一系列功能。ArcToolbox 是地理处理工具（Geoprocessing）的集合，从 ArcGIS 9 开始，ArcToolbox 就不再是一个单独的运行环境，而是所有的 ArcGIS 应用界面（如 ArcMap、ArcCatalog、ArcScene 和 ArcGlobe）中的一个可停靠的窗口，可以在应用程序中共享工具箱。ArcToolbox 的工具有数据管理、数据转换、矢量分析、统计分析等，是空间分析和处理的主要工具。

ArcToolBox 根据核心和扩展功能划分为若干个 Toolbox（工具箱），Toolbox 又根据工具的具体功能划分为若干个 ToolSet（工具集），ToolSet 则包含了若干个具体的 Tool（工具）或次一级的 ToolSet。ArcToolbox 界面如图 2-6 所示，在菜单栏单击按钮就可以调出工具箱（ArcToolbox），工具箱包含 4 类工具，如图 2-7 所示。内置工具是指被安装和注册到了用户操作系统中的工具箱，它是在安装 ArcGIS 时就进行安装和注册的；脚本工具是指脚本语言创建的工具；模型工具是指用 ModelBuilder（在后面会详细讲解）创建的工具；特殊工具则是系统开发者或第三方开发人员基于系统开发语言创建的工具。

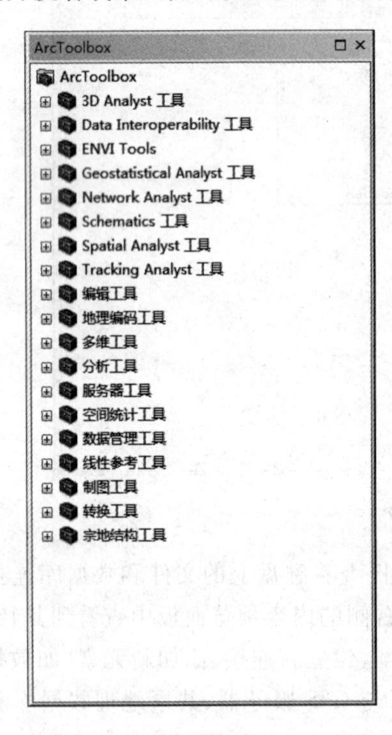

图 2-6

图 2-7

2.3.3 ArcGlobe 及 ArcScene 简介

1. ArcGlobe 简介

ArcGlobe 是 ArcGIS 桌面系统中实现 3D 可视化和 3D 空间分析的应用（图 2-8），需要配备 3D 分析扩展模块。ArcGlobe 提供了全球地理信息连续、多分辨率的交互式浏览功能，支持海量数据的快速浏览。像 ArcMap 一样，ArcGlobe 也是使用 GIS 数据层来组织数据，显示 Geodatabase 和所有支持的 GIS 数据格式中的信息。ArcGlobe 具有地理信息的动态 3D 视图。ArcGlobe 图层放在一个单独的内容表中，将所有的 GIS 数据源整合到一个通用的球体框架中。它能处理数据的多分辨率显示，使数据集能够在适当的比例尺和详细程度上可见。

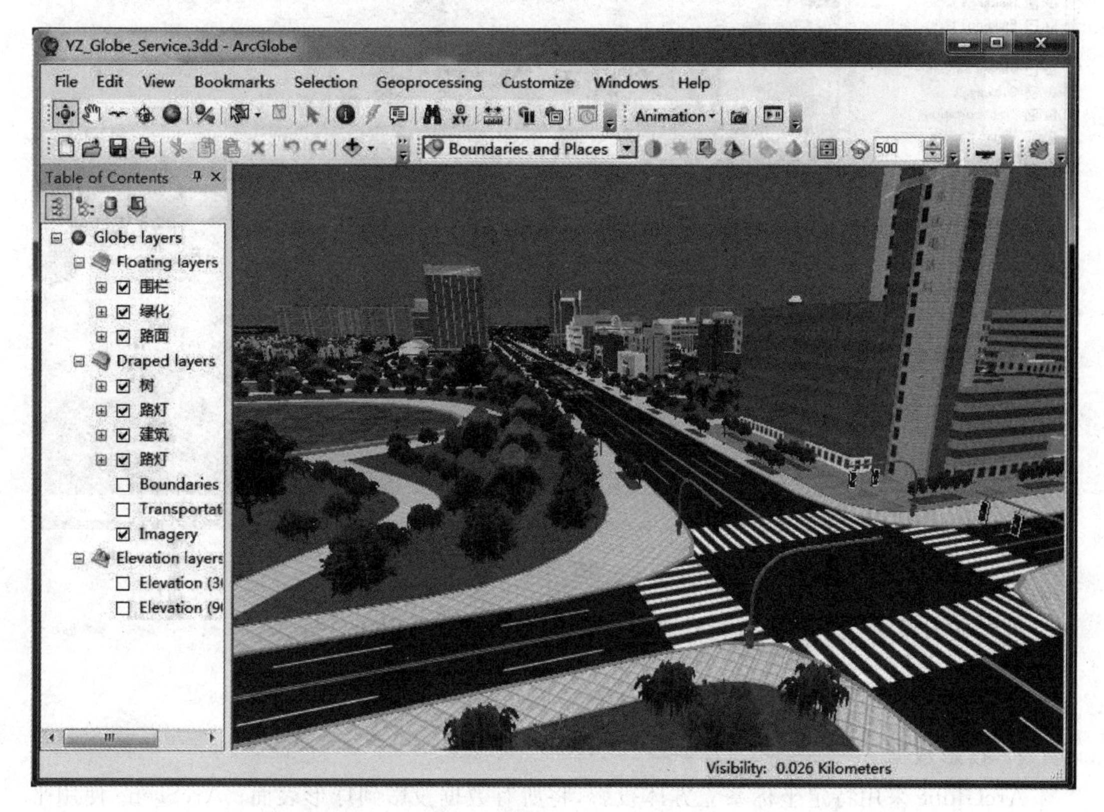

图　2-8

ArcGlobe 交互式地理信息视图使 GIS 用户整合以及使用不同 GIS 数据的能力大大提高，而且可以在三维场景下直接进行三维数据的创建、编辑、管理和分析。ArcGlobe 创建的 Globe 文档可以使用 ArcGIS Server 将其发布为服务。通过 ArcGIS Server 球体服务向众多 3D 客户端提供服务，例如 ArcGlobe 以及 ESRI 提供的免费浏览器 ArcGIS Explorer Desktop。

2. ArcScene 简介

ArcScene 是 ArcGIS 桌面系统中实现 3D 可视化和 3D 空间分析的应用程序(图 2-9)，需要配备 3D 分析扩展模块。它是一个适合于展示三维透视场景的平台，可以在三维场景中漫游，并与三维矢量与栅格数据进行交互，适用于小场景的 3D 分析和显示。ArcScene 基于 OpenGL 支持 TIN 数据显示。显示场景时，ArcScene 会将所有数据加载到场景中，矢量数据以矢量形式显示。

ArcScene 交互式地理信息视图使 GIS 用户整合及使用不同 GIS 数据的能力大大提高，

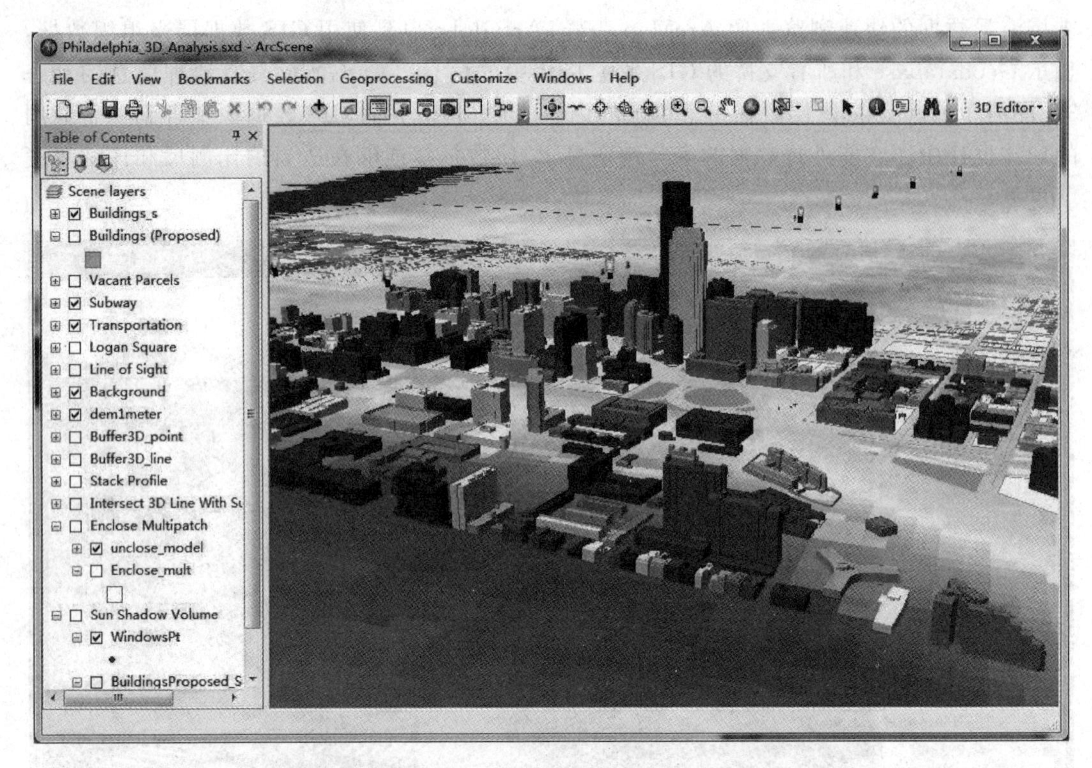

图 2-9

而且可以在三维场景下直接进行三维数据的创建、编辑、管理和分析。

3. 两者的区别

1）投影数据

ArcGlobe 采用特定坐标系立方体投影，将所有数据投影到球形表面；ArcScene 使用平面投影。

2）缓存数据与内存管理

ArcGlobe 在处理超大型数据集时采用缓存来优化性能，缓存过程将建立索引，并将所有数据组织为各个切片和细节等级；ArcScene 将所有数据加载到可用内存，并在必要时使用分页文件。

3）分析

ArcGlobe 在导航和渲染高分辨率栅格、低分辨率栅格以及矢量数据方面有很好的性能，支持 terrain 数据集；ArcScene 能够更好地针对分析进行优化，完全支持 3D Analyst 工具条、TIN 表面。

4）查看与显示

ArcGlobe 可以选择将矢量数据以栅格化方式显示在表面图层上，也可以选择使用表面图层中的独立属性将矢量数据渲染为矢量图层；ArcScene 中矢量脱离于栅格表面进行浮动，可以支持立体观看。

习题

1. ArcGIS 由哪些模块构成？简述各组成部分的功能。
2. ArcGIS 主要有哪些功能？ArcGIS 10.2 有何特性？
3. ArcGIS 10.2 桌面平台有哪三个独立软件级别？有何区别？
4. ArcGIS 10.2 for Desktop 主要有哪些应用程序？各有什么功能？
5. ArcScence 和 ArcGlobe 都是 ArcGIS 的三维模块，它们有何区别？
6. ArcGIS 目前最新版本是什么？有何新特性？

第3章

ArcGIS 的基础实验

在进行 ArcGIS 10.2 软件学习时，首先应该熟悉 ArcMap、ArcCatalog 和 ArcToolbox 三大模块，对这三大模块基本功能的学习是用户应用 ArcGIS 平台的基础。本章通过 5 个实验，重点学习 ArcMap、ArcCatalog、ArcToolbox 的基本功能，并熟悉其基本操作。通过本章学习，可以掌握利用 ArcGIS 10.2 进行地理数据的创建及浏览、坐标转换、地图配置、空间数据编辑、属性数据操作及地图数字化等地理信息系统的基础功能。本章难度系数不大，涉及的概念较少，适合初学者学习，也为以后更深入地学习 ArcGIS 10.2 打下基础。

3.1 实验一 初识 ArcMap 和 ArcCatalog

3.1.1 实验目的

1. 了解 ArcMap、ArcCatalog 和 ArcToolbox 的运行环境。
2. 掌握 ArcCatalog 中空间数据库的建立过程。
3. 掌握 ArcMap 中地理数据的导入、显示、浏览等基本操作。
4. 掌握空间数据库(Geodatabase)的数据模型。
5. 掌握 ArcToolbox 的使用方法。

3.1.2 基础知识

1. Geodatabase 简介

Geodatabase 是第三代空间数据模型，它随着 ESRI 的 ArcGIS8 系列 GIS 平台软件推出，是一种基于 RDBMS(关系数据库管理系统)存储的面向对象关系的数据库结构。面向对象的 GIS 数据模型可以将空间数据和属性数据有效地组织在一起，这对于处理复杂的对象具有极大的优势。Geodatabase 能够实现数据的统一管理，即 ArcGIS 中用到的所有数据类型，不管数据存储到何处，以什么格式存储，都在 Geodatabase 数据框架的统一管理中，这是 ArcGIS 之前数据模型(包括 Shapefile 和 Coverage)无法做到的。

在过去 20 年中，数据模型是 ArcGIS 中变化较大的方面：Arc/Info 对应 Coverage；ArcView 对应 Shapefile；ArcGIS 对应 Geodatabase。Coverage 和 Shapefile 是地理关系数据模型，它利用分离的系统来存储空间数据和属性数据，而 Geodatabase 基于对象数据模型，它把空间数据和属性数据存储在唯一的系统中。Geodatabase 作为 ArcGIS 地理数据统一的存储仓库，支持的对象有：表(Table)、要素类(FeatureClass)、要素数据集(Feature

Dataset)、视图(View)、关系类(Relation Ship Class)、栅格(Raster)、栅格数据集(Raster Dataset)等。本书内容主要针对要素类和栅格数据对象。

Geodatabase 有三种类型，即个人地理数据库、文件地理数据库和 ArcSDE 地理数据库(图 3-1)。

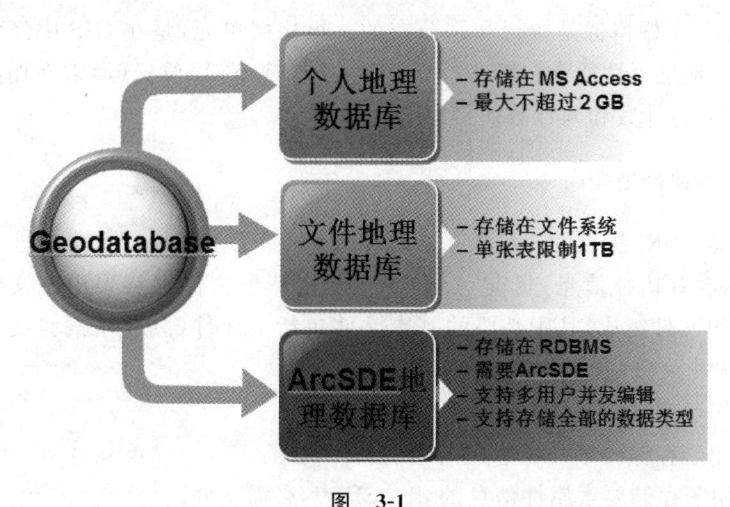

图　3-1

个人地理数据库，所有的数据集都存储于 Microsoft Access 数据文件内，该数据文件的大小最大为 2 GB，整个个人地理数据库的存储大小被有效地限制在 250～500 MB 之间，并且只在 Windows 上提供支持。

文件地理数据库，在文件系统中以文件夹形式存储。每个数据集作为一个文件进行存储，该文件大小可扩展至 1TB，文件地理数据库可跨平台使用，还可以进行压缩和加密，以供只读和安全使用。

ArcSDE 地理数据库也称为多用户地理数据库，在大小和用户数量方面没有限制。实际 ArcSDE 是作为应用服务器连接 GIS 和 DBMS，通过 SDE 可以管理存储在 Oracle、Microsoft SQL Server、IBM DB2、IBM Informix、Netezza 或 PostgreSQL(10.2 版本开始支持 PostgreSQL 9.2)等多种数据库系统中的地理信息。

2. Geodatabase 的三种基础数据集

Geodatabase 的存储不仅包括简单的空间坐标和属性数据的表格，还包括这些地理数据集的模式和规则。Geodatabase 的三种基础数据集(要素类、属性表和栅格数据集)和其他的 Geodatabase 元素都以表格的形式存储。在 Geodataset 中，空间表示或者以矢量要素的形式存储，或者以栅格数据存储，几何对象和传统的属性字段一起存储在表列中。创建这些数据集类型的集合是设计和构建地理数据库的第一步。用户通常以构建上述三种基本数据集中的若干来构建地理数据库。然后，用户可以使用更高级的功能(如添加拓扑、网络或子类型)来添加或扩展地理数据库，以便建模 GIS 行为、维护数据完整性和处理重要的空间关系集。

(1) 表：表用于存储属性。表包含行，表中所有的行含有相同的列，每一列具有一个数据类型，如 integer、decimal number、character、date 等。表中的行可用于存储地理对象的所有属性，包括在 Shape 列存储和管理要素的几何图形。

（2）要素类：要素类是具有相同几何类型和属性的要素的集合。Geodatabase 中常用的要素类有四种：点、线、多边形和注记。要素类是以一张单独的表存储，每个要素就是一条记录。

（3）栅格：一个栅格就是按行和列分布的一组格网单元，是在 GIS 中经常使用的一种数据集。栅格的地理属性通常包括坐标系，参考坐标或 X,Y 位置（通常在栅格左上角或左下角），单元大小，行计数和列计数。

3．Shapefile 数据模型

Shapefile 是 ESRI 提供的一种矢量数据格式，存储了空间地理要素的非拓扑几何信息及属性信息，它没有拓扑信息，目前 ArcGIS 中很多图形文件仍然采用该文件格式。一个 Shapefile 由一组文件组成，其中必要的基本文件包括主文件（. shp）、索引文件（. shx）和属性文件（. dbf）三个文件，其详细的含义如下：

. shp——用于存储要素的空间信息，必需文件。

. shx——用于存储要素几何索引的索引文件，必需文件。

. dbf——用于存储要素属性信息的 dBASE 表，必需文件。

Shapefile 还可以有一些其他文件，下面简要介绍一下其他一些较为常见文件。

*. prj：如果 Shapefile 定义了坐标系统，那么它的空间参考信息将会存储在 *. prj 文件中；

*. shp. xml：是对 Shapefile 进行元数据浏览后生成的. xml 元数据文件；

*. sbn 和 *. sbx：这两个存储的是 Shapefile 的空间索引，它能加速空间数据的读取，这两个文件一般是在对数据进行操作、浏览或连接后才产生的。

空间地理要素的几何与属性是一对一关系，这种关系基于记录编号。dBASE 文件中的属性记录必须与主文件中的记录采用相同的顺序。需要指出的是，目前很多 ArcGIS 的空间数据仍然采用 Shapefile 数据模型进行存储。

3.1.3 实验数据

实验数据存放在"文件夹 1"中，具体数据说明见表 3-1。

表 3-1

文件名称	格式	位置说明	说明
donut	shapefile	1\vector	点要素
street	shapefile	1\vector	线要素
rasterdatal	img	1\raster	栅格数据

3.1.4 实验步骤

1．ArcCatalog 环境下的基本操作

ArcCatalog 是以数据管理为核心，用于定位、浏览和管理数据的应用模块，称为地理数

据的资源管理器。ArcCatalog 可以组织、管理和创建 GIS 数据，同时 ArcCatalog 也能识别包括 Coverage、Shapefile、Geodatabase 等不同的 GIS 数据集。

1）进入 ArcCatalog 环境

单击开始菜单\所有程序\ArcGIS\ArcCatalog 10.2，可进入 ArcCatalog 界面（本书所有的操作都是基于 ArcGIS 10.2 中文版，在学习本书之前，应安装好 ArcGIS 10.2）。ArcCatalog 窗口（图 3-2）由主菜单、工具条、目录树、选项卡标签、视图窗口、位置条和状态条等部分组成。

如图 3-2 所示，左边是 GIS 数据目录树，可以建立来自于 Shape 文件、个人地理数据库（Personal Geodatabase）、ArcSDE 空间数据库引擎等数据源的连接，对基于文件或服务器的地理数据进行存取和管理；右边是信息浏览区域，通过变换选项卡标签，可以预览数据的空间信息、属性信息以及元数据源信息（详细描述）。在左侧目录树中定位需要查看的数据，即可在右侧视图窗口中查看数据的各种信息。

图 3-2

2）文件夹连接

ArcCatalog 与 Windows 资源管理器类似，左侧为目录树，右侧为内容显示区域。不同的是，ArcCatalog 不会自动将所有物理盘添加到目录树，需要手动连接到文件夹。

单击工具条上的【连接到文件夹】按钮，打开连接到文件夹对话框，如图 3-3 所示，选择实验数据所在目录，单击【确定】按钮。这样就可以将所需要的文件夹在目录树中显示出来。文件夹的连接操作实际上是建立查看文件夹的快捷方式。

3）创建个人地理数据库

（1）新建个人地理数据库

个人地理数据库是 Geodatabase 三种类型之一，是以微软的 Access 为基础，数据量一般不超过 2 GB。在目录树上选中连接的文件夹，并单击右键，在弹出的快捷菜单上单击【新建】\【个人地理数据库】，系统默认为“新建个人地理数据库.mdb”，在目录树和内容窗口中出现了新建的个人地理数据库文件（图 3-4）。当然，也可以将其重命名，本实验将新建的个人地理数据库命名为“test1.mdb”。个人地理数据库文件的后缀为“.mdb”，mdb 文件是 Access 数据库文件，可以用 Microsoft Access 软件打开并查看。

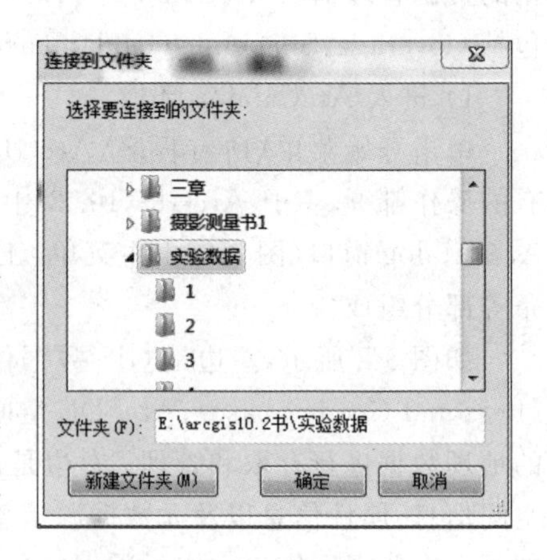

图 3-3

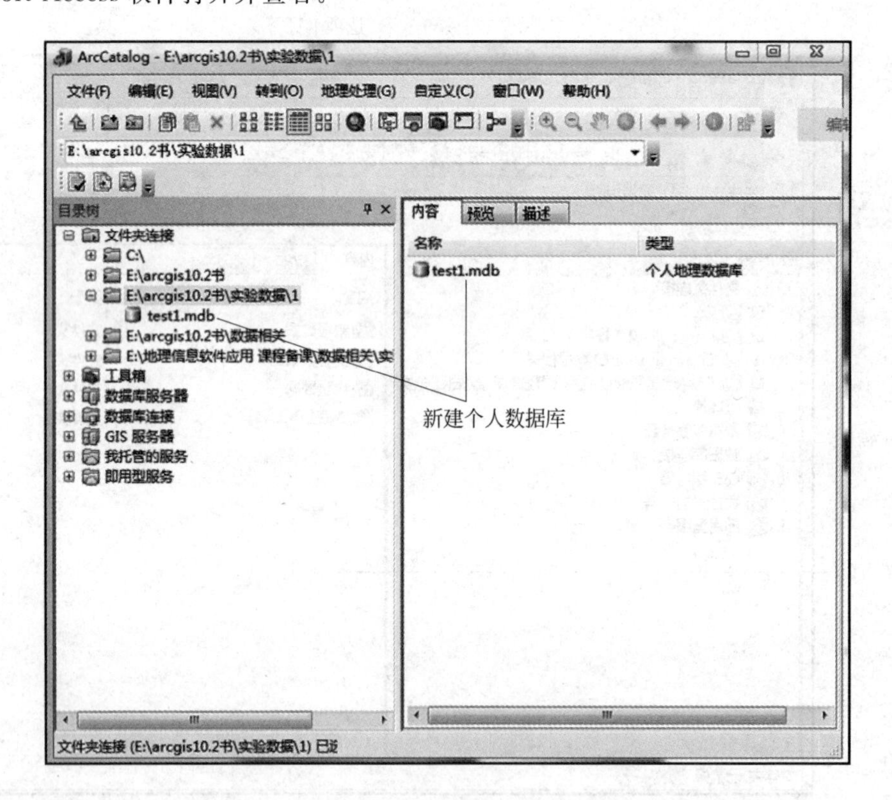

图 3-4

小提示：每个个人地理数据库中可以添加多个要素集，比如 Beijing，Shanghai 等要素集，每个要素集都可以有自己的坐标系。要素数据集（Feature Dataset）是由一组相同空间参考（Spatial Reference）的要素类组成，而要素类（Feature Class）在 ArcGIS 中是指具有相同几何特征的要素集合，如道路、河流、居民地等，要素类之间可以独立存在，也可以具有某种关系。

（2）新建要素集

① 右击新建的个人地理数据库，在弹出的快捷菜单中单击【新建】\【要素数据集】，打开新建要素数据集对话框，在名称文本框中输入要素集的名称"road"，单击【下一步】按钮。

② 为要素集选择坐标系，在这里需要注意的是每一个新建要素集都要确定坐标系，关于坐标系在后面的章节详细介绍。这里选择地理坐标系统（NAD_1983_UTM_Zone_11N）：在目录树窗口中选择投影坐标系【\UTM\NAD 1983\NAD 1983 UTM Zone 11N】，单击【下一步】按钮；选择高程坐标系统，在目录树窗口单击【垂直坐标系】\【Asia】\【Yellow Sea 1956】，单击【下一步】按钮。

③ 选择地理坐标系及高程坐标系统的容差：进行 XY 容差，Z 容差及 M 容差（在线性参考数据集中使用的、沿线要素测量值的容差（例如沿道路方向、以米为单位的距离））设置，这里为默认值，在接受默认分辨率和属性域范围复选框中打对钩号，然后单击【完成】按钮，完成要素类的设置。

（3）添加要素类

要素类有两种建立方式：导入已有的矢量数据作为要素集中的要素类，也可以自己新建要素类。导入的要素类需要与要素集有相同的坐标系（要素类存放在要素集之中），下面分别介绍两种方法。

① 导入已有的要素类：右击新建的要素集（road），根据具体情况在弹出的快捷菜单中选择【导入】\【要素类（单个）】或【导入】\【要素类（多个）】。这里选择【导入】\【要素类（多个）】，打开要素类至地图数据库（批量）对话框，单击输入要素文本框右侧的【添加】按钮，选择文件夹"实验数据\1\vector 文件夹下的 street. shp，donut. shp"（用 shift 键实现多选）文件，如图 3-5 所示，单击【确定】按钮，已有的要素类就被导入。

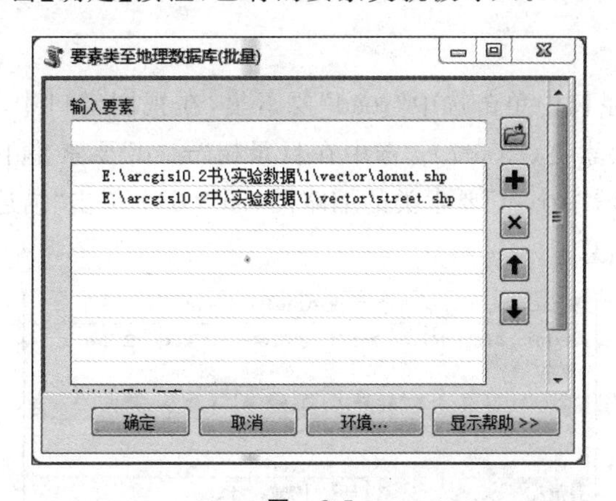

图 3-5

② 新建要素类：右击新建的要素集（road），在弹出的快捷菜单中选择【新建】\【要素类】，打开新建要素类对话框，具体的输入情况见图 3-6，在要素类中所存储的要素类型下拉列表中可以选择面要素（默认）、点要素、线要素和注记要素等多种类型，根据实际情况选择。此处选择默认的面要素，建立一个 river 面要素层，按图 3-7 输入后单击【下一步】按钮，面要素属性表默认 OBJECTID 和 SHAPE 两个字段，这里都不做修改，单击【完成】按钮，就完成了 river 要素类的建立。

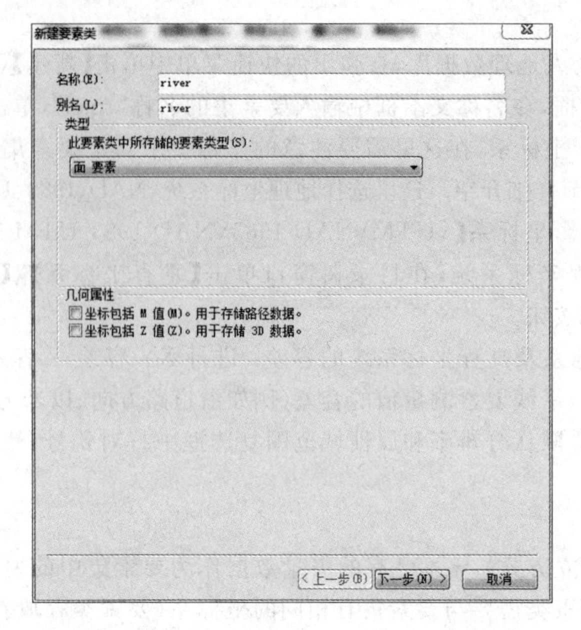

图 3-6

小提示：要素类也可以理解为具有相同空间制图表达(如点、线或面)和一组通用属性列的常用要素的同类集合，最常用的四个要素类分别是点、线、面和注记，如表示道路中心线的线要素类，表示检修孔盖的点要素类，表示宗地的面要素类和表示街道名注记的注记要素类。

(4) 要素类的浏览

在 ArcCatalog 目录树中单击选中“road”要素集，在视图窗口中单击“内容”标签，可以查看要素集下的所有要素类(图 3-7)；选中在目录树“road”要素集下的“street”要素类，单击“预览”标签，可以查看“street”要素类的缩略图(图 3-8)；单击“描述”标签，可以查看要素集或要素类的元数据信息。

图 3-7

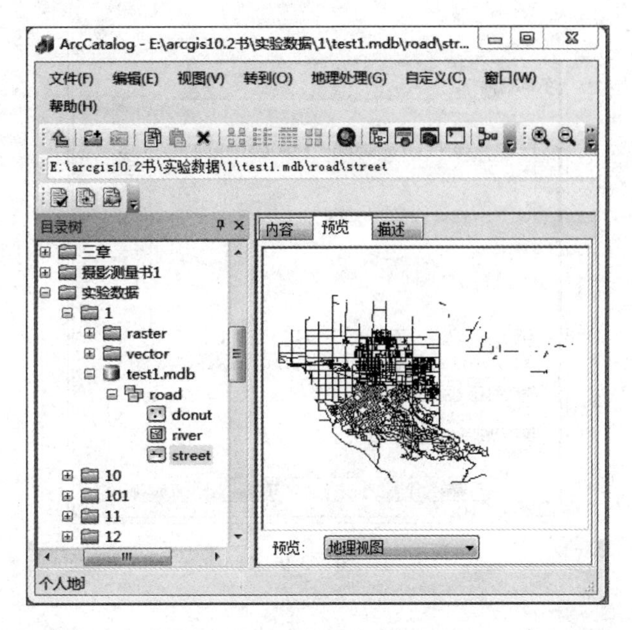

图　3-8

(5) 添加栅格要素

前面的操作主要是针对矢量数据，下面进行地理信息的另一大类数据——栅格数据的操作。

① 新建栅格要素集：右击新建的数据库“test1. mdb”，在弹出的快捷菜单中，选择【新建】\【栅格数据集】，打开【创建栅格数据集】对话框，在具有扩展名的栅格数据集名称中输入“beijingraster”，单击栅格数据空间参考文本框右边的按钮，设置栅格要素集的坐标系，需要在 XY 坐标系和 Z 坐标系两个页面中分别定义平面和高程坐标系，具体设置过程与要素集坐标系设置相同(地理坐标系\Asia\beijing 1954 和 Asia\yellow sea 1956)。设置完成后单击【确定】按钮，完成了坐标系的设置，在创建栅格数据集对话框中再单击【确定】按钮，就完成了栅格数据集的创建。

② 导入栅格要素：在完成栅格数据集创建之后，就可以导入栅格要素，栅格要素一般不在 ArcGIS 中创建，多数采用从外部导入的方法。右击新建的栅格要素集“beijingraster”，在弹出的快捷菜单中单击【加载\加载数据】，打开镶嵌对话框，单击输入栅格文本框右端的按钮，添加实验数据“\1\raster\rasterdata1. img”，其他设置均为默认(图 3-9)，然后单击【确定】按钮，这样就导入了一幅栅格影像。

小提示：一个个人地理数据库可以由多个要素数据集和栅格数据集组成，要素数据集一般是管理要素类(矢量数据)，而栅格数据集是管理栅格要素(栅格数据)。

③ 栅格要素浏览：在 ArcCatalog 的目录树中单击新建的栅格数据集“beijingraster”，在视图窗口中单击“预览”标签，就可以查看栅格数据集的缩略图，如图 3-10 所示。

图 3-9

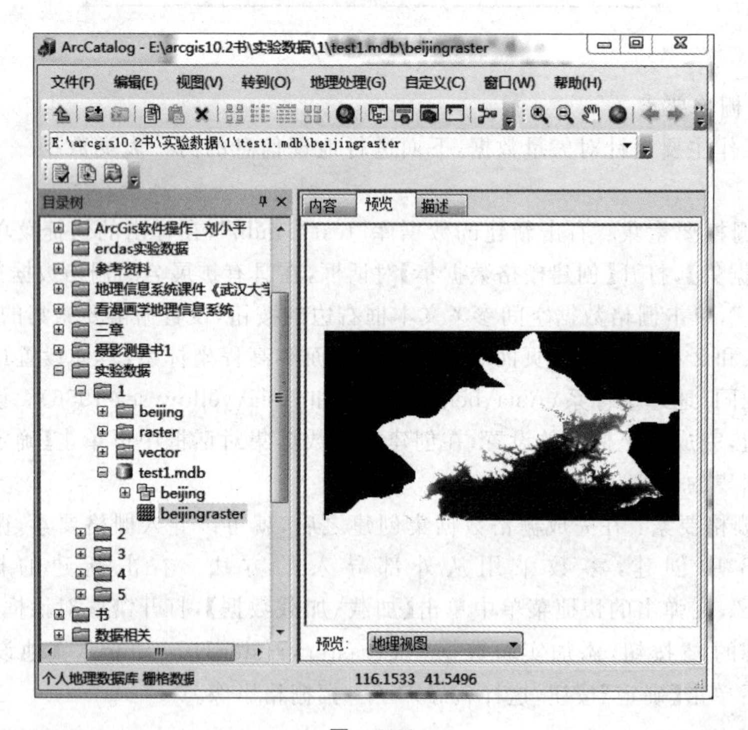

图 3-10

2. ArcMap 环境下的基本操作

ArcMap 是 ArcGIS 桌面系统的核心应用。它把传统的空间数据编辑、查询、显示、分析、报表和制图等 GIS 功能集成到一个简单的可扩展的应用框架上。ArcMap 的功能在以后的学习中慢慢深入，本节只介绍 ArcMap 的界面、数据加载和浏览等基本功能，为以后的学习打下基础。

1）ArcMap 环境

（1）启动 ArcMap 的方法一般有两种：可以创建桌面快捷方式（与一般程序创建快捷方式步骤相同），这是本书推荐的方法，因为在后面的学习中需要多次使用 ArcMap，因此最好在桌面建立一个 ArcMap 的桌面快捷方式；第二种方式是单击“开始\ArcGIS\ArcMap 10.2”。

（2）弹出 ArcMap 启动窗口，默认不做修改，单击【取消】按钮，系统自动新建一个工程文档 Mxd，进入 ArcMap。

2）窗口组成

ArcMap 的窗口包括主菜单、工具条、内容列表、地图显示窗、状态栏等，具体如图 3-11 所示。ArcMap 的主要组成部分就是内容列表和地图显示窗。内容列表用于显示地图文档所包含的数据集、数据层，地理要素及其显示状态。可以控制数据层的显示与否，也可以设置地理要素的表示方法（点要素的大小、线要素的线型、面要素的填充颜色等）。地图显示窗口用于显示地图包括的所有地理要素，ArcMap 提供了两种地图显示方式：一种是数据视图，一种是布局视图。

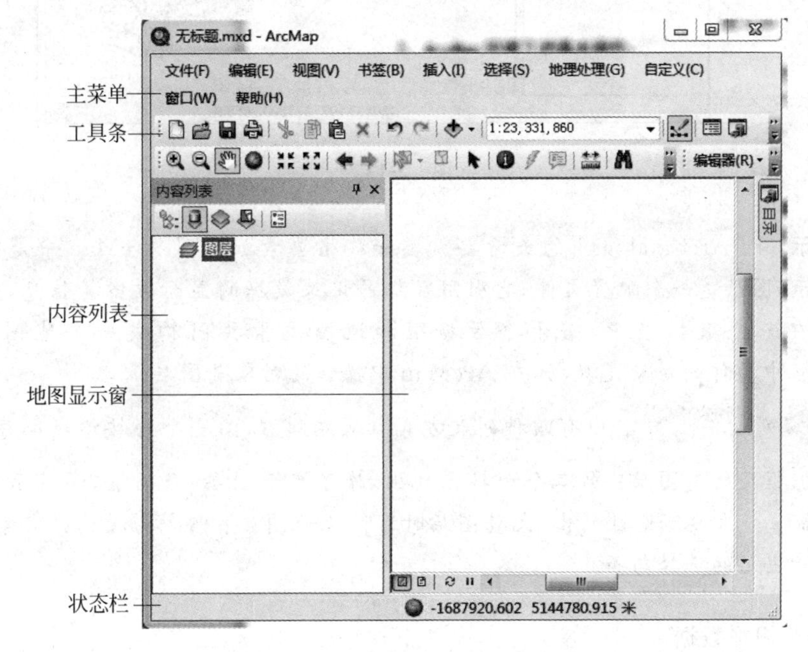

图　3-11

3）加载数据

ArcCatalog 用来创建、存储和管理数据集和数据库，相当于 ArcMap 的资源管理器，但是不能处理数据。而 ArcMap 是用来处理数据的，所以在 ArcCatalog 中建立的要素类需要添加到 ArcMap 中进行数据处理。

（1）浏览矢量数据

在 ArcMap 中浏览矢量数据：单击标准工具栏上的添加数据按钮，在弹出的对话框中，选中 ArcCatalog 新建个人地理数据库（test1.mdb）中 road 要素集下的 road、river 和 donut 要素加载到 ArcMap 界面，如图 3-12 所示。

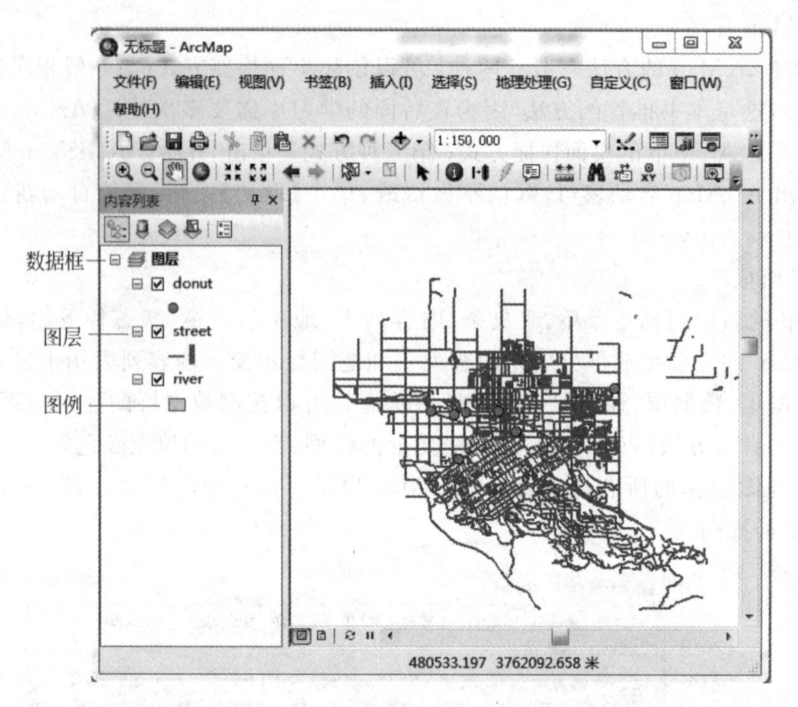

图 3-12

小提示：1. ArcCatalog 中的矢量要素类和栅格要素加载到 ArcMap 中是以图层的形式来显示，图层是一个配置文件，它引用数据并记录数据的显示方案等信息，若干个图层可组织在一个数据框中，若干个数据框和地图元素共同构成一个地图文档，在 ArcCatalog 中操作的对象是数据，在 ArcMap 中操作的对象是图层。

2. 内容列表 中有四种列表方式。从左到右，第一个为按绘制顺序列出，显示所有数据框及所有图层；第二个为按源列出，除了显示图层、数据框，还显示数据的存储位置；第三个为按可见性列出，大量图层时可简化地图；第四个为按选择要素列出，可用于控制数据层的选择与否。

(2) 浏览栅格数据

在 ArcMap 中浏览栅格数据：添加栅格要素(实验数据\1\test1. mdb\beijingraster)到 Arcmap 窗口中，见图 3-13。

(3) 地图显示浏览方式

ArcMap 提供了数据视图和布局视图两种地图显示浏览方式(图 3-14)。两种视图可以通过单击视图显示窗左下角的图标互相切换。数据视图中可以对数据进行查询、检索、编辑和分析等操作。在布局视图中除了可以实现输出地图的显示、浏览、编辑等操作，还可以加载和编辑图名、图例、指北针等地图辅助要素，生成一幅完整的地图。

(4) 地图文档

所有操作结束后，单击工具条上的 按钮，出现【另存为】对话框，要求保存为 ArcMap 的工程文件(mxd 格式文件)，见图 3-15。mxd 文件只是工作空间，里面保存着载入的图层

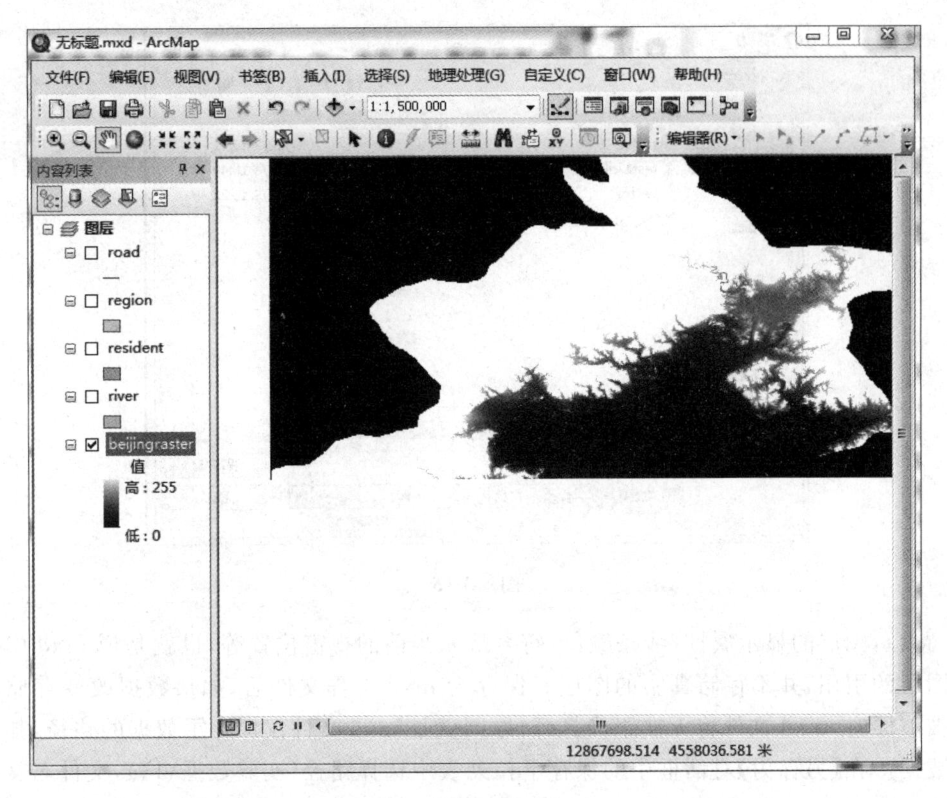
无标题.mxd - ArcMap
文件(F) 编辑(E) 视图(V) 书签(B) 插入(I) 选择(S) 地理处理(G) 自定义(C) 窗口(W) 帮助(H)
1:1,500,000
编辑器(R)
内容列表
图层
road
region
resident
river
beijingraster
值
高：255
低：0
12867698.514 4558036.581 米

图　3-13

无标题 - ArcMap
文件(F) 编辑(E) 视图(V) 书签(B) 插入(I) 选择(S) 地理处理(G) 自定义(C) 窗口(W)
帮助(H)
1:80,000
内容列表
图层
donut
street
river
480062.177 3764734.093 米
数据视图 布局视图

图　3-14

图 3-15

名称/路径,图层的显示属性(线条颜色,符号等),当前的视窗位置等,也就是说 mxd 中只是包含图层的引用,并不存储真实的图层。保存为 mxd 工程文件后,如果数据改变存储路径或者被破坏时,mxd 文件将无法正确打开,原因就是 mxd 文件仅保存了数据的路径,却不能保存数据。在【另存为】对话框中的保存下拉列表中选择路径(实验数据\1\),文件名文本框中输入"road",保存类型下拉列表里选择"ArcMap 文档(. mxd)"选项,然后单击【确定】,就会生成一个名为"beijing. mxd"的工程文件。在主菜单中单击【文件】\【打开】或者单击工具条上的按钮,就能打开 mxd 文件,将各个图层都加载到 ArcMap 中,因为要配置图层的显示属性,所以 mxd 文件打开速度较慢。

3. ArcToolbox 环境下的基本操作

ArcToolbox 是由多个工具集构成的工具箱,它将 ArcGIS 桌面端的许多功能,分门别类存放在不同的工具集中,具有极其丰富的空间数据分析处理工具。实际上 ArcToolbox 就是地理处理工具(Geoprocessing)的集合,功能强大,涵盖数据处理、转换、制图、分析等多方面的功能。ArcGIS 8.3 版本以前,ArcToolbox 作为一个独立的应用程序,到了 ArcGIS 9 版本以后,ArcToolbox 就已经集成到 ArcMap 等其他应用程序中。

1) 打开 ArcToolbox

在 ArcCatalog 和 ArcMap 环境中均可以打开 ArcToolbox,在工具条上单击 ArcToolbox 按钮,或者单击主菜单中的【地理处理】\【ArcToolbox】即可(图 3-16)。ArcToolbox 的结构见图 3-17,根据功能不同,ArcToolbox 以目录树的分类方式将很多功能不同的工具箱显示在窗口,每个工具箱是由功能相似的工具集构成,而工具集是工具的集合。工具分为四类:内置工具、脚本工具、模型工具和特殊工具(具体的区别参见 2.3.2 节)。

2) ArcToolbox 基本操作

(1) ArcToolbox 的搜索功能

ArcGIS 10.2 把所有的搜索统一集中到右边栏隐藏起来,有多种方式可以打开搜索窗口：菜单栏的【窗口】\【搜索】命令；菜单栏中【地理处理】\【搜索工具】命令；在工具栏单击搜索工具按钮；启用快捷键"Ctrl＋F"等。如图 3-18 所示搜索窗体里面就有搜索 ArcToolbox 工具的选项，单击带有下画线的【工具】选项，就切换到 ArcToolbox 的搜索功能。在搜索窗口可以快速查找到想要使用工具的位置，从而实现工具快速调用。

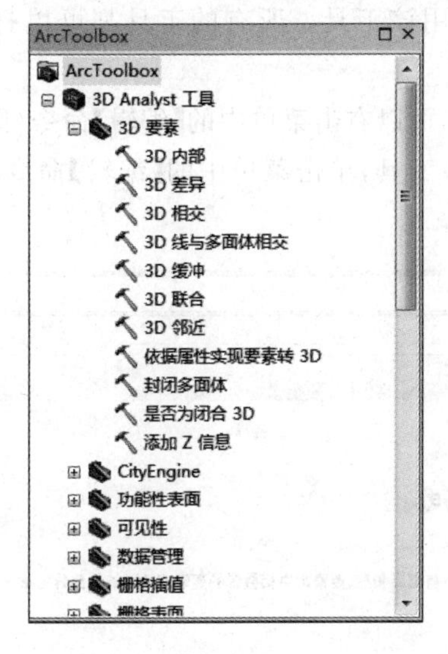

图 3-16

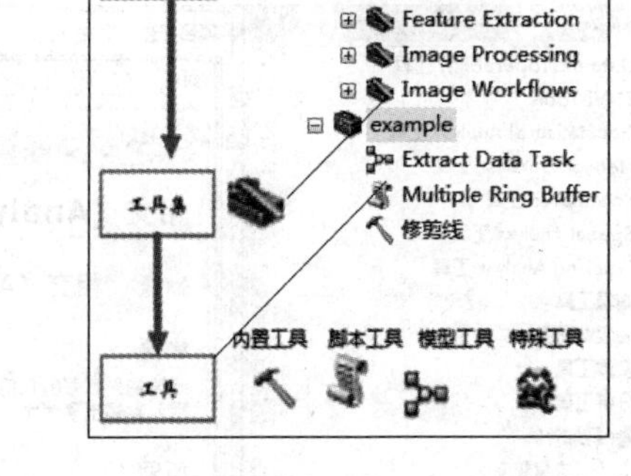

图 3-17

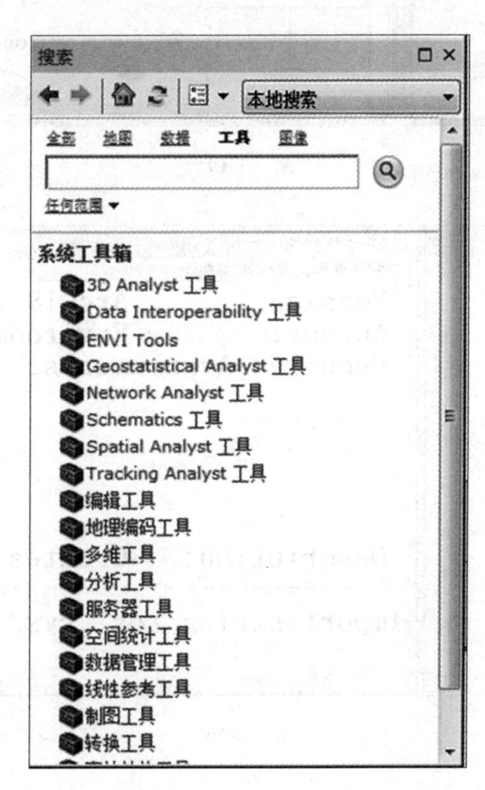

图 3-18

(2) 工具查看

工具箱中的工具很多，工具具体的使用方法都是通过查看工具的描述项目来实现的，在 ArcToolBox 中右击【分析工具箱】\【叠加分析工具集】\【相交】，在弹出的快捷菜单中选择【项目描述】选项，出现项目描述窗口(图 3-19)，在该窗口中对内置工具 相交 的用法、语法、使用限制等进行了详细的描述，以便用户更好地使用该工具。所有的工具都可以打开相关的描述项目，方便尽快掌握工具功能和使用方法。

除了查看项目描述掌握使用方法，对于脚本工具，可以右击菜单中的【编辑】命令(图 3-20)，通过记事本查看脚本工具的脚本文件。而对于模型工具，单击菜单中的【编辑】命令，可以打开模型窗口，显示出该模型工具的流程图(图 3-21)。

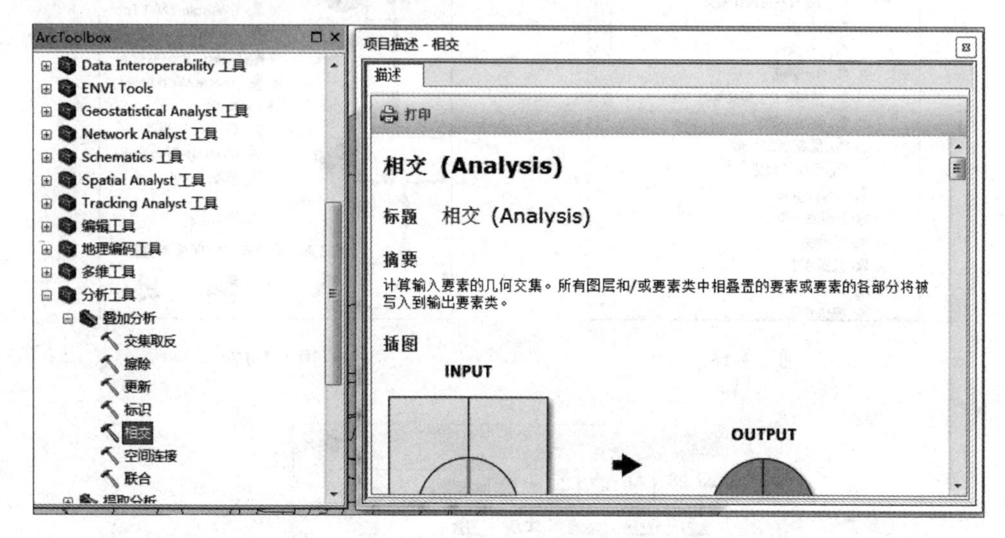

图 3-19

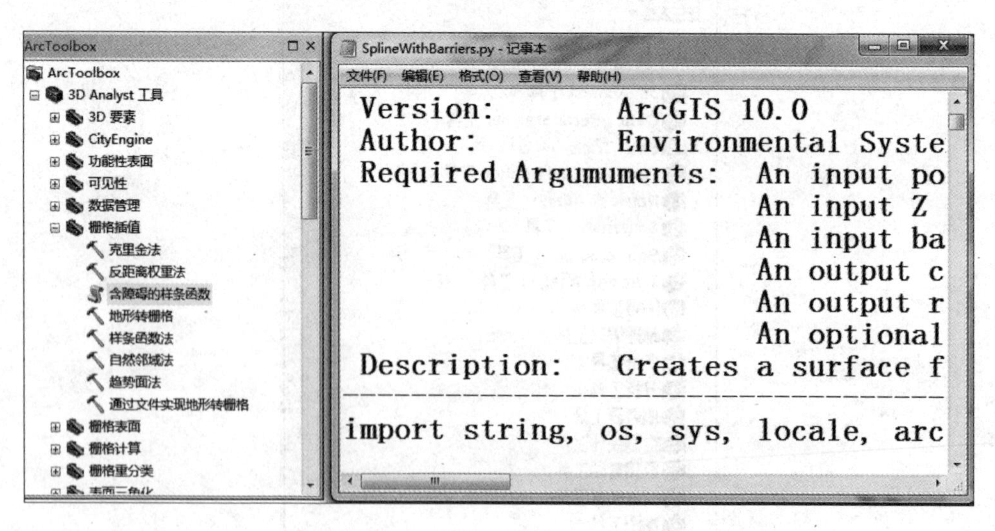

图 3-20

(3) 添加和删除工具箱

若要删除工具箱(注意这里说的删除并不是真正地物理删除，而是指从 ArcToolbox 中

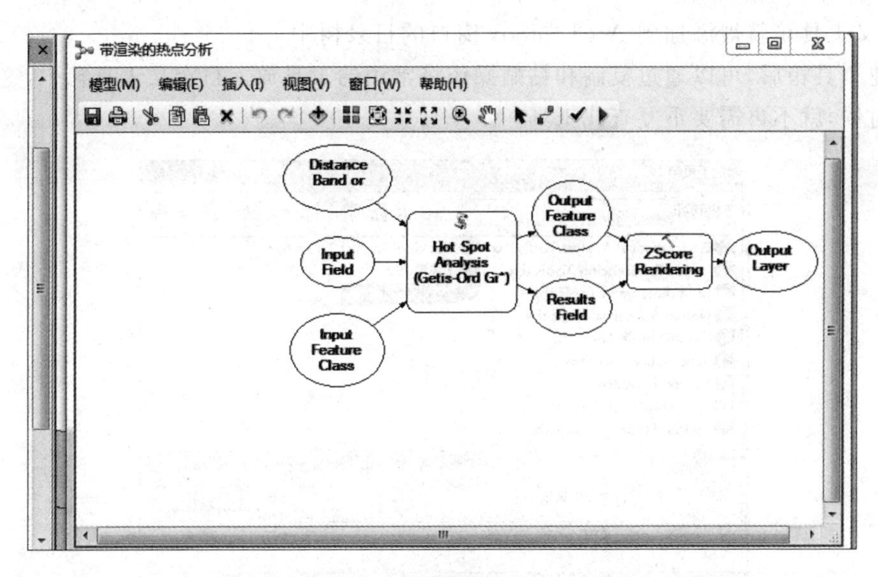

图　3-21

移除工具箱)，可在 ArcToolbox 右击需要删除的工具箱，在弹出的快捷菜单中单击【移除】选项，就删除了该工具箱的索引。

若要添加工具箱，则应在 ArcToolbox 窗口中的空白处右击，在弹出的快捷菜单中选择【添加工具箱】选项，打开【添加工具箱】对话框(图 3-22)，浏览到安装目录下(比如“C:\ArcGIS\Desktop10.2\ArcToolbox\toolboxes”)，选择要添加的工具箱，单击【确定】按钮，便可将工具箱添加到 ArcToolbox 窗口的列表中。

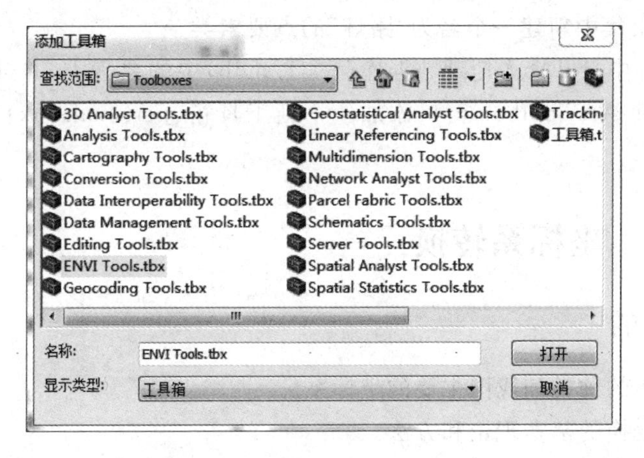

图　3-22

(4) 创建个人工具箱

在使用 ArcToolbox 时，经常反复使用几个特定工具集中的工具，为了找那些常用工具而将所有的工具条打开，会降低工作效率。为了使打开常用工具变得轻松，ArcToolbox 提供了创建个人工具箱功能，具体操作如下：在 ArcToolbox 窗口的空白处右击，在弹出的快捷菜单中单击【添加工具箱】选项，打开【添加工具箱】对话框，在对话框中单击【新建工具箱】按钮，将新添加的工具箱命名为“自定义工具箱.tbx”如图 3-23 所示，然后单击【打开】按钮，自定义工具箱就被添加到 ArcToolbox 窗口的目录树中。

新建工具箱后，可以通过复制和粘贴操作将常用的工具放入自定义工具箱中，这样每次调用的时候，就不再需要重复查找工具。

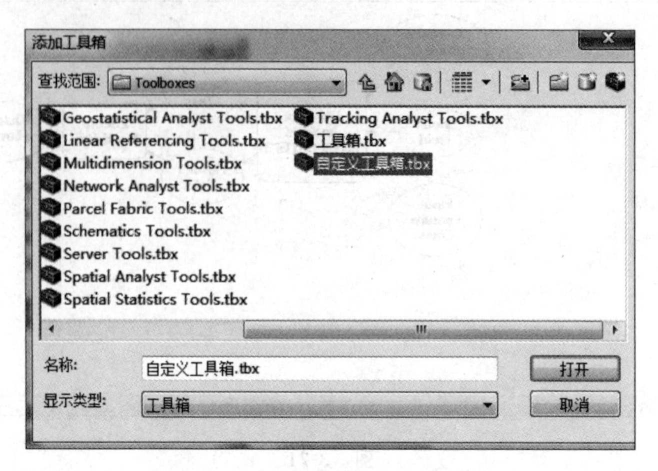

图 3-23

习题

1. 在"练习"文件夹中新建一个名为"沈阳"的个人地理数据库和名为"shenyang"的要素集，设置地理坐标系为"Xi'an 1980"，高程坐标不设置，将"练习"文件夹中的"Shp"文件导入要素集，并在要素集中新建一个名为"路灯"的点要素类。

2. 在 ArcMap 中打开个人地理数据库(test1. mdb)中的要素类，并进行浏览(放大、缩小、全图等)操作，在 ArcToolbox 窗口添加一个新工具箱(personal. tbx)，并将几个任意的工具放入其中。

3.2 实验二 坐标系转换

3.2.1 实验目的

1. 了解坐标系的种类和我国主要的坐标系。
2. 了解投影变换的基本理论和方法。
3. 掌握 ArcGIS 中矢量数据的投影变换方法。
4. 掌握 ArcGIS 中栅格数据的投影变换方法。

3.2.2 基础知识

1. 坐标系基础

GIS 处理的是空间信息，而所有对空间信息的量算都是基于某个坐标系的，因此 GIS 中坐标系的定义是 GIS 系统的基础。坐标系在测绘中根据研究对象的不同分为两类：一类是天球坐标系，它主要描述天体的位置，与地球的自转无关，且天球坐标系主要用于研究天体和人造卫星的定位和运动；另一类是地球坐标系，主要用来描述地面点的位置并随地球自转，地球坐标系用于研究地球上物体的定位和运动，是以旋转椭球为参照建立的坐标系统。GIS 中的坐标系主要是地球坐标系。以上两类坐标系都有三种表达方式：空间大地坐标系（即地理空间坐标系，大地经纬度(B,L,H)形式），空间直角坐标系（即三维空间坐标(X,Y,Z)形式）以及投影平面直角坐标系（即二维坐标系(x,y)形式）。

地球坐标系根据原点的不同又分为地心坐标系和参心坐标系。地心坐标系的原点位于地球质心，适用于全球应用。参心坐标系的原点不位于地球质心，适用于局部应用，参心坐标系有利于局部大地水准面更好地符合参考椭球面，具有能保持国家坐标系稳定等优点，ArcGIS 中使用的坐标系既有参心坐标系，也有地心坐标系。

2. ArcGIS 中的坐标系

在 ArcGIS 中，坐标系有两种，一种是地理坐标系（geographic coordinate systems），还有一种是投影坐标系（projected coordinate systems）。另外，ArcGIS 还有一种坐标系，称为垂直坐标系（vertical coordinate systems），其实就是定义空间地理数据所采用的高程基准，例如中国现行的高程基准是 1985 国家高程基准，这里主要讲述前两种坐标系。

1）地理坐标系

地理坐标系，基于经纬度坐标描述地球上某一点所处的位置。地理坐标系坐标经度范围（−180°，−180°），纬度为（−90°，−90°）。某一个地理坐标系是基于一个基准面来定义的，基准面是利用特定椭球体对特定地区地球表面的逼近，因此每个国家或地区均有各自的基准面，也称球面坐标。综上所述，椭球面和基准面是地理空间坐标系的重要参数。

（1）地球椭球体

地球具有凸凹不平的表面，而对于地球测量而言，地表是一个无法用数学公式表达的曲面，这样的曲面不能作为测量和制图的基准面。假想地球是一个扁率极小的椭圆，绕大地球体短轴旋转所形成的规则椭球体称为地球椭球体。地球椭球体表面是一个规则的数学表面，可以用数学公式表达，所以在测量和制图中就用它替代地球的自然表面。地球椭球体有长半径和短半径之分，长半径(a)即赤道半径，短半径(b)即极半径。$f=(a-b)/a$ 为椭球体的扁率，地球椭球体的形状和大小取决于 a、b、f。因此，a、b、f 被称为地球椭球体的三要素。ArcGIS Desktop 中提供了 30 种地球椭球体模型，比较常用的有克拉索夫斯基、WGS84 和 ICA-75 几种椭球体。

（2）大地基准面

GIS 中的基准面是通过当地基准面向 WGS1984 转换的 7 个参数来定义，转换通过相似变换方法实现，假设 X_g、Y_g、Z_g 表示 WGS84 地心坐标系的三坐标轴，X_t、Y_t、Z_t 表示当地坐标系的三坐标轴，那么自定义基准面的 7 个参数分别为三个平移参数 ΔX、ΔY、ΔZ 表示两坐标原点的平移值；三个旋转参数 ε_x、ε_y、ε_z 表示当地坐标系旋转至与地心坐标系平行时，分别绕 X_t、Y_t、Z_t 的旋转角；最后是比例校正因子，用于调整椭球大小。每个国家或地区均有各自的基准面，我们通常所说的北京 54 坐标系、西安 80 坐标系实际上指的是我国的两个大地基准面。

2）投影坐标系

投影坐标系使用基于 X,Y 值的坐标系来描述地球上某个点所处的位置。这个坐标系是从地球的近似椭球体投影得到的，它对应于某个地理坐标系。平面坐标系统地图的单位通常为 m，也称非地球投影坐标系（not earth），或者平面直角坐标系。

投影坐标系由以下两项参数确定：地理坐标系（由基准面确定，比如北京 54、西安 80、WGS84）和投影方法（比如高斯-克吕格、Lambert 投影）。简单地说，投影坐标系是地理坐标系＋投影过程（图 3-24），地理坐标系经过投影后变成投影坐标系，投影坐标系因此由地理坐标系和投影组成，投影坐标系必然包括一个地理坐标系。例如：投影坐标系“WGS_1984_UTM_Zone_50N”这个名称中“WGS_1984”指出了其地理坐标系，而“UTM_Zone_50N”则指出其投影。

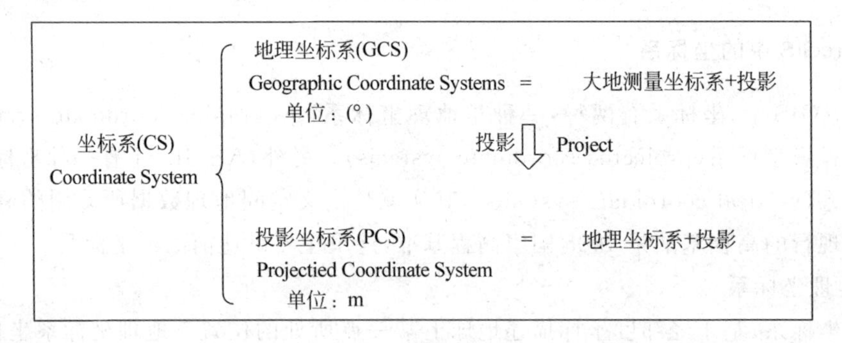

图 3-24

（1）地图投影

地球椭球体表面是个曲面，而地图通常是二维平面，因此在地图制图时首先要考虑把曲面转化成平面。然而，从几何意义上来说，球面是不可展平的曲面，要把它展成平面，势必会产生破裂与褶皱。这种不连续的、破裂的平面不适合制作地图，所以必须采用特殊的方法来实现球面到平面的转化。地图投影是利用一定数学方法把地球表面的经、纬线转换到平面上的理论和方法，地理空间坐标系是球面坐标系，要转化为平面的投影坐标系，首先就要进行投影。由于地球是一个赤道略宽两极略扁、不规则的梨形球体，故其表面是一个不可展平的曲面，所以运用任何数学方法进行这种转换都会产生误差和变形，为按照不同的需求缩小误差，就产生了各种投影方法。

（2）GIS 中常用的投影方法

GIS 中常用的投影方法包括高斯-克吕格、Lambert 投影和 UTM 投影三种。我国基本比例尺地形图（1∶100 万、1∶50 万、1∶25 万、1∶10 万、1∶5 万、1∶2.5 万、1∶1 万、1∶5000）除 1∶100 万以外，均采用高斯-克吕格投影为地理基础，1∶100 万地形图则采用 Lambert 投影。

① 兰伯特等角圆锥投影（Lambert 投影）用于小比例尺的地图投影，如 1∶50 万、1∶100 万、1∶400 万等小比例尺，经线为辐射直线，纬线为同心圆圆弧。指定两条标准纬度线 Q_1 和 Q_2，在这两条纬度线上没有长度变形，即 $M=N=1$。此种投影也叫等角割圆锥投影。

② 高斯-克吕格投影（等角横切椭圆柱投影）用于如 1/10 万、1/5 万、1/万等比例尺。高

斯-克吕格投影后，除中央经线和赤道为直线外，其他经线均为对称于中央经线的曲线。高斯-克吕格投影没有角度变形，在长度和面积上变形也很小，中央经线无变形，自中央经线向投影带边缘，变形逐渐增加，变形最大处在投影带内赤道的两端。为了减小这种边缘投影变形，高斯投影按投影有 6°带和 3°带两种投影方式。1∶2.5 万～1∶50 万的地形图采用 6°分带方案，从格林尼治 0°经线开始，全球共分为 60 个投影带。我国位于东经 72°～136°之间，共 11 个投影带(13～23 带)。1∶1 万以及更大比例尺地图采用 3°分带方案。

③ UTM 投影全称为"通用横轴墨卡托投影"，是等角横轴割圆柱投影(高斯-克吕格为等角横轴切圆柱投影)，圆柱割地球于南纬 80°、北纬 84°两条等高圈，该投影将地球划分为 60 个投影带，每带经差为 6°，已被许多国家作为地形图的数学基础。

3. 我国常用的坐标系

我国常用的坐标系包括北京 1954、西安 1980、WGS-84 及 CGCS2000，其中北京 1954、西安 1980、WGS-84 都可以用(B,L,H)和(X,Y,Z)表示。也就是说 WGS-84、北京 54、西安 80 地理坐标系，是用经、纬度表示的，也有 WGS-84 北京 54、西安 80 投影平面坐标系，用(x,y)表示。由于采用的椭球不同，地球表面上一点的三者大地坐标不同，即经、纬度不同。

1) 1954 年北京坐标系

1954 北京坐标系是将我国大地控制网与苏联 1942 年普尔科沃大地坐标系相联结后建立的过渡性大地坐标系，采用的是苏联克拉索夫斯基椭球体，我国地形图上面的平面坐标位置都以这个数据为基准推算。其中，高程异常是以苏联 1955 年大地水准面差距重新平差结果为依据，按我国的天文水准路线换算过来的。1954 年北京坐标系建立以来，我国依据这个坐标系建成了全国天文大地网，完成了大量的测绘任务。

2) 1980 年西安坐标系

1980 年国家大地坐标系(national geodetic coordinate system 1980)是中国于 1978 年 4 月经全国天文大地网会议决定，并经有关部门批准建立的坐标系。采用 1975 年国际大地测量与地球物理联合会(IUGG)推荐的地球椭球，以中国地极原点 JYD1968.0 系统为椭球定向基准，大地原点选在西安附近的泾阳县永乐镇；综合利用天文、大地与重力测量成果；以地球椭球体面在中国境内与大地水准面能达到最佳吻合为条件，利用多点定位方法建立的国家大地坐标系统。基准面采用青岛大港验潮站 1952—1979 年确定的黄海平均海水面(即 1985 国家高程基准)。

3) WGS-84 世界大地坐标系

GPS 定位测量中采用的是协议地球坐标系，称为 WGS-84 世界大地坐标系(world geodetic system 1984)。该系统是由美国国防部研制，自 1987 年 1 月 10 日开始起用。WGS-84 是修正 NSWC9Z-2 参考系的原点和尺度变化，并旋转其参考子午面与 BIH 定义的零度子午面一致而得到的新参考系。WGS-84 坐标系的原点在地球质心，Z 轴指向 BIH1984.0 定义的协定地球极(CTP)方向，X 轴指向 BIH1984.0 的零度子午面和 CTP 赤道的交点，Y 轴和 Z 轴、X 轴构成右手坐标系。

4) CGCS2000 国家大地坐标系

这是我国当前最新的国家大地坐标系(china geodetic coordinate system 2000, CGCS2000)。现行的大地坐标系由于受技术条件限制，精度偏低，无法满足快速发展的空间定位技术需求，国家急需建立新坐标系统，于是 CGCS2000 应运而生。2000 国家大地坐标系是全球地心坐标系在我国的具体体现，其原点为包括了海洋和大气的整个地球的质量中心。CGCS2000 国家大地坐标系的 Z 轴由原点指向历元 2000.0 的地球参考极的方向，该历元指向由国际时间局给定的历元为 1984.0 的初始指向推算，定向的时间演化保证相对于地壳不产生残余的全球旋转，X 轴由原点指向格林尼治参考子午线与地球赤道面（历元 2000.0）的交点，Y 轴与 Z 轴、X 轴构成右手正交坐标系。CGCS2000 国家大地坐标系为投影坐标系。

各个坐标系的参数比较见表 3-2。

表 3-2

坐标系统	坐标系类型	椭球	a 长半轴/m	扁率 f
1954 北京坐标系	参心坐标系	克拉索夫斯基	6378245	1/298.3
1980 西安坐标系	参心坐标系	IAG-75	6378140	1/298.257
WGS-84 世界大地坐标系	地心坐标系	WGS-84	6378137	1/298.257223563
CGCS2000 国家大地坐标系	地心坐标系	CGCS2000	6378137	1/298.257222101
独立坐标系	参心坐标系	同国家或自定义	—	—

4. ArcGIS 中坐标系统命名

在 ArcMap 或是 ArcCatalog 中选择系统预定义的北京 54 和西安 80 坐标系统时，会发现在 Beijing 1954 目录中有四种不同的命名方式：

Beijing 1954 3 Degree GK CM 75E. prj;

Beijing 1954 3 Degree GK Zone 25. prj;

Beijing 1954 GK Zone 13. prj;

Beijing 1954 GK Zone 13N. prj。

对它们的说明分别如下：

3°分带法的北京 54 坐标系，中央经线在东经 75°的分带坐标，横坐标前不加带号；

3°分带法的北京 54 坐标系，分带号为 25（中央经线在东经 75°），横坐标前加带号；

6°分带法的北京 54 坐标系，分带号为 13，横坐标前加带号；

6°分带法的北京 54 坐标系，分带号为 13，横坐标前不加带号。

在 Xi'an 1980 目录中，文件命名方式分别为下面所示：

Xi'an 1980 3 Degree GK CM 117E. prj;

Xi'an 1980 3 Degree GK Zone 39. prj;

Xi'an 1980 GK CM 117E. prj;

Xi'an 1980 GK Zone 20. prj。

它们的含义分别如下：

3°分带法的西安 80 坐标系，中央经线为东经 117°，横坐标前不加带号；

3°分带法的西安 80 坐标系，分带号为 39（中央经线为东经 117°），横坐标前加带号；

6°分带法的西安 80 坐标系，中央经线为东经 117°，横坐标前不加带号；

6°分带法的西安 80 坐标系，分带号为 39（中央经线为东经 117°），横坐标前加带号。

5. 坐标变换

坐标转换是 GIS 中经常遇到的重要问题之一。坐标转换通常包含两层含义：坐标系变换和基准变换。

1）坐标系变换

坐标系变换是指在同一地球椭球下，空间点在不同坐标形式间进行变换。包括地理坐标系与空间直角坐标系的互相转换，空间直角坐标系与站心坐标系的转换，以及地理坐标系与高斯坐标系之间的转换（高斯正反算）。基于同一椭球体，如北京 54，地理坐标和平面坐标可以有固定公式转换，ArcGIS 可以直接转换，误差可以达到 0.1 mm。

2）基准变换

基准变换是指空间点在不同地球椭球间的坐标转换。这种变换可用三参数或七参数实现不同椭球间空间直角坐标系或不同椭球间地理坐标系的转换。

坐标系的变换可以在地理坐标系与投影坐标系之间进行，也可以在地理坐标系与地理坐标系之间或投影坐标系与投影坐标系之间进行。坐标系的转换包括两种过程：地理坐标转换和投影（或反投影）。例如：将地理坐标系“GCS_WGS_1984”转换为投影坐标系“Xi'an_1980_GK_CM_117E”，包括一个将大地测量系统“D_WGS_1984”转换为大地测量系统“D_Xi'an_1980”，然后将一个地理坐标系“GCS_Xi'an_1980”投影为投影坐标系“Xi'an_1980_GK_CM_117E”的过程。

3.2.3　实验数据

本节实验数据存放在“文件夹 2”中，具体数据说明见表 3-3。

表　3-3

文件名称	格式	位置	说　明
river. tif	栅格数据	2\	地表径流图坐标系为(GCS_Beijing_1954)
test3. gdb	个人地理数据库	2\	存储投影转换矢量数据
test3. tif	栅格数据	2\	投影转换栅格数据
test. shp/道路. shp	矢量数据	2\习题\	Shapefile 文件

3.2.4　实验步骤

1. 查看坐标信息

ArcGIS 中的很多数据都自带坐标系信息，在使用这些数据或进行数据的投影变换之前，首先要查看数据的坐标信息，如果没有坐标信息，则需要进行定义。

1）在 ArcCatalog 中查看数据的坐标信息

在 ArcCatalog 的目录树中右击“text. shp”，在弹出的快捷菜单中单击【属性】选项，打开【shapefile 属性】对话框，对话框中有【常规】【XY 坐标系】【字段】【索引】等属性信息，如图 3-25 所示。选中【XY 坐标系】选项卡就可查看“text. shp”数据的坐标信息。若查看栅格数据的坐标信息，采用同样方法打开栅格数据集属性对话框，即可在常规选项卡中查看坐标信息。

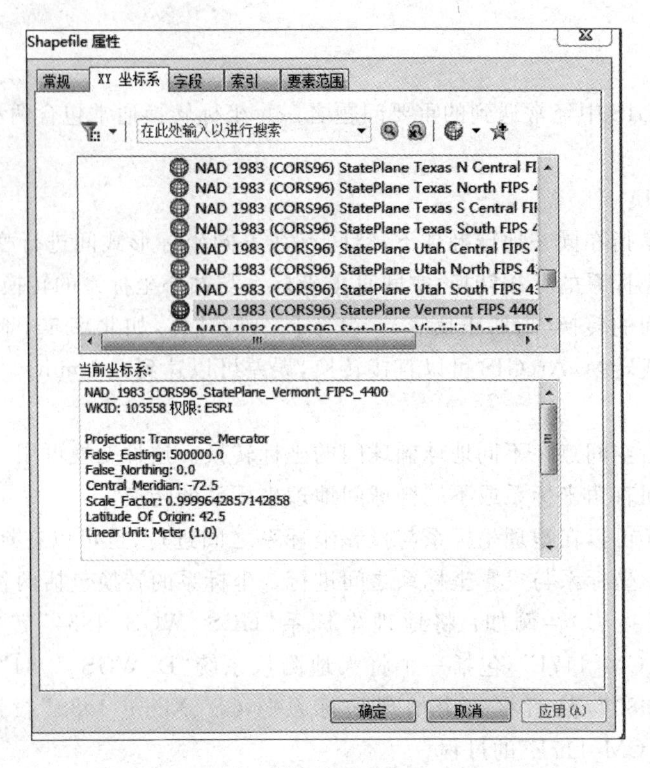

图 3-25

2）在 ArcMap 中查看数据的坐标信息

在 ArcMap 中，加载栅格数据“river. tif”，在内容列表中右击“river. tif”，在弹出的快捷菜单中单击【属性】，打开【图层属性】对话框，单击【源】选项卡，就可以查看该图层的空间范围、坐标信息等，如图 3-26 所示，“river. tif”的空间参考显示为<未定义>，也就是说该栅格数据的坐标系还未定义。用同样方法可以在 ArcMap 中查看矢量数据的坐标信息。

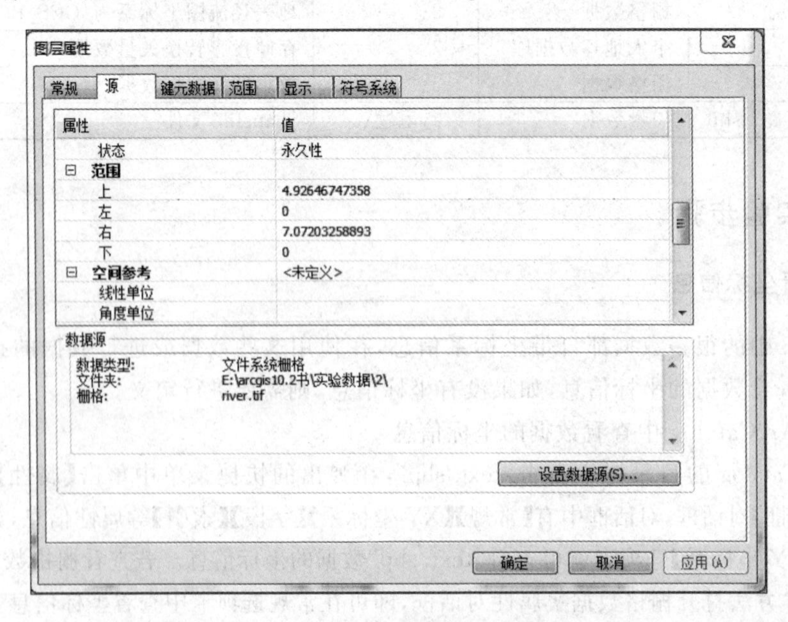

图 3-26

2. 定义投影

坐标信息通常从数据源获得，如果数据源已有定义的坐标系，ArcMap 可将其动态投影到不同的坐标系中；反之，则无法进行动态投影。因此，对未知坐标系的数据，需要先使用定义投影工具为其添加正确的坐标信息，具体操作步骤如下：

(1) 在 ArcMap 中单击工具条上的 ArcToolbox 按钮（或者单击【地理处理】菜单下的 ArcToolbox），打开 ArcToolbox 窗口。在 ArcToolbox 的目录树上单击【数据管理工具】\【投影和变换】\【定义投影】工具，打开【定义投影】对话框。

(2) 在【定义投影】对话框中的【输入数据集或要素类】下拉列表中选择要定义的栅格数据“river. tif”，单击坐标系对话框旁边的按钮，打开【空间参考属性】对话框，在对话框中选择“地理坐标系\Asia\beijing 1954”，如图 3-27 所示，然后单击【关闭】，就完成了数据的投影定义。

此时，如果查看“river. tif”的坐标信息，就会显示数据的坐标信息为“GCS _ Beijing _ 1954”。“river. tif”是栅格数据，矢量数据的投影定义与栅格数据类似。

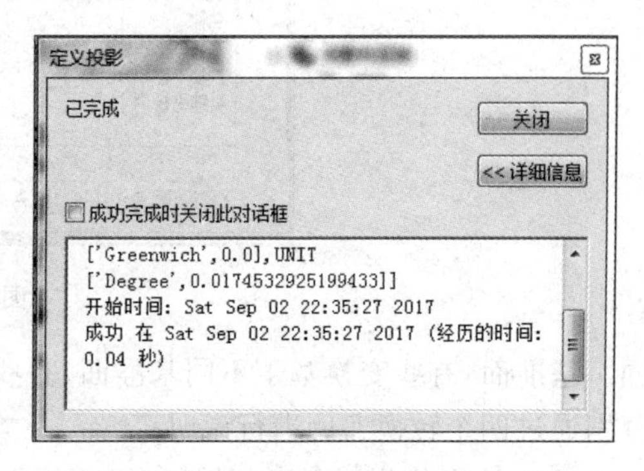

图　3-27

3. 创建自定义地理坐标变换

有时对某一个地区的数据进行地理坐标变换，但是 ArcGIS 提供的地理变换方法不能满足实际需要，可根据自身需求自定义地理变换，用于在两个地理坐标系或基准面之间进行数据转换。以自定义的“GCS_Beijing_1954”转“CGS_WGS_1984”为例说明转换方法，其操作步骤如下：

(1) 打开【ArcToolbox】对话框，在【ArcToolbox】中双击【数据管理工具】\【投影和变换】\【创建自定义地理(坐标)变换】，打开【创建自定义地理坐标变换】对话框。

(2) 在【创建自定义地理坐标变换】对话框中输入地理(坐标)变换名称；输入地理坐标系；输出地理坐标系；自定义地理(坐标)变换下拉框中选择输入地理坐标系和输出坐标系之间进行数据变换的方法；在参数区域中将变换参数作为自定义地理变换字符串的一部分进行设置或编辑。具体设置见图 3-28，然后单击【确定】按钮，完成操作。

小提示：1. 创建自定义地理(坐标)变换时，因不同地区采用的变换方法不同，参数设置也不相同，需要根据资料和实地情况进行设置(本例适用区域为新疆塔里木)。

2. 自定义地理(坐标)变换方法，ArcGIS 自身提供了 12 种变换方法，如 Molodensky，Geocentric_Translation，Molodensky_Abridged，Position_Vector 等，每种方法都有一组特定的参数，可以将参数输入对话框中对应的参数值列表中。

4. 数据的投影变换

数据的投影变换是根据需要将数据的原有坐标系变换成需要的坐标系，有些变换基于

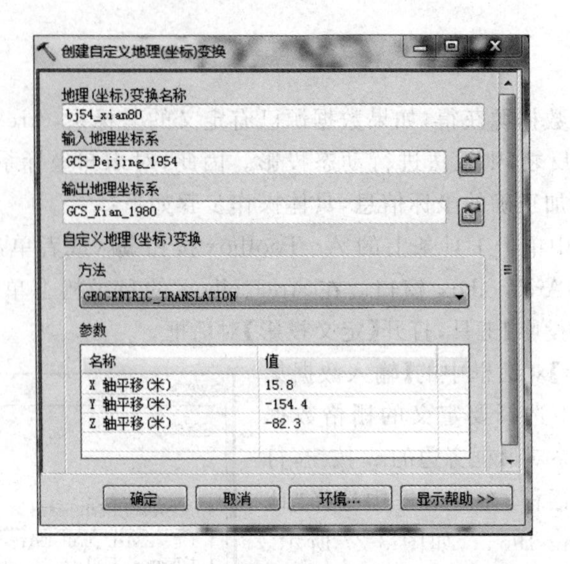

图 3-28

同一基准面，有些变换基于不同基准面，有些是投影坐标系与地理坐标系之间的转换，本节分别通过四个转换实例进行说明。

1）"GCS_Beijing_1954"转"GCS_WGS_1984"

(1) 在 ArcMap 中添加数据"river. tif"，打开 ArcToolbox，在 ArcToolbox 中双击【数据管理工具】\【投影和变换】\【栅格】\【投影栅格】，打开【投影栅格】对话框。

(2) 在【投影栅格】对话框中的【输入栅格】下拉列表中选择"river. tif"，单击【输出栅格数据集】右侧的按钮选择转换投影后数据的存储路径，单击【输出坐标系】文本框右侧的按钮选择"GCS_WGS_1984"，在【地理(坐标)变换】下拉列表中选择"bj54-WGS1984"，如图 3-29 所示，然后单击【确定】按钮。

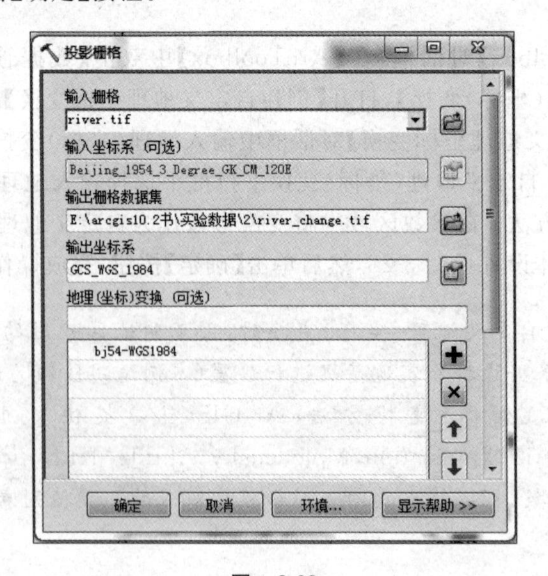

图 3-29

小提示：投影变换基于相同基准面时，可以不指定【地理（坐标）变换】，但基于不同基准面时必须指定【地理（坐标）变换。】

（3）坐标转换结束后，ArcMap 自动打开转换后的栅格数据，此时“river_change. tif”的坐标系为 GCS_WGS_1984。

2）“Beijing_1954_3_Degree_GK_CM_102E”转“GCS_Beijing_1954”

有时需要地理坐标，而已有的数据为投影坐标（X，Y），此时需将数据从地理坐标系（经纬度）转换为投影坐标系，这是经常进行的投影转换之一。

（1）ArcMap 中加载栅格数据“text3. tif”，查看其坐标投影为“Beijing_1954_3_Degree_G K_CM_102E”。

（2）打开 ArcToolBox，在 ArcToolBox 窗口的目录树上双击【数据管理工具】\【投影和变换】\【栅格】\【投影栅格】，打开【投影栅格】对话框。

（3）在【投影栅格】对话框中，单击【输入栅格】的下拉列表选中“test3. tif”，单击【输出栅格数据集】右侧的按钮选择转换投影后数据的存储路径和名称，单击【输出坐标系】文本框右侧的按钮选择“GCS_Beijing_1954”，如图 3-30 所示，最后单击【确定】按钮，完成投影变换。

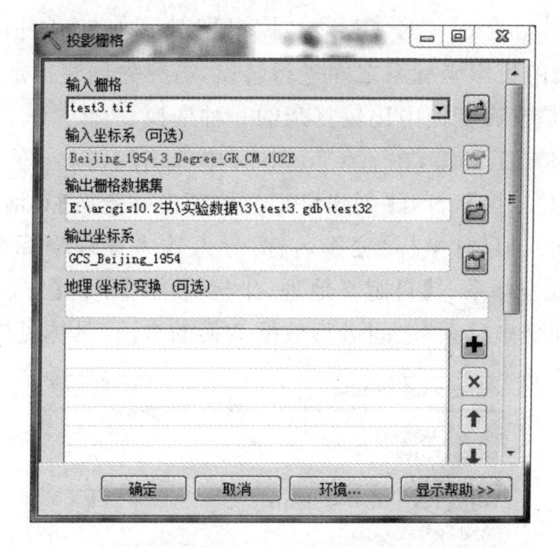

图 3-30

3）“GCS_Xi’an_1980”转“Xi’an_1980_3_Degree_GK_CM_117E”

ArcGIS 中更多的情况是已知数据的地理坐标（经纬度），需要根据地理坐标转换为所需要的投影坐标（X，Y）。

（1）在 ArcMap 中加载“test3. gdb”数据库中的矢量数据“test31”，打开 ArcToolbox 工具箱。

（2）在 ArcToolbox 中，双击【数据管理工具】\【投影和变换】\【要素】\【投影】工具，打开【投影】对话框。

（3）在【投影】对话框中，单击【输入数据集或要素类】的下拉列表选中“test31”，在【输出数据集或要素类】中选择变换后数据的路径和名称，单击【输出坐标系】处的按钮，在弹出的【空间参考属性】对话框中，选择投影变换后的投影坐标系，如图 3-31 所示，然后单击【确定】按钮，完成本次投影变换。

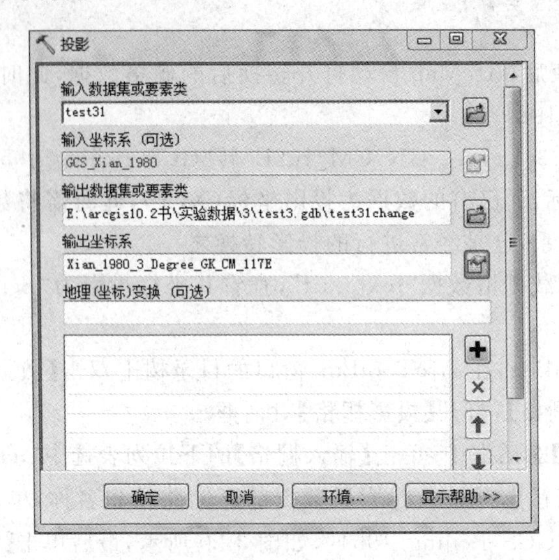

图 3-31

4）"Beijing_1954_3_degree_GK_CM_117E"转"Xi'an_1980_Degree_GK_CM_117E"

在两个不同基准面的投影坐标系之间进行转换，需要先创建自定义地理坐标变换，然后才能进行投影变换，这是投影变换中比较复杂的一种变换。

(1) 打开 ArctoolBox 工具箱，在 ArcToolbox 中双击【数据管理工具】\【投影和变换】\【创建自定义地理(坐标)变换】，打开【创建自定义地理坐标变换】对话框。在【创建自定义地理坐标变换】对话框，输入地理(坐标)变换名称，导入输入地理坐标系("test3. gdb"数据库中的"test2")，输出地理坐标系。【自定义地理(坐标)变换】下的【方法】下拉框中选择"输入地理坐标系"和"输出地理坐标系"之间进行数据变换的方法，具体见图 3-32。

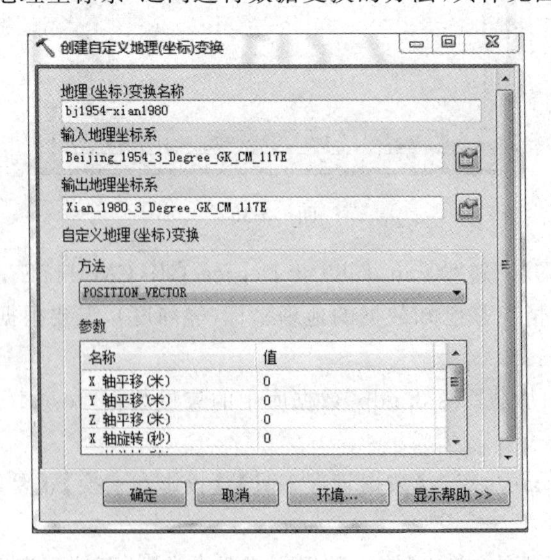

图 3-32

(2) 自定义地理坐标变换后，在 ArcToolBox 中双击【数据管理工具】\【投影和变换】\【要素】\【投影】工具，打开【投影】对话框，具体设置参照图 3-33。

小提示：1. 由于投影不在同一个基准面上，因此必须指定【地理(坐标)变换】。

2. 如果转换出现问题，有两种可能性，一是该数据没有定义正确的地理坐标系；二是没有选择正确的投影坐标系。

图 3-33

习题

1. 将“习题”文件夹中的“test.shp”文件转换为“GCS_Beijing_1954”坐标系数据。
2. 将“习题”文件夹中的“道路.shp”文件坐标系定义为“GCS_Xi'an_1980”。
3. 简述 GCS_Beijing_1954 和 GCS_Xi'an_1980 两个坐标系之间的差异。

3.3 实验三 地图配准

3.3.1 实验目的

1. 了解地图配准的概念及原理。
2. 掌握 ArcGIS 中栅格地图配准的方法。
3. 掌握 ArcGIS 中矢量地图配准的方法。

3.3.2 基础知识

1. 概念及原理

地图配准是 GIS 软件的基本功能之一，也是进行地图矢量化的重要步骤。地图配准是指使用地图坐标为地图要素指定空间位置。地图图层中的所有元素都具有特定的地理位置和范围，这使得它们能够定位到地球表面或靠近地球表面的位置。精确定位地理要素的能力对于制图和 GIS 来说都至关重要。地图配准的原理是将控制点配准为参考点的位置，从而建立两个坐标系统之间一一对应的关系。控制点就是没有配准前的点的坐标，参考点就是希望配准后的点的坐标。图像之间的配准主要包括两方面的内容：其一是确定足够数量的配准控制点；其二是根据这些配准控制点确定两幅或多幅图像像素之间的坐标对应关系。

2. 物理坐标到用户坐标的转换

地图配准可以帮助用户将外部的空间数据转换到 ArcGIS 认同的坐标。地图配准的实质是建立物理坐标与用户坐标的转换关系。物理坐标是基于仪器设备的坐标，如数字化仪坐标、屏幕坐标、扫描仪坐标等；用户坐标指用户进行空间分析时所需要的、能够正确说明地理对象空间位置、空间距离等性质的坐标，如地理经纬度、地图直角坐标。配准时，用户指定若干控制点，并输入它们的用户坐标（物理坐标通常由系统自动读取），系统配准模块根据这些点的坐标值进行运算，形成适用于全图的坐标转换公式。地图这种坐标转换可以将物理坐标转换为地理要素的实际坐标，同时减少各种变形（投影变形、扫描变形、纸张变形等），这种坐标转换是通过地图配准来实现的。

3. 控制点选择原则

地图配准中控制点的位置和精度直接影响配准的精度，为了实现较好的配准效果，配准中控制点的选择要遵循以下原则：

(1) 变换公式是 n 次幂多项式，则控制点个数最少为 $(n+1)(n+2)/2$，比如二阶多项式至少需要 6 个控制点。

(2) 应选取图上容易分辨且比较精细的特征点。

(3) 特征变化大或地形陡峭的地区应多选点。

(4) 图像边缘处要尽量选点。

(5) 尽可能满幅、均匀选点。

4. ArcGIS 中的地图配准

地图配准是每个 GIS 平台都具有的基本功能，很多 GIS 软件为用户提供了非常便捷的转换环境和操作，其中国产 MapGIS 软件这部分功能比较完善。在 ArcGIS 中，地图配准可分为地理配准和空间校正两个部分。其中，地理配准的对象是栅格数据，如 tif、tiff 格式数据；空间校正的对象是矢量数据，如 Shapefile 文件。

5. 栅格数据配准

栅格图像的配准是进行地图矢量化的重要步骤，ArcGIS 的栅格图像配准是在 ArcMap 环境下通过地理配准工具来完成的。它提供 7 种坐标转换方式（图 3-34），分别是零阶多项式、一阶多项式、二阶多项式、三阶多项式拟合、校正、样条函数和投影变换。不同的拟合方式需要的控制点数目不同，零阶平移需要 1 个，一阶多项式拟合至少要 3 个非线性相关的控制点，二阶多项式至少需要 6 个，而三阶多项式和样条函数至少需要 10 个。一阶多项式变换常用于对影像进行地理配准，较低阶多项式容易出现随机型误差，而较高阶多项式容易出现外推误差。

栅格数据配准的步骤如下：在 ArcMap 中添加栅格图像；在数据框属性窗口中定义投影；启动配准环境(打开地理配准工具条)；添加控制点并设置坐标转换方式(受控制点数量的限制)；最后进行地图配准，并保存配准结果。

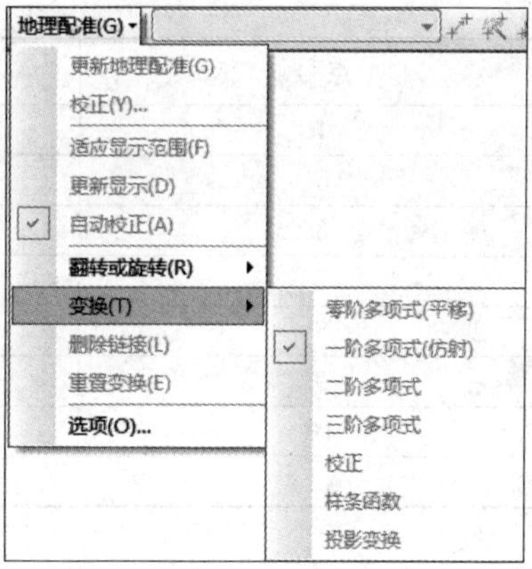

图　3-34

6. 矢量数据配准

相对于栅格数据配准，矢量数据配准使用较少，具体的操作步骤如下：ArcMap 中导入矢量数据，并定义投影；通过 Excel 或记事本建立一个文本文件，输入控制点坐标信息等；启动配准环境(空间校正工具条)进行空间链接；最后进行地图配准，并保存配准结果。

3.3.3　实验数据

本节实验数据存放在“文件夹 3”中，具体数据说明见表 3-4。

表　3-4

文件名称	格　式	位　置	说　明
test4	tif 栅格数据	3\raster	1∶10000 标准分幅数据
contour	shapefile	3\vector	数字化等高线
ctlpnts	shapefile	3\vector	控制点
control	txt	3\vector	控制点点号及坐标

3.3.4　实验步骤

1. 栅格数据的配准

1) 控制点的获取

栅格数据“test4. tif”是一个 1∶1 万标准分幅的某地地形概略图，采用矩形分幅且经差为 3°45′，经度范围为 114°11′15″～114°15′00″，图幅编号为 H-50-61-(52)。根据规定 1∶1 万地形图采用高斯 3°带投影，根据经度可以计算出地图投影带带号为 38。通过读图，可以得到控制点的位置和坐标，具体见图 3-35 及表 3-5。

表　3-5

点号	X 坐标	Y 坐标
1	521000	3327000
2	519000	3329000
3	521000	3329000

续表

点号	X 坐标	Y 坐标
4	523000	3329000
5	524000	3329000
6	524000	3327000
7	524000	3325000
8	523000	3325000
9	521000	3325000
10	519000	3325000
11	519000	3327000

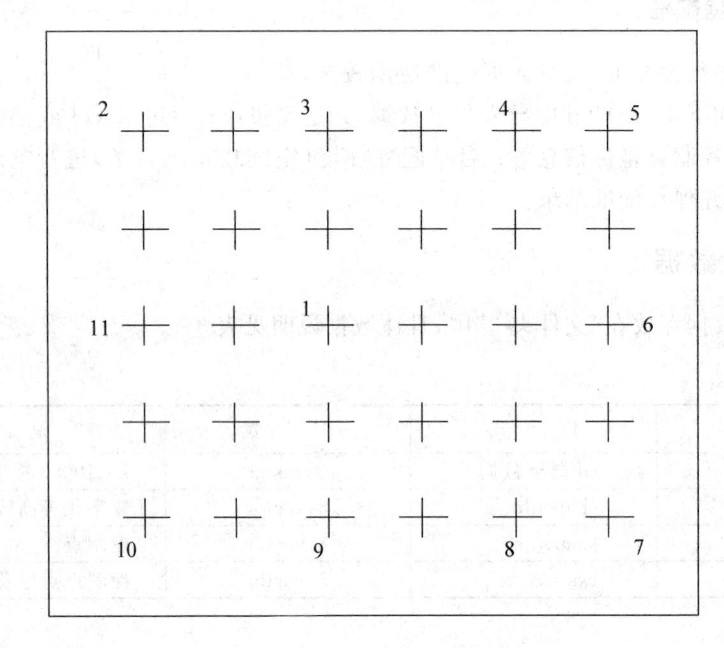

图 3-35

如果配准的栅格地图为标准分幅的地图，通过读图基本可以获得地图配准所需要的数据和信息。具有一定测绘基础的学生能够根据标准分幅地形图，获取足够的信息和数据。

2）添加栅格图像

在 ArcMap 中，单击工具条上的数据添加按钮 ，将数据"test4. tif"添加到 ArcMap 窗口。

3）定义投影

在 ArcMap 中单击主菜单上的【视图】\【数据框属性】，打开【数据框属性】对话框，单击【坐标系】标签，进入【坐标系】选项卡。在选择坐标系列表框中单击【投影坐标系】\【Guass Kruger】\【Beijing 1954】，选择"Beijing 1954 3 Degree GK CM 114E"，如图 3-36 所示，再单击【确定】按钮，完成坐标投影的定义。

4）启动配准环境

在工具条空白处右击或单击主菜单【自定义】\【工具条】，在出现的菜单中勾选【地理配

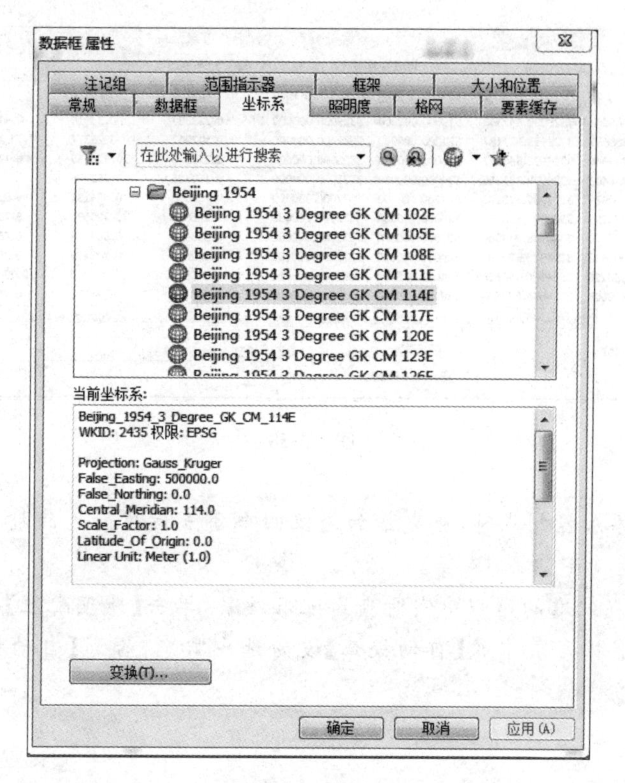

图　3-36

准】,这样就打开了【地理配准】浮动工具条,如图 3-37 所示。

图　3-37

5）添加控制点

找到地图上的控制点(图 3-35),并输入控制点坐标(表 3-5),从而建立控制点坐标与参考点之间的坐标转换关系。

(1) 单击【地理配准】工具条上的添加控制点按钮 ,鼠标变成十字丝,将扫描地图缩放到合适大小,将十字丝精确定位到扫描图上的一个控制点上(控制点为图上十字丝交点),然后单击左键。此处应注意鼠标滚轮的使用,滚动滚轮的时候可以实现放大、缩小功能,而按住滚轮同时移动鼠标,可以实现地图的漫游。

(2) 单击左键后,马上单击右键,在弹出的快捷菜单中单击【输入 X 和 Y】,在弹出的【输入坐标】对话框中,输入该点实际的 X,Y 坐标,控制点的坐标参见表 3-5。

(3) 采用相同的方法,找到栅格图像上其他的控制点,并输入它们的实际坐标。添加所有控制点后,单击【地理配准】\【变换】\【二阶多项式】,然后单击【地理配准】工具条上的查看链接表 按钮,查看所有的控制点信息及各种误差,如图 3-38 所示。对于误差太大或对应关系存在错误的控制点,先选中该控制点记录,再单击删除链接 按钮,删除该控制点。

链接

RMS 总误差(E): Forward:0.664405

X 源	Y 源	X 地图	Y 地图	残差_x	残差_y	残差
519017.085883	3328999.447380	519000.000000	3329000.000000	0.228387	-0.33814	0.408043
521017.388657	3328993.327187	521000.000000	3329000.000000	0.102902	1.26277	1.26695
519000.704446	3324993.846112	519000.000000	3325000.000000	0.279326	0.414056	0.499465
524002.038403	3324979.331355	524000.000000	3325000.000000	0.130825	0.253256	0.28505
521008.679934	3326992.573173	521000.000000	3327000.000000	0.39008	-0.354181	0.526884
524017.876197	3328983.630362	524000.000000	3329000.000000	0.0245855	-0.229697	0.231009
523018.107670	3328988.413089	523000.000000	3329000.000000	-0.355915	-0.694474	0.780365
524009.365913	3326980.634106	524000.000000	3327000.000000	0.282681	0.703478	0.758149
521001.353126	3324990.156656	521000.000000	3325000.000000	0.0543582	0	0.0543582
519009.439008	3326996.875534	519000.000000	3327000.000000	-0.672157	-0.348373	0.757072

☑自动校正(A) 变换(T): 二阶多项式
☐度分秒 Forward Residual Unit : Unknown

图 3-38

小提示：1. 添加控制点时，应先添加图像四个角点位置附近的控制点，否则容易造成图像拉伸或严重变形。

2. 如果希望在配准的过程中实时查看配准结果，单击【地理配准】工具条上的【地理配准】选项，将其下拉列表中的【自动校正】设为选中状态，否则【自动校正】设为非选中状态。

6）地图配准

在【地理配准】工具条上单击【地理配准】\【校正】，打开【另存为】对话框，选择校正后影像的存储路径，单击【保存】按钮，保存配准结果，如图 3-39 所示。应注意不能轻易单击【地图配准】\【更新地图配准】，否则添加的控制点都会被删除，只能重新添加。

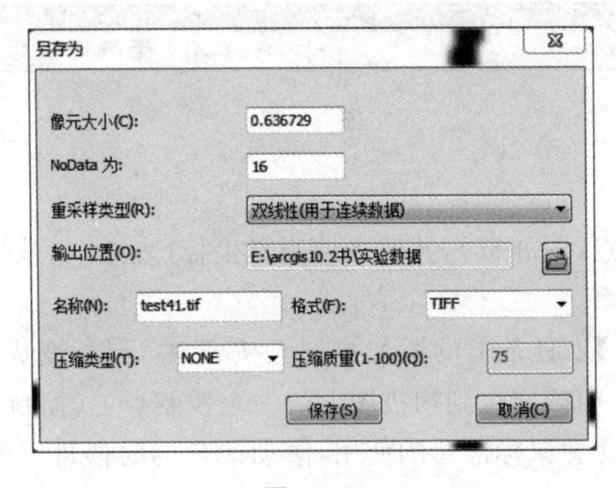

图 3-39

7）查看配准结果

将配准后的栅格影像加载到 ArcMap 中，在显示窗口中移动鼠标，可以在右下角的状态栏里看到，此时显示的坐标已经是配准后的坐标。

2. 矢量数据的配准

地图配准大多数情况下都指的是栅格数据的配准，但是有些情况下矢量数据也需要进行配准，ArcGIS 也为矢量数据提供了专门的配准工具——【空间校正】工具条。

1）定义投影

在 ArcMap 中加载矢量数据（“contour. shp”和“ctlpnts. shp”），单击【视图】\【数据框属性】，打开【数据框属性】对话框，单击【坐标系】标签，将投影方式定义为“Beijing 1954 GK Zone 21N”。

2）启动配准环境

（1）在 ArcMap 工具条空白处右击，在弹出的快捷菜单中，单击【空间校正】项，打开【空间校正】工具条。

（2）在 ArcMap 工具条空白处右击，在弹出的快捷菜单中，单击【编辑器】项，打开【编辑器】工具条，单击【编辑器】工具条上的【编辑器】\【开始编辑】，进入编辑状态。

小提示：与栅格数据不同的是，矢量数据的配准必须在编辑状态下进行，否则无法进行矢量数据的配准。

3）进行空间链接

（1）在【空间校正】工具条上单击【空间校正】\【设置校正数据】，打开【选择要校正的输入】对话框，如图 3-40 所示，选择需要进行配准的图层：点选【以下图层中所有要素】选项，然后选中“contour”和“ctrlpnts”前的复选框，或者单击【全选】按钮。

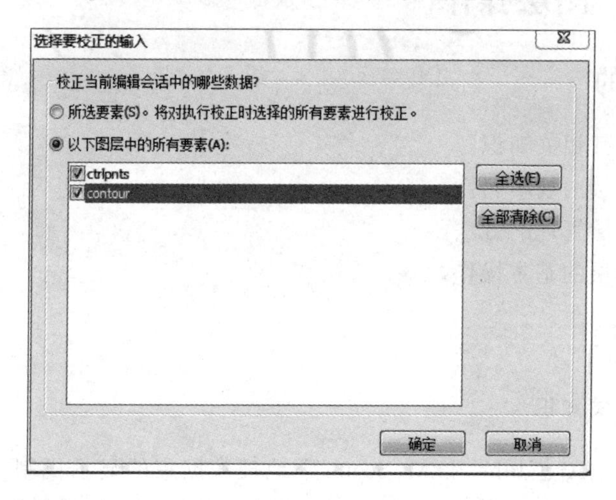

图　3-40

（2）在【空间校正】工具条上单击【空间校正】\【链接】\【打开控制点文件】，打开【打开】对话框，在上面打开控制点文件“control. txt”，如图 3-41 所示。

（3）先双击【控制点】窗口中控制点的坐标值，再在视图窗口中找到对应的控制点，单击鼠标右键，即建立了一个链接，按这个步骤，建立所有控制点和参考点之间的链接。与点的 ID 号 1—2—3—4 对应的控制点位置为左上角—右上角—右下角—左下角。在地图显示窗中移动地图或放大、缩小地图，与栅格地图一样，可以利用鼠标中键完成。

控制点

ID	X目标	Y目标
1	49970627.00...	36828213.00...
2	50000111.00...	36828213.00...
3	50000111.00...	36800972.00...
4	49970627.00...	36800972.00...

图　3-41

4）地图配准

单击【空间校正】工具条上的【空间校正】\【校正】，完成匹配。

5）查看配准结果

单击【编辑】工具条的【编辑】\【停止编辑】，退出编辑，并保存配准结果。重新加载配准后的文件，移动鼠标，注意右下角状态栏里显示的坐标（配准后的坐标）。

小提示：地图配准所需的控制点和参考点的信息，不仅可以从控制点文件中获得，还可以从地图（矢量或栅格地图）上获得。

习题

1. “习题”文件夹中的“dqs. tif”为标准分幅栅格地形图，请在 ArcMap 中对其进行配准。

2. 获取地面控制点的方法有哪些？地图配准一定需要控制点坐标吗？对用来配准的控制点有哪些要求？

3.4　实验四　图层操作

3.4.1　实验目的

1. 了解图层及其相关知识。
2. 熟悉地图图层的基本属性。
3. 掌握地图图层管理的方法。
4. 掌握地图图层的基本操作。

3.4.2　基础知识

1. 图层及其相关知识

图层是 ArcMap、ArcGlobe 和 ArcScene 中地理数据集的显示机制。ArcGIS 比较突出的特点是数据和数据显示是分离的，尤其对于矢量数据而言，矢量数据被分成一个个要素类，每一个要素类就是一类要素的集合（基本可以分为点要素类、线要素类和面要素类），要素类的属性表中每一行代表一个要素，比如一条路、一块地、一个居民点等，而图层正是用来显示这些要素的，存储的是这些要素的显示信息，每一个要素类对应一个图层。以线要素为例，图层中存储了线要素用什么样的颜色和线形来显示，数据本身没有显示信息，因此每次打开一个线形要素类时，系统会随机、自动给这个线要素类附上一种显示信息。所以每次打开一个线要素类，线的颜色都会不同，图层只存储线要素的显示信息，并且通过引用数据对数据进行某种特定线形的显示。

数据框是图层的集合，一个数据框中可以包含多个图层。在 ArcMap 的数据窗口中，也只显示一个数据框内的信息，一个地图文档中可以包含多个数据框。一次编辑只能编辑同一数据框下的内容，在 ArcMap 的数据窗口中，也只显示一个数据框内的信息。但同一地图文档中的多个数据框可以在版面视图中同时显示出来，通过多个数据框的位置关系生成更加美观的地图。比如在地图中添加南海诸岛，则是南海诸岛在一个数据框中，原有地图在一个数据框中。

2. 图层的坐标定义

ArcMap 中数据层大多是具有地理坐标系统的空间数据，创建新地图并加载数据层时，第一个被加载数据层的坐标系统将作为该数据组的默认坐标系，随后被加载的数据层，无论其原有的坐标系如何，只要满足坐标转换要求，都将被自动转换为该数据组的坐标系统，而不影响数据层所对应的数据本身。对于没有足够坐标信息的数据层，一般情况下由操作人员来提供坐标信息。若没有操作人员提供坐标信息，ArcMap 有一种默认处理办法：先判断数据层的 X 坐标是否在 $-180 \sim 180$ 之间，Y 坐标是否在 $-90 \sim 90$ 之间，若判断为真，则按照经纬度大地坐标来处理；若判断不为真，就认为是简单的平面坐标系统。

3.4.3 实验数据

本节实验数据存放在"文件夹 4"中，具体数据说明见表 3-6。

表 3-6

文件名称	格式	位 置	说 明
college	mdb	实验数据\4\	校园地图包括路灯、道路、楼三类要素
college1	mdb	实验数据\4\	校园地图包括道路、办公楼等要素类
donut	Shapefile	实验数据\4\道路\	Shapefile 文件
esri	Shapefile	实验数据\4\道路\	Shapefile 文件
Street	Shapefile	实验数据\4\道路\	Shapefile 文件
CtrlPoint	xlsx	实验数据\4\点转图层\	控制点点号及坐标

3.4.4 实验步骤

1. 图层的属性及相关设置

图层是 ArcMap 中地理数据的显示方式，图层的属性有很多，下面就通过修改、设置等操作对图层的主要属性进行介绍。

1) 常规属性

在 ArcMap 中加载"college. mdb"下的所有数据，在显示窗口中显示出校园地图，在 ArcMap 的内容列表窗中列出了所有的图层，也就是"college"个人地理数据库中的所有要素类。在内容列表中右击"路灯"图层，在弹出的快捷菜单中单击【属性】，打开【图层属性】对话框，如图 3-42 所示。图层的属性窗口有 11 个标签，图层的所有属性都包含其中，单击【常规】标签，就可以查看图层的常规属性。

(1) 图层的常规属性包括图层名称、图层可见设置、描述、比例范围设置等内容(图 3-42)。

(2) 图层名称：该图层在内容列表中显示的名称，可以修改。

(3) 图层可见性设置：勾选【可见】复选框使该图层可见。

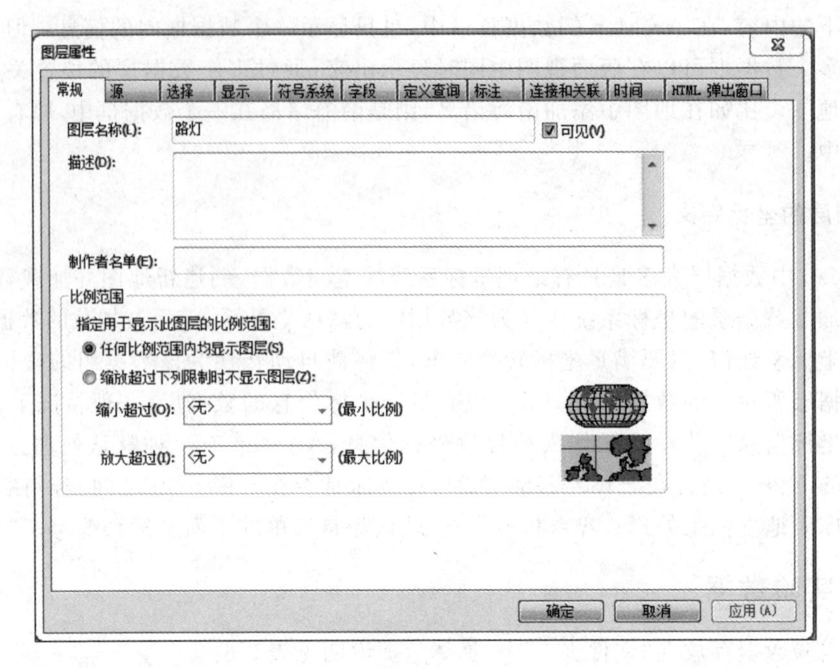

图　3-42

(4) 描述：描述文本框内输入该图层的描述信息。

(5) 制作者名单：可以输入图层制作人员名单及相关信息。

(6) 比例范围：指定用于显示此图层的比例范围。

2) 源属性

每一个图层都对应其数据源，在【图层属性】对话框的【源】选项卡中显示了数据源的所有属性信息，这些信息包括以下内容。

(1) 范围：范围内显示左、右、上、下 4 个数据，表明该数据源的数据范围(可以是经纬度(地理坐标)，也可以是以米为单位的数值(投影坐标))。

(2) 数据源：【数据源】框架内带滚动条的文本框中显示了数据类型、数据源位置、要素类、几何类型、地理坐标系、基准面、本初子午线、角度单位等内容。其中，地理坐标系是需要经常查看的内容。

(3) 设置数据源：单击【设置数据源】按钮，可以重新设置数据源。有时数据源被移动或原有存储路径无法加载时，可以通过设置数据源重新设置存储路径，保证数据的正确显示。

右击内容列表中“路灯”图层，在弹出的快捷菜单中选择【属性】，打开【图层属性】对话框，单击【源】选项卡，就可以查看“路灯”图层的源数据属性，如图 3-43 所示。

3) 选择属性

在【图层属性】对话框中单击【选择】选项卡，可以在该选项中修改所选要素的显示方式，如图 3-44 所示。

(1) 在显示所选要素下选择【使用“选择选项”中所指定的选择颜色】单选按钮，则默认使用该图层被系统自动赋予的随机颜色和样式。

(2) 选择【用此符号】单选按钮：设置图层中所选要素的显示符号样式。

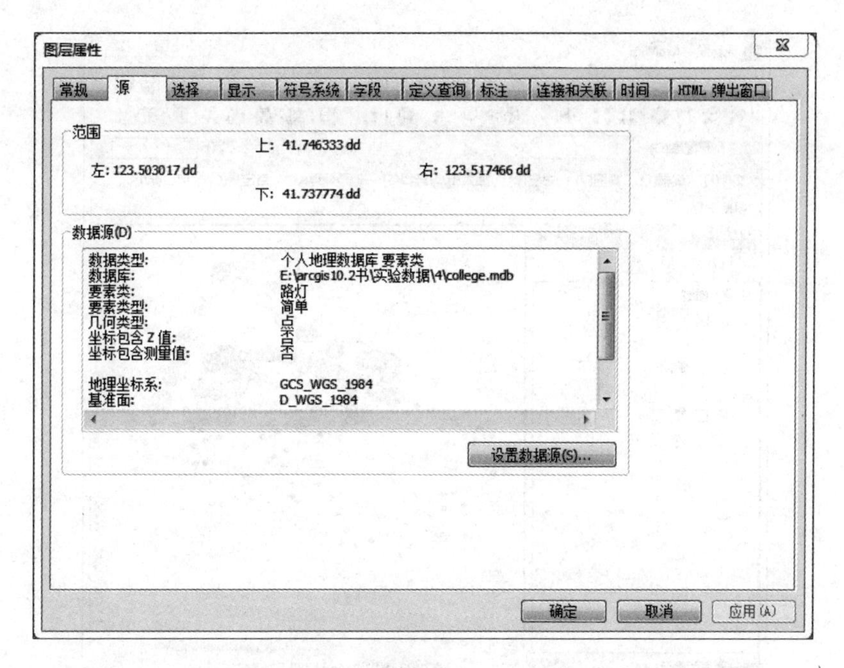

图　3-43

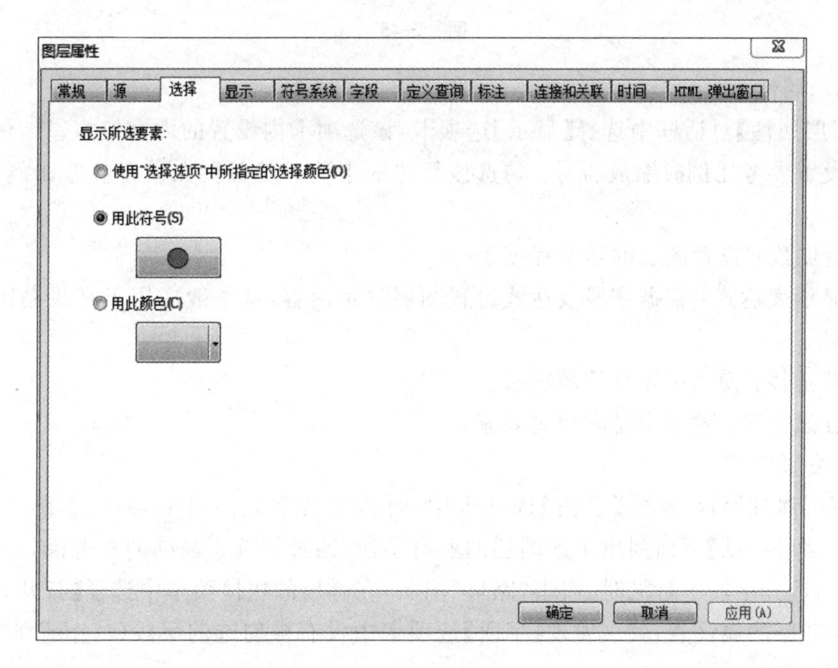

图　3-44

(3) 选择【用此颜色】单选按钮：设置所选要素的显示颜色。

需要注意的是，此处修改的并不是该图层要素的显示方式，而是该图层中被选中要素的样式。修改后，该图层被选中的元素就根据【选择】选项卡中的设置发生变化，以便于与未选中的要素相区别。在内容列表中关闭"道路"和"楼"图层，单击工具条上的选择要素按钮，在 ArcMap 地图显示窗口下拉框中选择"路灯"，显示结果如图 3-45 所示。

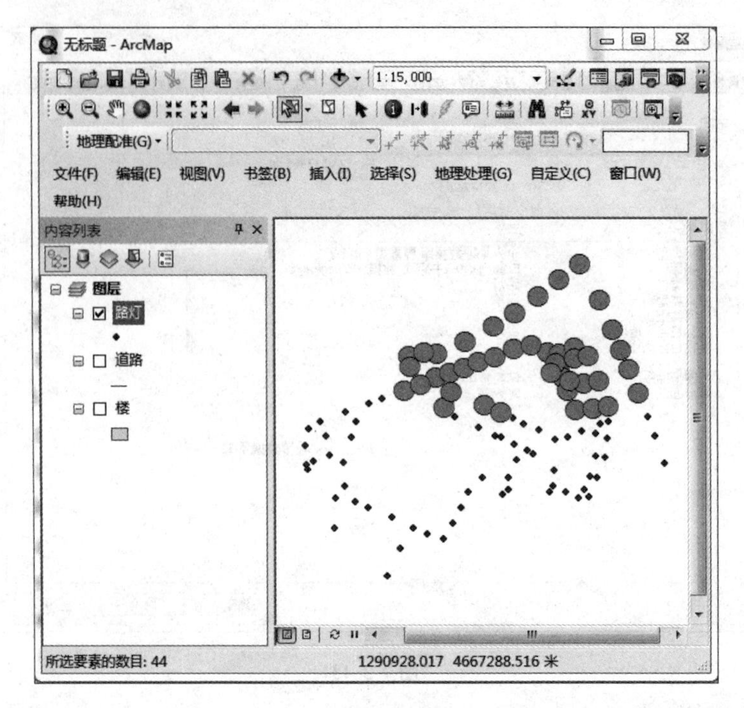

图 3-45

4）显示属性

在【图层属性】对话框中选择【显示】选项卡，该选项卡内设置的内容较多。

（1）设置参考比例时缩放符号：勾选该复选框来选择是否要在设置参考比例的同时缩放符号。

（2）透明度：设置图层的透明程度。

（3）显示表达式：根据字段表达式设置图层显示内容，这一般应用于高级制图，此处不作详细介绍。

（4）超链接：使用字段支持超链接。

（5）要素排除：绘图中排除指定要素。

5）字段属性

在【图层属性】对话框的【字段】选项卡中，可以设置字段的可见与否，如图 3-46 所示，【选择哪些字段可见】下面列出了该图层的所有字段，通过勾选字段前的复选框，来设置字段的可见。当选择字段不可见时，右击“路灯”图层，在弹出的快捷菜单中选择【打开属性表】命令，查看该图层的属性表，就会发现【字段】选项卡中没有被勾选的字段（“type”和“id”）不会出现在属性表中。

6）查询属性

在【查询】选项卡中，可以设置查询定义，在【定义查询】文本框中输入查询式，也可以单击【查询构建器】按钮，在弹出的【查询构建器】对话框中进行查询式的设置与输入，具体操作在后面的图层操作中详细介绍。

7）标注属性

在内容列表中打开“楼”图层，关闭“路灯”和“道路”图层。右击“楼”图层，选择【属性】命

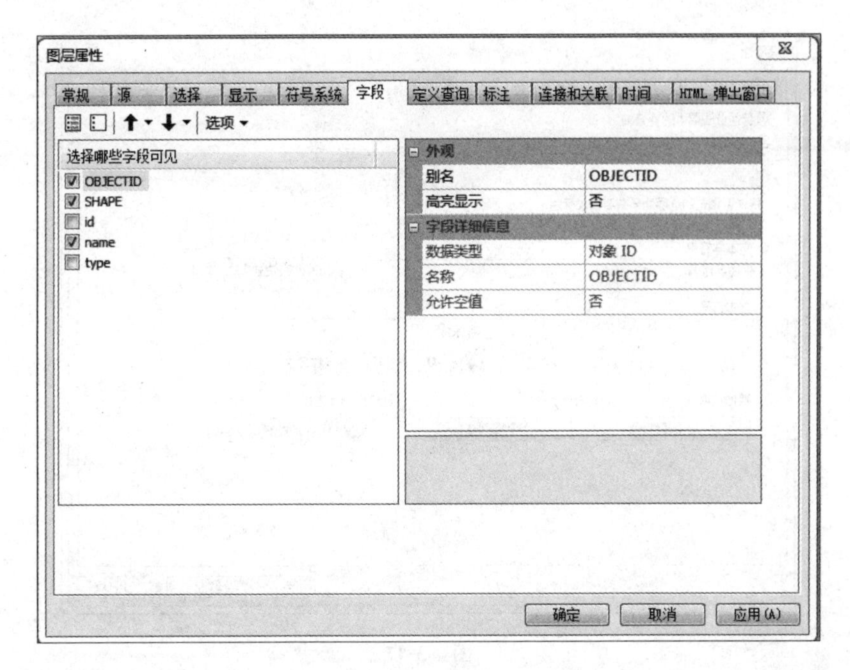

图 3-46

令,在弹出的【图层属性】对话框中选择【标注】标签。可以在【标注】选项卡中设置根据字段来标注要素,【标注】选项卡包含如下内容:

(1) 勾选复选框来确定是否标注此图层要素;

(2) 选择是否以相同的方式为所有要素加标注;

(3) 在【文本字符串】选项组中选择标注字段,以及使用表达式确定标注字段;

(4) 在【文本符号】选项组中选择标注文本的字体类型、字体大小、字体颜色及字体符号等;

(5) 在【其他选项】选项组中确定放置属性和比例范围等;

(6) 确定预定义标注样式。

图层属性的具体设置见图 3-47,设置之后该图层的每个元素都以设置的字段进行标注,具体结果见图 3-48。这一功能可以在属性表中已有等高线高程值字段时,对等高线进行批量标注,是一个常用的属性。还可以在【标注】选项卡中设置标注相对于要素的位置、角度等。

2. 图层的基本操作

图层的基本操作也是 ArcMap 最基本的内容之一,在实现 GIS 很多功能的时候,会用到图层的基本操作,这里还涉及使用地图框架管理图层的内容。

1) 修改图层名称

在 ArcMap 内容表中,每个图层都有相应的描述字符即图层名与之对应。在默认的情况下,添加进地图的图层是以其数据源的名字命名的。有时这些命名会影响用户对数据的理解和地图输出时的图例,用户可以根据自己的需要赋予图层更容易读懂的名字。

改变图层名称的方法很简单,在内容列表中,左键选中需要更名的图层,再次单击左键,

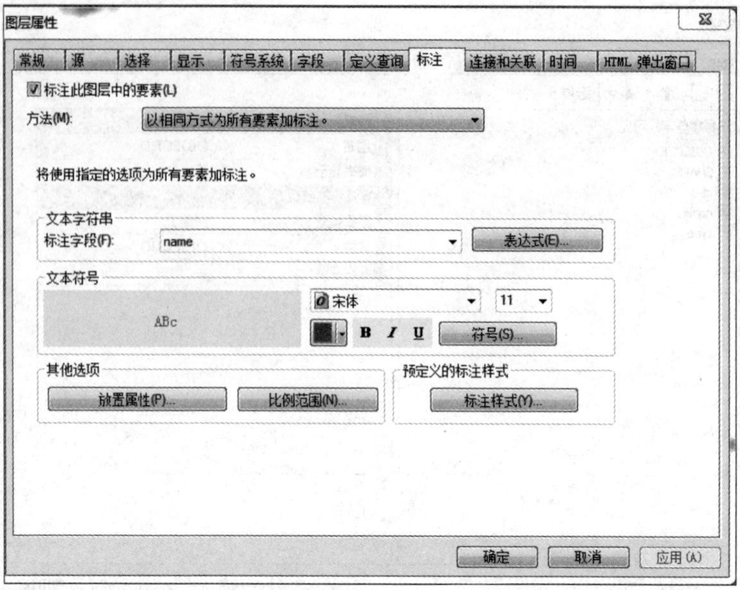

图 3-47

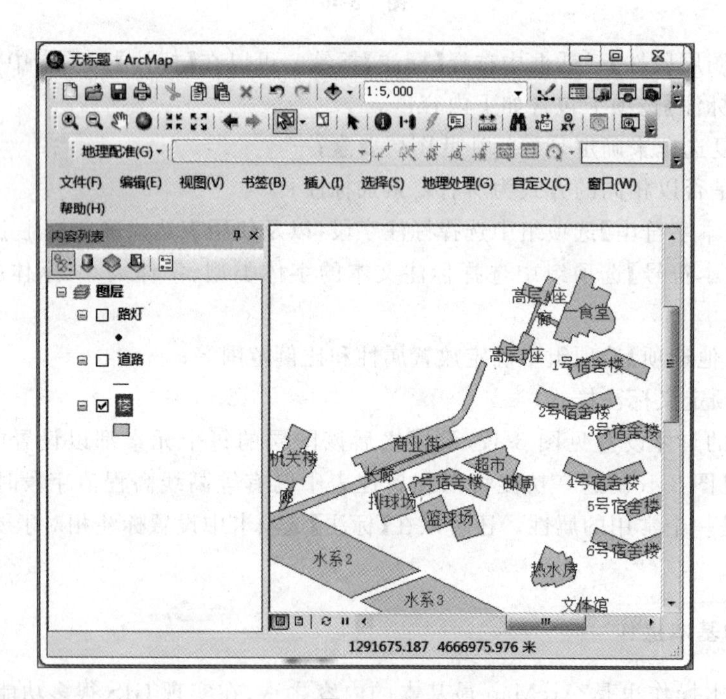

图 3-48

该图层就进入可编辑状态,用户此时可以输入图层的新名称。同样可以右击要更名的图层(本文以“楼”图层为例),在弹出的快捷菜单中选择【属性】选项,打开【图层属性】对话框,单击【常规】选项卡,在【图层名称】旁边的文本框中输入“学校建筑物”,然后单击【确定】,此时内容列表中“楼”图层就修改为“学校建筑物”图层,具体设置见图 3-49。

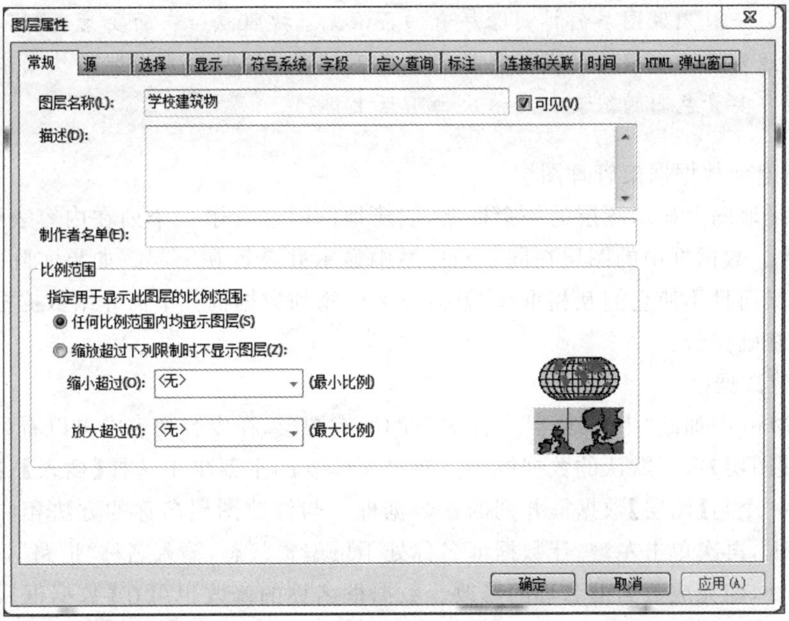

图　3-49

小提示：在 ArcMap 中修改图层名称并不影响其数据源的名称，例如“楼”图层名称修改为“学校建筑物”，但是数据源名称仍然为“楼”。修改图层名称后，删除该图层，再次加载数据时，数据源名称仍然是图层默认名称。

2）调整图层的顺序

ArcMap 中的地图由很多图层按一定顺序叠加在一起组成，为了便于表达以及避免遮挡，往往需要改变图层顺序。改变图层的顺序在内容列表中操作，内容列表有四种图层列出方式，选择按绘制顺序列出，然后将鼠标指针放在需要调整的图层上，按住左键拖动到新位置，释放左键即可完成图层顺序调整。调整前图层顺序见图 3-50，调整后图层顺序见图 3-51。

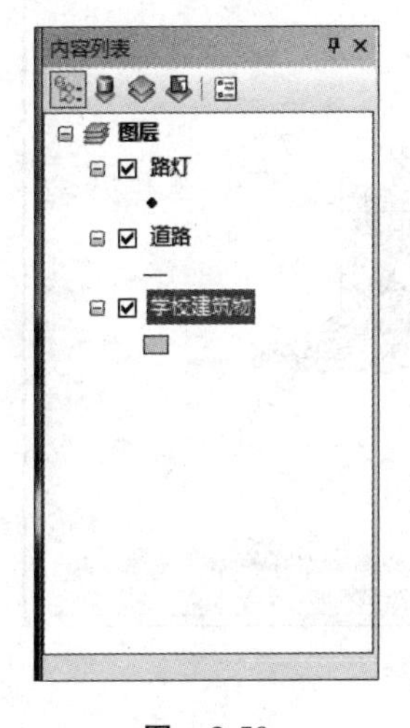

图　3-50

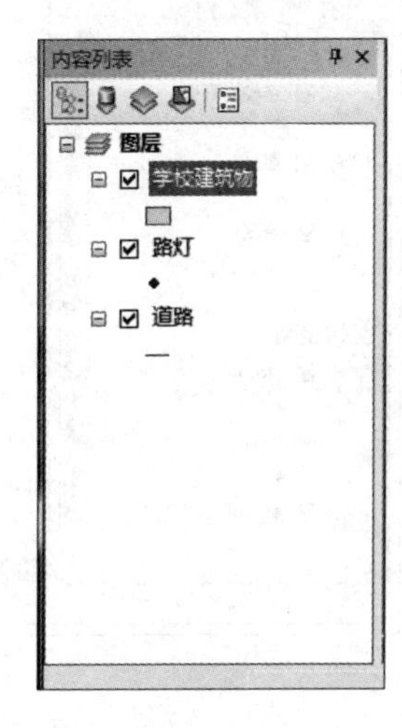

图　3-51

小提示：一般来说图层的排列顺序有四条准则：按照点、线、面要素类型依次由上至下排列；按照要素重要程度的高低依次由上至下排列；按照要素线划的粗细依次由上至下排列；按照要素色彩的浓淡程度依次由下至上排列。

3）使用地理数据框架管理图层

数据框是地图上显示图层的一个框架，创建地图时包含了一个列在内容表中的默认数据框 图层。数据框中的图层在同一坐标系中显示并叠置在一起。如果实际操作中需要单独显示图层而且不使它们互相重叠，就需要另外添加数据框。下面介绍数据框的添加、删除和激活等基础操作。

（1）新建数据框

在 ArcMap 中加载“中国地图”文件夹下的所有图层，在内容列表中可以看到，所有的图层都加载在【图层】这一默认的数据框中。在 ArcMap 的主菜单中选择【插入】\【数据框】命令即可添加一个与【图层】数据框并列的新数据框。与修改图层名称的方法相同，左键选中新建的数据框，再次单击左键，让数据框名称处于可编辑状态，输入名称“道路”，最后单击内容列表空白处，即完成数据框名称的修改。数据框名称的修改也可在【数据框属性】对话框中的【常规】选项卡中进行。

新建数据框“中国地图”后，就可以向数据框中添加数据。在内容列表中右击“道路”数据框，在弹出的下拉列表中单击【添加数据】命令，在弹出的【添加数据】对话框中添加“道路”文件夹中的所有数据，添加结果见图 3-52。根据前面讲述的方法分别查看【图层】数据框和【道路】数据框的坐标系，会发现这两个数据框的坐标系并不相同。

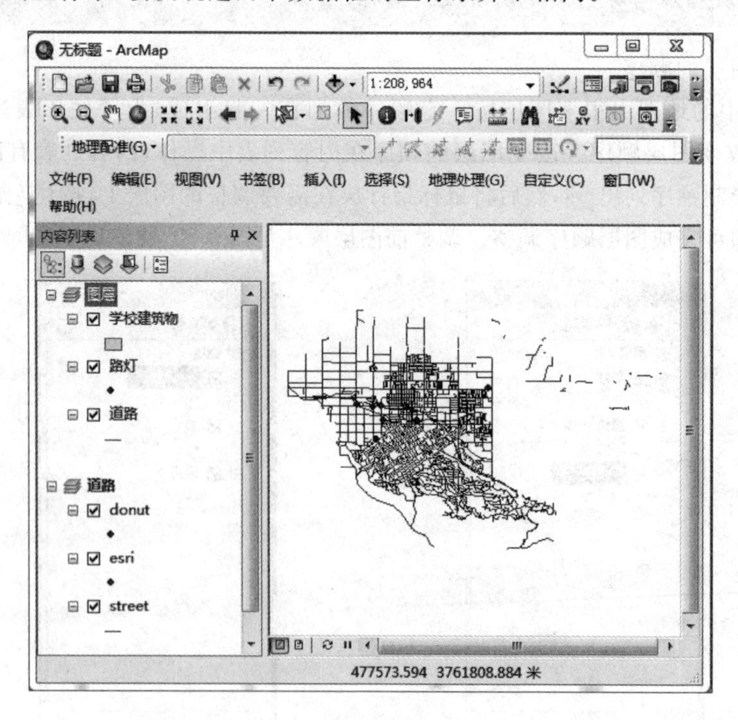

图 3-52

(2) 删除数据框

右击将要删除的数据框,在弹出的快捷菜单中选择【移除】命令,即可删除数据框及其数据框内的图层。如果地图中仅有一个数据框,则禁止使用该命令,因为地图至少应有一个数据框。

(3) 激活数据框

右击【图层】数据框,在弹出的快捷菜单中选择【激活】命令,则地图显示窗就从【北京地图】切换到【图层】数据框,如图 3-53 所示。地图显示窗口只能显示一个数据框的地图,多个数据框之间可以通过【激活】命令进行切换显示。

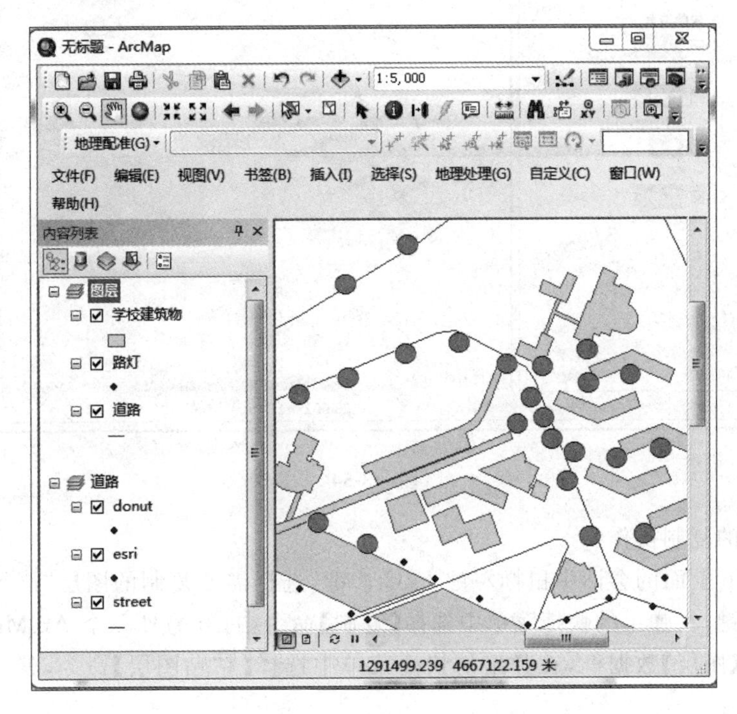

图 3-53

4) 图层的复制

使用同一数据源创建不同的地图,最快速的方法就是在 ArcMap 中执行复制图层操作。将图层复制到不同的数据框中,或者复制图层到另外一个地图中,都要使用图层的复制操作。

(1) 在数据框中复制图层

打开 ArcMap,将"college1. mdb"中所有的要素类加载到【图层】数据框中,然后在内容列表中新建一个名称为"校园楼房"的数据框,鼠标左键与"Ctrl 键"相配合,选择要复制的图层"办公楼""教学楼""食堂"及"宿舍楼",然后再右击,在弹出的快捷菜单中选择【复制】命令。

右击放置复制图层的目标数据框("校园楼房"),在弹出的快捷菜单中选择【粘贴图层】命令,最后得到如图 3-54 所示的结果,即完成不同数据框间图层的复制。

(2) 复制图层到另一个地图

每个 ArcMap 会话只能操作一幅地图,但是可以打开多个 ArcMap 会话,并在不同会话

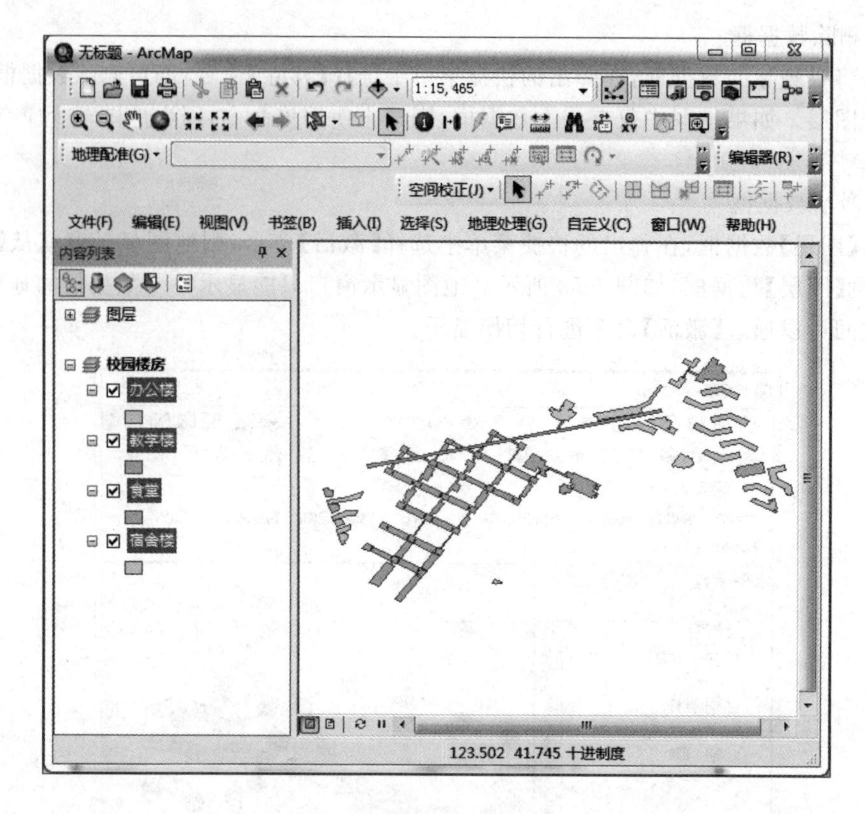

图 3-54

之间进行图层的复制操作。

在 ArcMap 上面的会话中鼠标左键+“Ctrl 键”选择需要复制的图层“国界线”和“主要公路”，单击右键，在弹出的快捷菜单中选择【复制】命令，打开另外一个 ArcMap 会话，右击内容列表中的【图层】数据框，在弹出的快捷菜单中选择【粘贴图层】命令，就完成了图层的复制。

5）图层间图元的复制

复制原图层的图元到新图层，例如想把省级行政区图层的部分图元复制到另外一个图层，这也是 ArcGIS 制图中经常使用的操作，具体步骤如下：

(1) 新建一个图层

新建一个新图层，不但新图层的字段要和原来图层的字段一样，而且新图层的图元类型(点、线、面)也要跟原图层的图元类型一样。在 ArcCatalog 的“目录树\实验数据\4\college1. mdb\sjzu”单击鼠标右键，在弹出的快捷菜单中单击【新建】\【要素类】命令，打开【新建要素类】对话框，如图 3-55 所示。

单击【下一步】按钮，在出现的窗口中设置新建要素类的属性表。单击【导入】按钮，打开【浏览表/要素类】对话框，在对话框中选中“college1. mdb\sjzu\办公楼”，单击【添加】按钮，此时办公楼要素类的属性字段就赋给了新建要素类(“copy 机关楼”)的属性表，如图 3-56 所示。也就是说办公楼要素类的属性表字段与 copy 机关楼要素类的属性表字段完全相同，这样进行图元复制的时候可以避免属性数据的丢失。

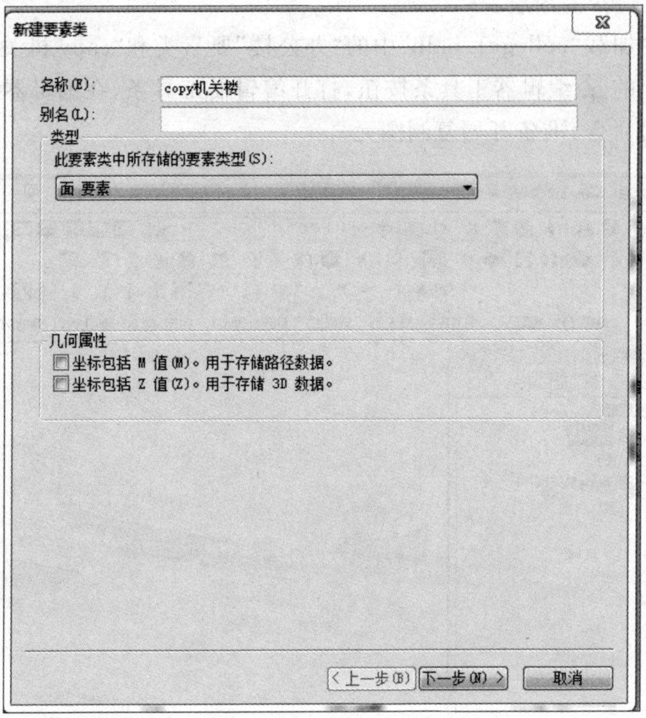

新建要素类
名称(E): copy机关楼
别名(L):
类型
此要素类中所存储的要素类型(S):
面 要素
几何属性
坐标包括 M 值(M)。用于存储路径数据。
坐标包括 Z 值(Z)。用于存储 3D 数据。
< 上一步(B)
下一步(N) >
取消

图 3-55

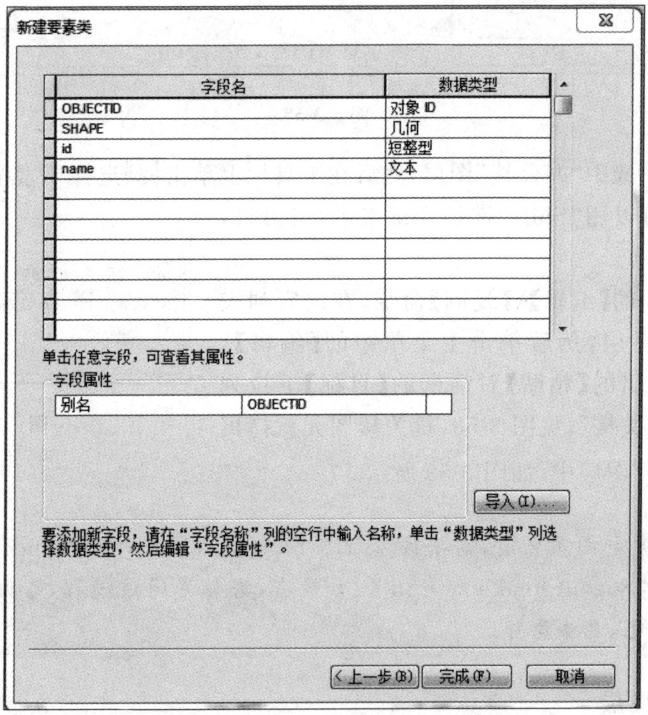

新建要素类
字段名
数据类型
OBJECTID
对象 ID
SHAPE
几何
id
短整型
name
文本
单击任意字段，可查看其属性。
字段属性
别名
OBJECTID
导入(I)...
要添加新字段，请在“字段名称”列的空行中输入名称，单击“数据类型”列选择数据类型，然后编辑“字段属性”。
< 上一步(B)
完成(F)
取消

图 3-56

(2) 复制图元到新的图层

在 ArcMap 中加载"college1. mdb"中的"办公楼"要素类和"copy 机关楼"要素类。

单击工具条上的编辑器工具条按钮,打开编辑器工具条,在编辑器工具条上单击【编辑器】\【开始编辑】命令,准备开始复制图元。

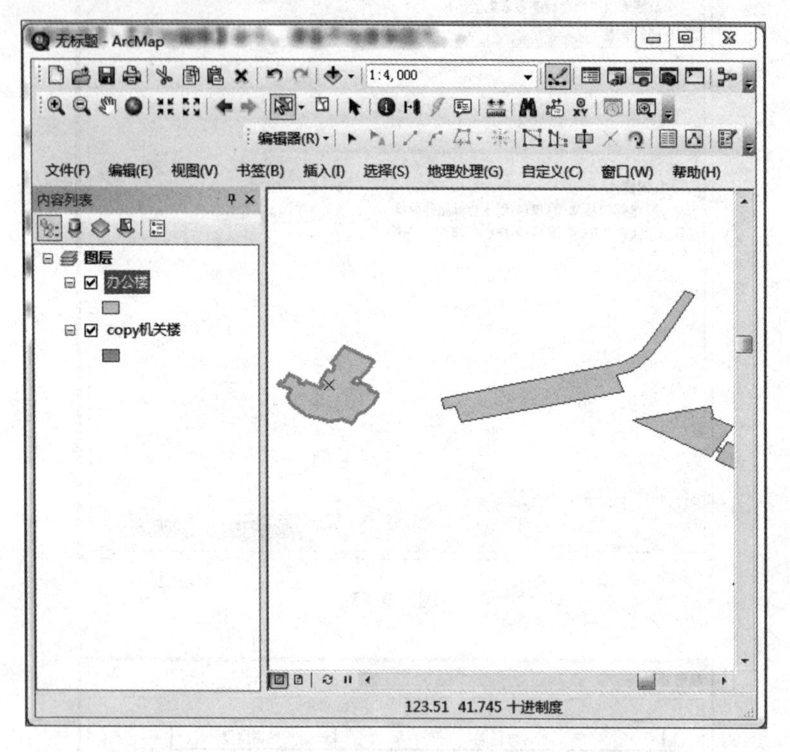

图 3-57

在内容列表中选中"办公楼"图层,然后在工具栏上单击选择要素按钮,左键选中"机关楼"(多个图元可以用"Shift"键加左键来进行选择),具体如图 3-57 所示。

单击主菜单中的【编辑】\【复制】命令,在内容列表中关闭"办公楼"图层,然后单击主菜单中的【编辑】\【粘贴】命令,在弹出的【粘贴】对话框的【目标】下拉列表中选择"copy 机关楼",见图 3-58,机关楼图元就拷贝到了"copy 机关楼"图层中,如图 3-59 所示。

图 3-58

小提示:在复制图元之前,需要按"Ctrl+Shift+Del"键打开 Windows 任务管理器,检查是否有进程"SogouCloud. exe * 32"。如果有,需要关闭该进程,否则主菜单【编辑】\【粘贴】命令为灰色,无法操作。

6) 坐标点转图层

由于 GPS 测量或全站仪测量的控制点数据为 txt 文本格式,我们可以将这些数据转化为 Excel 表格数据,然后导入 ArcGIS 中直接生成控制点图层。具体操作步骤如下:

图　3-59

(1) Excel 表格数据导入 ArcMap 中，并导出为 dbf 格式的属性表

① 在点转图层文件夹下有"CtrlPoint.xlsx"文件，文件中有 16 个点的 X，Y 坐标值，如图 3-60 所示，并且知道这些点的投影坐标系为"Xi'an_1980_3 Degree_Ck_Zone_39"。

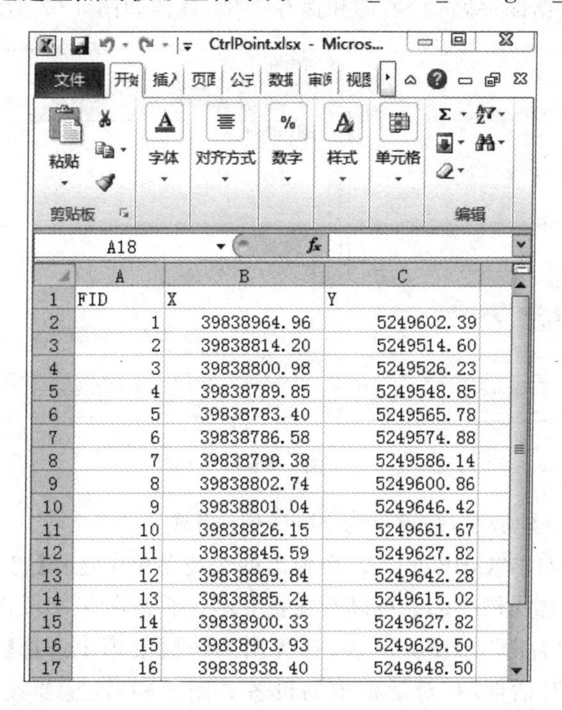

	A	B	C
1	FID	X	Y
2	1	39838964.96	5249602.39
3	2	39838814.20	5249514.60
4	3	39838800.98	5249526.23
5	4	39838789.85	5249548.85
6	5	39838783.40	5249565.78
7	6	39838786.58	5249574.88
8	7	39838799.38	5249586.14
9	8	39838802.74	5249600.86
10	9	39838801.04	5249646.42
11	10	39838826.15	5249661.67
12	11	39838845.59	5249627.82
13	12	39838869.84	5249642.28
14	13	39838885.24	5249615.02
15	14	39838900.33	5249627.82
16	15	39838903.93	5249629.50
17	16	39838938.40	5249648.50

图　3-60

② 在 ArcMap 中单击 添加数据按钮，出现如图 3-61 所示对话框，选择“Sheet1＄”表，然后单击【确定】按钮，就可将 Excel 表格导入 ArcMap 中。

小提示：如果 ArcMap 无法直接加载 Execl 表格，且显示没有注册数据库类，可以在网上下载并安装“2007 Office system 驱动程序：数据连接组件”。

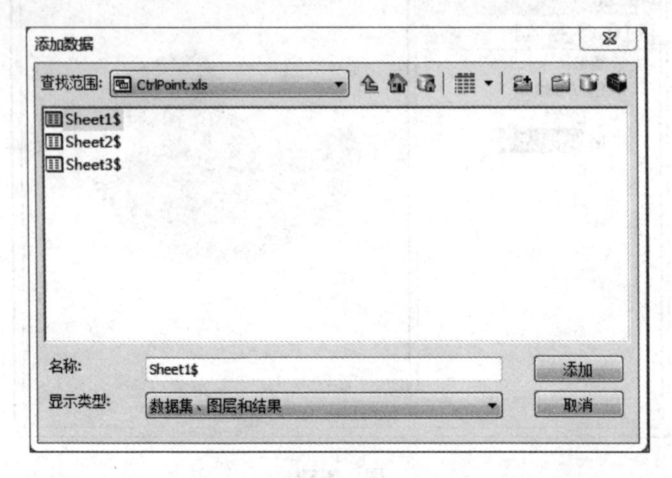

图 3-61

③ 在内容列表中右击“Sheet1＄表”，在弹出的快捷菜单中选择【数据】\【导出】命令，在弹出的【导出数据】对话框中单击【输出表】下文本右侧的 打开文件按钮，在弹出的【保存数据】对话框中设置数据保存路径、名称和保存类型，具体如图 3-62 所示。

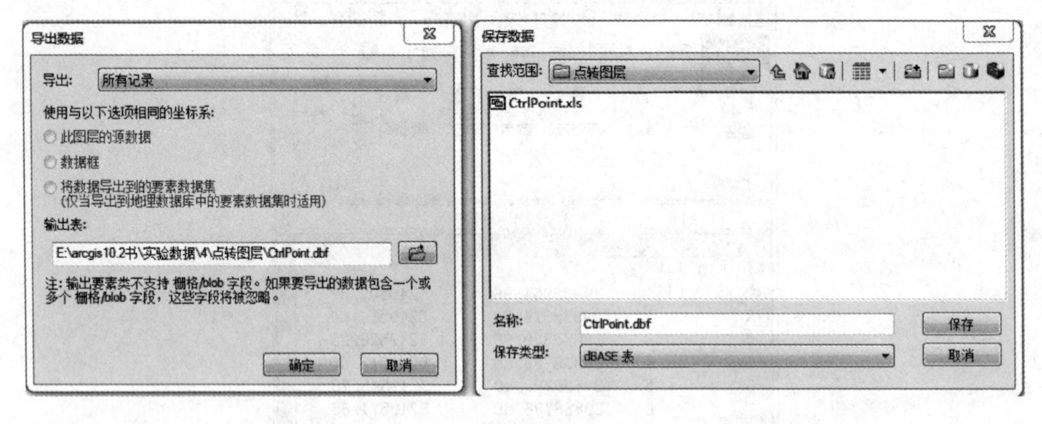

图 3-62

(2) 在 ArcMap 中显示点，并导出为 Shapefile 格式

① 在内容列表中右击“CtrlPoint”表，在弹出的快捷菜单中选择【打开】，打开【表】对话框，查看导入的表文件，具体见图 3-63。可以看到表中建立了 X 和 Y 字段，坐标值输入正确。

② 在内容列表中右击“CtrlPoint”表，在弹出的快捷菜单中选择【显示 XY 数据】选项，打开【显示 XY 数据】对话框，在对话框中的设置见图 3-64，注意要设置坐标系为“Beijing_1954_3_Degree_GK_Zone_39”，这样就将点导入了 ArcMap 中。

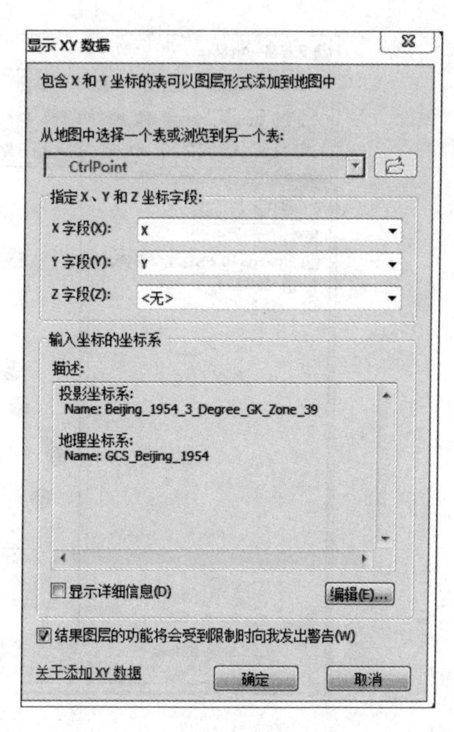

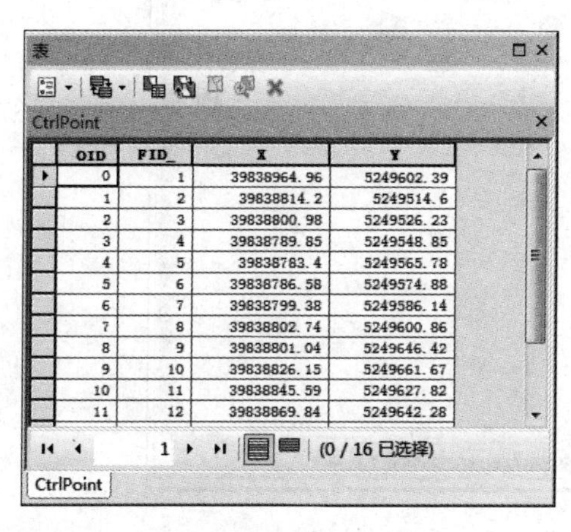

表

CtrlPoint

OID	FID_	X	Y
0	1	39838964.96	5249602.39
1	2	39838814.2	5249514.6
2	3	39838800.98	5249526.23
3	4	39838789.85	5249548.85
4	5	39838783.4	5249565.78
5	6	39838786.58	5249574.88
6	7	39838799.38	5249586.14
7	8	39838802.74	5249600.86
8	9	39838801.04	5249646.42
9	10	39838826.15	5249661.67
10	11	39838845.59	5249627.82
11	12	39838869.84	5249642.28

1　(0 / 16 已选择)

CtrlPoint

图　3-63　　　　图　3-64

(3) 导出 Shp 数据,并进行编辑

生成的点如图 3-65 所示,内容列表中出现“CtrlPoint”图层,右击该图层,在弹出的快捷菜单中选择【数据】\【导出数据】命令,出现【导出数据】对话框,在对话框中设置存储路径和名称,保存后导入 Shp 文件,修改显示方式如图 3-66 所示。

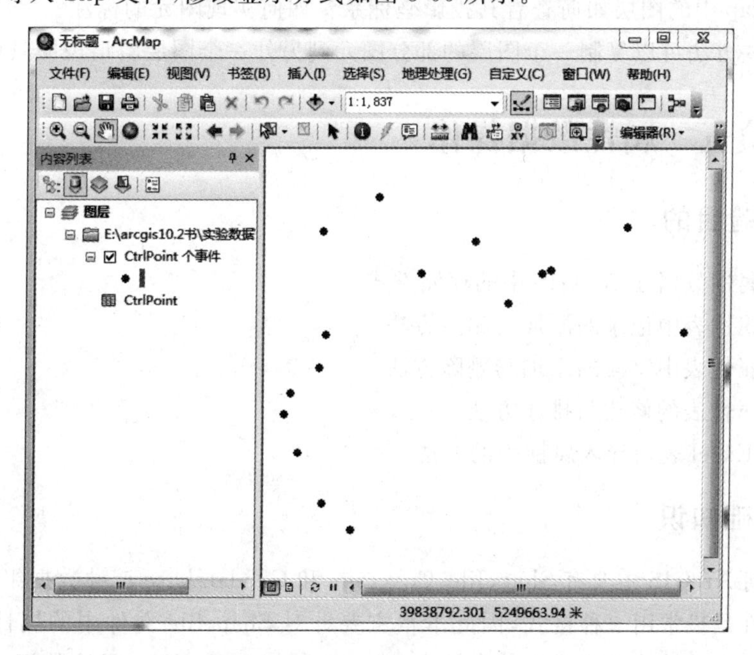

图　3-65

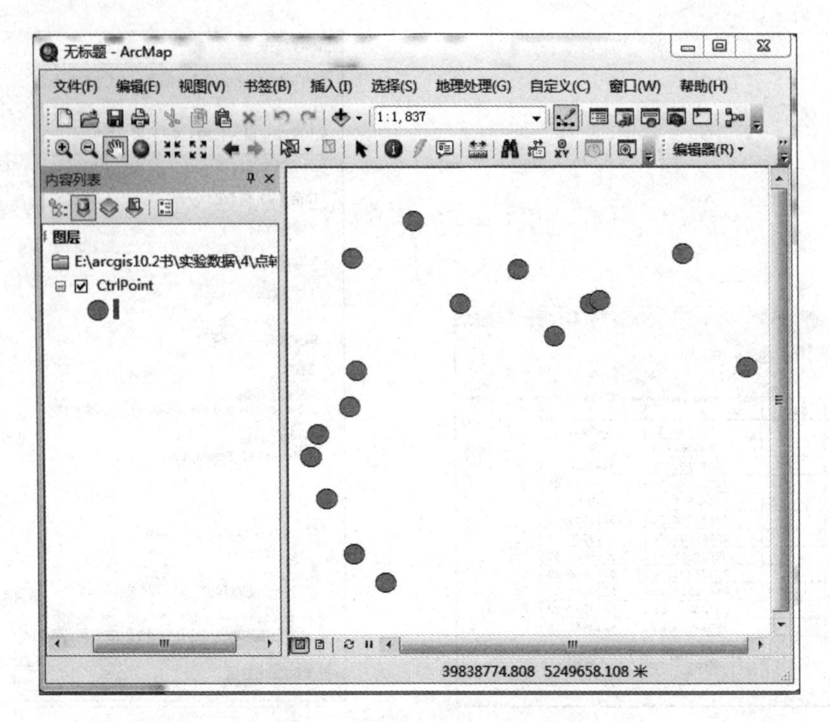

图 3-66

习题

1. 如何新建一个数据框？图层与数据框是什么关系？
2. ArcMap 中的图层如何查看其投影坐标系？如何实现图元的标注？
3. 有哪些方法可以复制一个图层的部分图元到另外一个图层？请说明具体的步骤。

3.5 实验五 属性数据操作

3.5.1 实验目的

1. 了解属性数据在 ArcGIS 中的存储方式。
2. 掌握属性表中记录的添加与删除方法。
3. 掌握属性表中字段的添加与删除方法。
4. 掌握属性表的修改与排序方法。
5. 掌握 Excel 表格导入属性表的方法。

3.5.2 基础知识

前面讲到 ArcGIS 主要有 Shapefile、Coverage 和 Geodatabase 三种数据组织方式，其中 Shapefile 文件是最常用一种格式，因此本章主要针对 Shapefile 文件中的属性数据进行操作。Shapefile 文件结构中图形文件存储在 Shape(*. shp)文件中，属性数据由 dBase 表文件(*.dbf)存储,此外还有存储属性数据与图形数据关系的 shx 文件。dbf 文件格式是 dBase 创建的标准关系数据库文件格式。

1. 关系数据库

数据是指存储在计算机中,能反映客观事物相关信息的符号。在计算机中,数字、文字、图形、图像、声音、动画和影像等都属于数据。数据库(简称 DB)就是存放数据的仓库,实际上数据库不仅能描述事物的数据本身,还能反映数据之间的联系。关系数据库是采用关系模型作为数据组织方式的数据库。

关系数据库的特点在于它将每个具有相同属性的数据独立地存储在一个表中。每个表格可以看成由行和列交叉组成的二维表格。表中每一列称为一个字段(field),每个字段表示表中所描述对象的一个属性,如产品名称、单价、订购量等,每个字段都有相应的描述信息,如字段名、数据类型、数据宽度、数值型数据的小数位数等。表中每行称为一个记录(record),对应唯一的数据实体,一个记录的内容是描述一类事物中一个具体事物的一组数据,如一个雇员的编号、姓名、工资数目,一次商品交易过程中的订单编号、商品名称、客户名称、单价、数量等。一般地,一个记录由多个数据项(字段)构成。表中任意两个记录都不能相同,能唯一标识表中不同行的属性或属性组,称为主键(key),表中各个组成部分的名称见图 3-67。

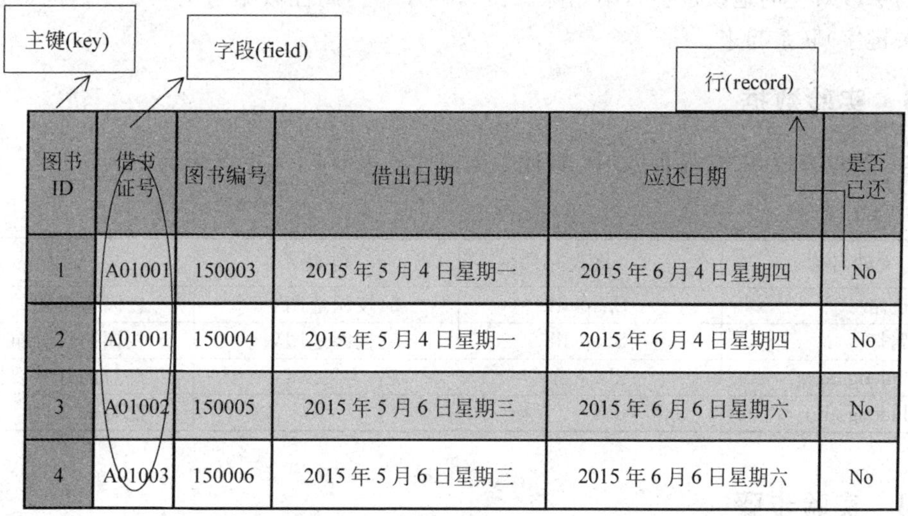

主键(key)　字段(field)　行(record)

图书ID	借书证号	图书编号	借出日期	应还日期	是否已还
1	A01001	150003	2015 年 5 月 4 日星期一	2015 年 6 月 4 日星期四	No
2	A01001	150004	2015 年 5 月 4 日星期一	2015 年 6 月 4 日星期四	No
3	A01002	150005	2015 年 5 月 6 日星期三	2015 年 6 月 6 日星期六	No
4	A01003	150006	2015 年 5 月 6 日星期三	2015 年 6 月 6 日星期六	No

图　3-67

关系数据库中常用的关系操作包括查询(query)、插入(insert)、删除(delete)、修改(update)等。其中,查询操作又可以分为选择(select)、投影(project)、连接(join)、除(divide)、并(union)、差(except)、交(intersection)等。对数据库中的任一表格而言,用户可以新增、删除和修改表中的数据,而不会影响表中的其他数据。

关系数据库可以由很多个表组成,表与表之间可以通过键互相关联。键是表中的某个字段(或多个字段),极大地提高了检索的速度(图 3-68)。

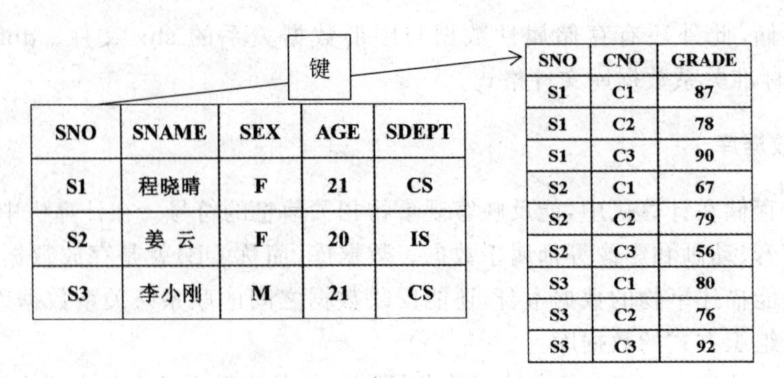

SNO	SNAME	SEX	AGE	SDEPT
S1	程晓晴	F	21	CS
S2	姜 云	F	20	IS
S3	李小刚	M	21	CS

SNO	CNO	GRADE
S1	C1	87
S1	C2	78
S1	C3	90
S2	C1	67
S2	C2	79
S2	C3	56
S3	C1	80
S3	C2	76
S3	C3	92

图 3-68

2. ArcGIS 中的属性数据

ArcGIS 中的要素一般具有两种基本数据：图像数据和属性数据，两者都很重要。属性数据存储在属性表中，可以进行连接(join)和链接(link)等操作。在 ArcGIS 中新建一个图层，就会自动生成一个与之对应的属性表(.dbf 格式)，各个图层中每一个地物在对应的属性表中都有一条相应的记录，用户可以根据需要增加属性字段。属性字段与对应的地物之间是互相联动的，当删除地物时，对应属性表中的字段自动删除；反之，删除属性表中的字段时，与字段对应的地物也会自动删除。在 ArcGIS 中，属性数据与空间数据之间通过一种标识(关键字)联系起来。

3.5.3 实验数据

实验数据存放在“文件夹 5”中，具体数据说明见表 3-7。

表 3-7

文件名称	格式	位置	说明
道路	Shapefile	5\校园地图\	校园道路图
路灯	Shapefile	5\校园地图\	校园路灯分布图
ludeng. xlsx	xls	5\	路灯的补充属性
ludeng. dbf	dbf	5\	路灯表文件

3.5.4 实验步骤

1. 在 ArcMap 中加载数据

在 ArcMap 中加载“校园地图”文件夹下的“路灯. shp”和“道路”，在内容列表窗口选中“路灯”图层，然后单击右键，在弹出的快捷菜单中选择“打开属性表”选项，打开“路灯”图层的属性表查看其属性(图 3-69)，同样打开“道路”图层的属性表并进行查看。

2. 记录的添加与删除

(1) 开启编辑环境。添加和删除字段必须在编辑状态进行，因此需要单击标准工具条上的编辑器工具条按钮，打开编辑器工具条。在编辑器工具条上单击【编辑器】\【开始编辑】,进入编辑状态。

(2) 增加记录。在“路灯”图层上每增加一个点,属性表就会自动增加一条新的记录,新记录内容的初始值被设定为“0”或者空白(在省会城市图层上任意增加了 4 个点),如图 3-70 所示。

表

路灯

FID	Shape	id	name	type
0	点	1	路灯	道路1
1	点	1	路灯	道路1
2	点	1	路灯	道路1
3	点	1	路灯	道路1
4	点	1	路灯	道路1
5	点	1	路灯	道路5
6	点	1	路灯	道路5
7	点	1	路灯	道路5
8	点	1	路灯	道路5
9	点	1	路灯	道路2
10	点	1	路灯	道路2
11	点	1	路灯	道路2
12	点	1	路灯	道路2
13	点	1	路灯	道路2
14	点	1	路灯	道路2
15	点	1	路灯	道路1
16	点	1	路灯	道路1

(0 / 108 已选择)

路灯

图 3-69

表

路灯

FID	Shape *	id	name	type
94	点	1	路灯	道路5
95	点	1	路灯	道路2
96	点	1	路灯	道路2
97	点	1	路灯	道路2
98	点	1	路灯	道路5
99	点	1	路灯	道路5
100	点	1	路灯	校外
101	点	1	路灯	校外
102	点	1	路灯	校外
103	点	1	路灯	道路3
104	点	1	路灯	道路3
105	点	1	路灯	道路3
106	点	1	路灯	道路4
107	点	1	路灯	道路4
108	点	0		
109	点	0		
110	点	0		
111	点	0		

(0 / 112 已选择)

路灯

图 3-70

(3) 删除记录。单击工具条上的选择要素按钮,鼠标切换为选择要素状态,将鼠标移动到属性表内,选中需要删除的记录,还可以与“Shift 键”和“Ctrl 键”配合选取多条记录。被选中的记录会高亮度显示,如图 3-71 所示。单击右键在弹出的快捷菜单中选择【删除所选项】,删除选中的记录,与记录相对应的地图显示窗口中的图形也同时被删除。

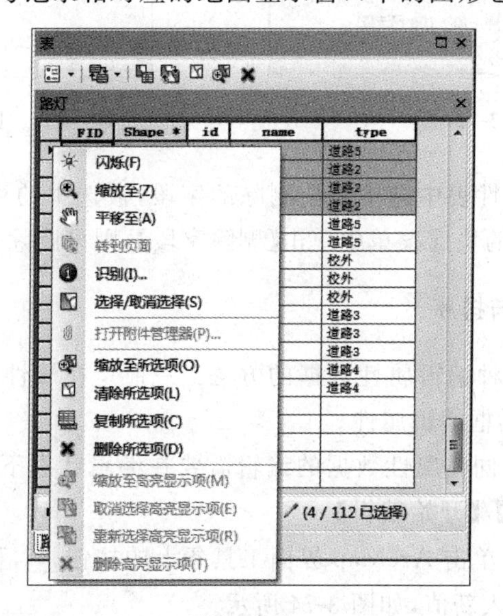

图 3-71

(4) 保存修改结果。在编辑器工具条上单击【编辑器】\【停止编辑】，退出编辑状态，系统自动提示是否保存修改结果，单击【确定】按钮，即可保存字段修改结果。

小提示：属性表中的记录一般都不能在属性表中直接添加，删除记录时，应注意与记录相对应的图像数据也同时被删除。

3. 字段的添加与删除

(1) 关闭编辑环境。字段的添加与删除与属性表记录的添加删除不同，必须在非编辑状态，如果系统处于编辑状态下，需要在编辑器工具条上单击【编辑器】\【停止编辑】，进入非编辑状态。

(2) 添加字段。打开"路灯"图层的属性表，在属性表工具栏的【表】选项下拉菜单中选择【添加字段】选项，如图 3-72 所示，打开【添加字段】对话框，在【添加字段】对话框中设置字段名称、数据类型等，如图 3-73 所示，设置完成后单击【确定】按钮。

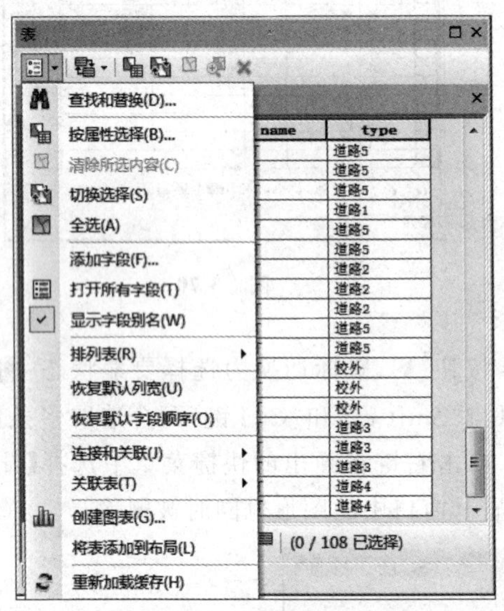

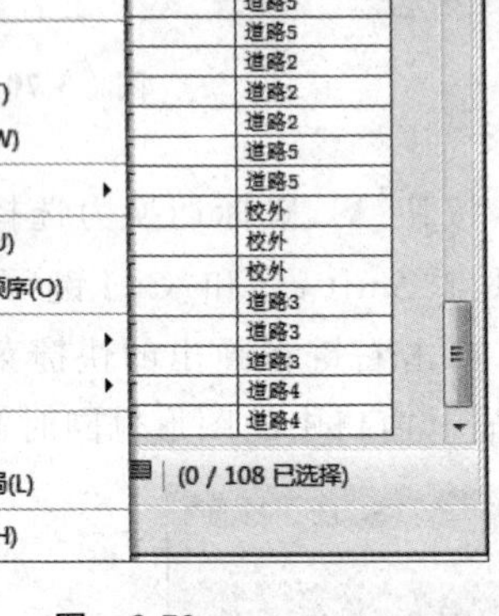

图 3-72

图 3-73

(3) 删除字段。在属性表中选中需要删除的字段，被选中的列字段整列都会被高亮度显示。然后右击，在弹出的快捷菜单中单击【删除字段】，则可删除对应选中的字段。

4. 属性数据的编辑与排序

在 ArcGIS 中有两种编辑属性数据的方法：一种是在属性表中直接修改属性数据；另外一种是借助属性对话框编辑属性。

(1) 开启编辑环境。同样属性数据的编辑需要在编辑状态下进行，与前面一样在编辑器工具条上单击【编辑器】/【开始编辑】。

(2) 编辑属性数据。单击 ArcMap 界面工具条上的按钮，移动鼠标至属性表中需要编辑的数据处，单击后输入新值，如图 3-74 所示。

(3) 单击编辑器工具条上的属性按钮▤,界面的右边出现属性窗口,在视图窗口中单击需要编辑的要素,该要素的属性就出现在属性窗口中,在属性窗口的下拉列表中,就可以修改要素的属性值,如图 3-75 所示。

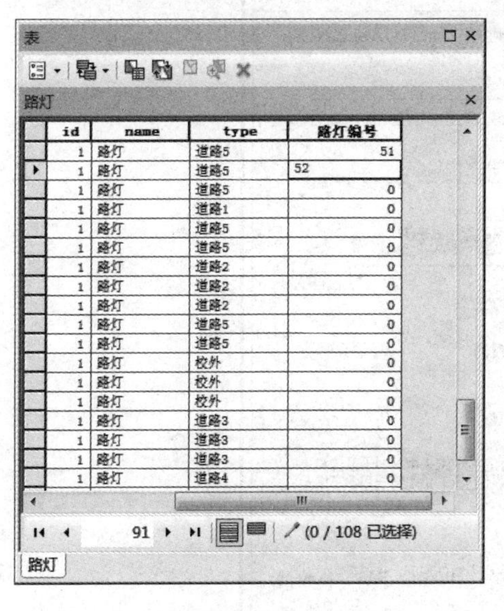

id	name	type	路灯编号
1	路灯	道路5	51
1	路灯	道路5	52
1	路灯	道路5	0
1	路灯	道路1	0
1	路灯	道路5	0
1	路灯	道路5	0
1	路灯	道路2	0
1	路灯	道路2	0
1	路灯	道路2	0
1	路灯	道路5	0
1	路灯	道路5	0
1	路灯	校外	0
1	路灯	校外	0
1	路灯	校外	0
1	路灯	道路3	0
1	路灯	道路3	0
1	路灯	道路3	0
1	路灯	道路4	0

图　3-74

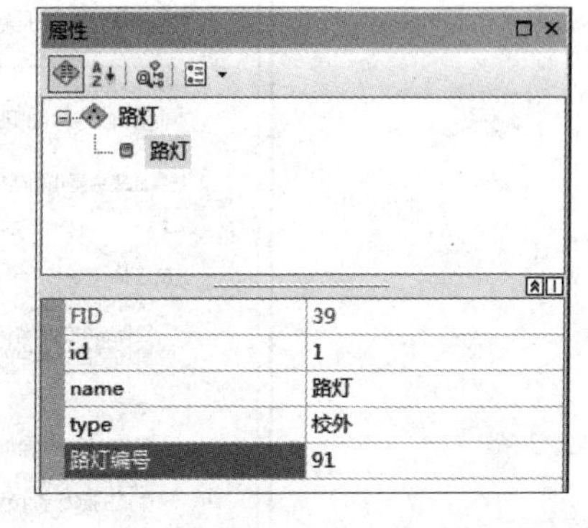

图　3-75

(4) 保存修改结果。在编辑器工具条上单击【编辑器】\【停止编辑】,退出编辑状态,系统自动提示【是否保存修改结果】,单击【确定】,即可保存属性编辑结果。

(5) 属性表记录的排序。打开【路灯】属性表,单击属性表中名为“id”的字段,使其高亮显示,然后单击鼠标右键,在弹出的快捷菜单中单击【升序排列】选项,表中记录的显示顺序会按 id 字段值的升序排列。若在弹出的快捷菜单中单击【降序排列】,表中记录的显示顺序按 id 字段值的降序排列。

5. 合并(join)与关联(relate)

对不同图层的属性数据表进行连接操作,其目的是建立表和表之间的连接,使查询的功能、内容得到扩展。要连接的两个表必须有对应的字段(称关键字段),字段名可以不同,数据类型、属性值应相同。要连接的两个表中的记录,可能是“一对一”“多对一”“一对多”的逻辑关系。ArcMap 提供两种连接方式:连接(join)和关联(relate)。

1) 属性表的连接

(1) 属性表一对一的连接

① 进入属性表的连接环境。在 ArcMap 中加载“路灯. shp”和“ludeng. dbf”文件。

② 进行属性表的连接。本次连接是基于“路灯”图层的,其目的是通过关键字段进行连接,查看各个路灯的编号。在内容列表中右击“路灯”图层,在弹出的快捷菜单中单击【连接】和【关联】中的【连接】选项,进入【连接数据】选项卡。

③ 连接选项卡设置。选项卡中的各项设置见图 3-76,设置完成后,可单击【验证连接】,进行预连接。如果有错误,会出现错误提示,也可以不做验证直接单击【确定】按钮。

④ 连接结果。本实验是根据“路灯”图层的关键字段 id 和 ludeng 表文件的关键字段 id

进行两个属性表的连接，连接后可以由图 3-77 看出“ludeng. dbf”属性表的四个字段连接到了“路灯”图层属性字段的后面，每个路灯的编号一目了然。

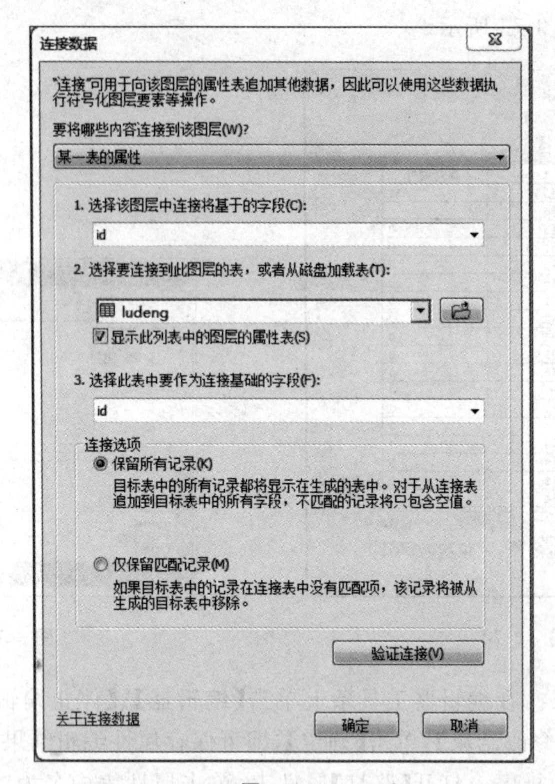

图 3-76

表

路灯

FID	Shape *	id	name	type	OID	id *	路灯编号	说明
0	点	1	路灯	道路1	0	1	1-1	道路1上
1	点	2	路灯	道路1	1	2	1-2	道路1上
2	点	3	路灯	道路1	2	3	1-3	道路1上
3	点	4	路灯	道路1	3	4	1-4	道路1上
4	点	5	路灯	道路1	4	5	1-5	道路1上
5	点	39	路灯	道路5	38	39	5-1	道路5上
6	点	40	路灯	道路5	39	40	5-2	道路5上
7	点	41	路灯	道路5	40	41	5-3	道路5上
8	点	42	路灯	道路5	41	42	5-4	道路5上
9	点	16	路灯	道路2	15	16	2-1	道路2上
10	点	17	路灯	道路2	16	17	2-2	道路2上
11	点	18	路灯	道路2	17	18	2-3	道路2上
12	点	19	路灯	道路2	18	19	2-4	道路2上
13	点	20	路灯	道路2	19	20	2-5	道路2上

1 (0 / 108 已选择)

路灯 ludeng

图 3-77

(2) 属性表一对多的连接

① 进入属性表连接环境。在 ArcMap 中加载“道路. shp”和“路灯. shp”文件，这里主要查看路灯所在的道路及道路长度。

② 进行属性表连接。本次连接仍然是基于“路灯”图层的，同样在内容列表中右击“省行政区”，调出“连接数据”选项卡，选项卡的设置见图 3-78。

③ 连接结果。在【连接数据】窗口完成设置后，单击【确定】按钮，就可以在路灯属性表中查看路灯所在道路及道路的长度，见图 3-79。

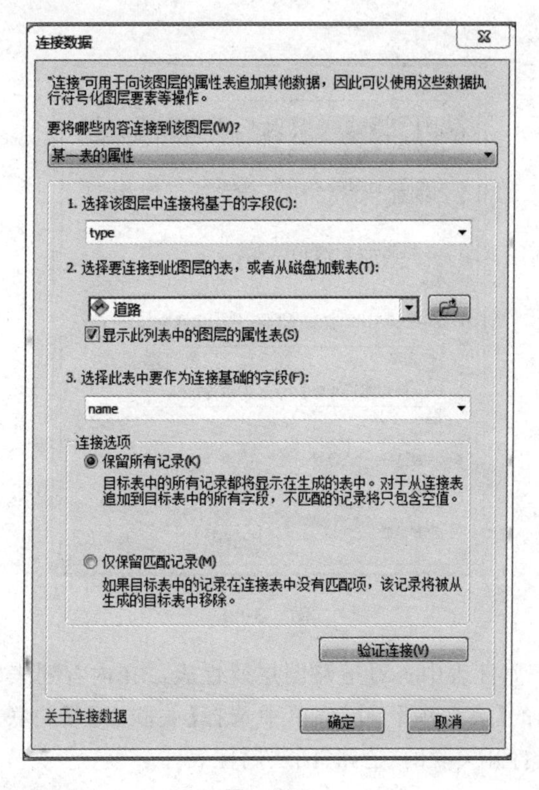

图　3-78

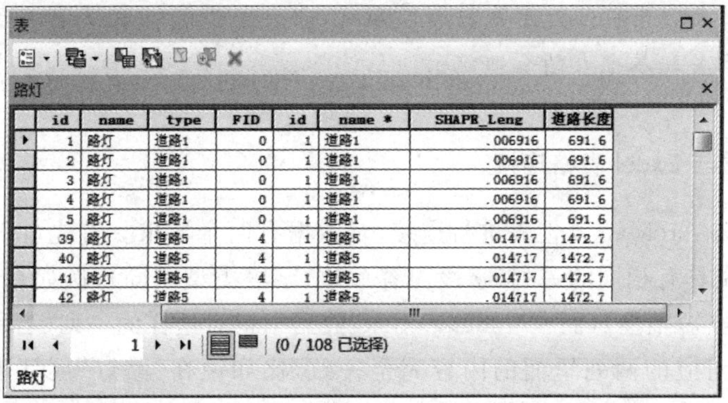

表

路灯

id	name	type	FID	id	name *	SHAPE_Leng	道路长度
1	路灯	道路1	0	1	道路1	.006916	691.6
2	路灯	道路1	0	1	道路1	.006916	691.6
3	路灯	道路1	0	1	道路1	.006916	691.6
4	路灯	道路1	0	1	道路1	.006916	691.6
5	路灯	道路1	0	1	道路1	.006916	691.6
39	路灯	道路5	4	1	道路5	.014717	1472.7
40	路灯	道路5	4	1	道路5	.014717	1472.7
41	路灯	道路5	4	1	道路5	.014717	1472.7
42	路灯	道路5	4	1	道路5	.014717	1472.7

1　(0 / 108 已选择)

路灯

图　3-79

小提示：在内列表中右击【连接图层】选项，在弹出的下拉菜单中单击【连接和关联】，移除连接可解除图层的连接操作；连接操作之后被连接的图层属性表发生改变，但是这种改变并不能被自动保存，再次加载该图层时，属性表恢复原样。

2）属性表的关联

(1) 在 ArcMap 中加载“路灯. shp”和“道路. shp”文件。

（2）在内容列表中，右击路灯，在弹出的快捷菜单中单击【连接和关联】\【关联】选项，进入【关联】对话框，对话框中的设置见图 3-80，设置完成后单击【确定】按钮，完成属性表的关联。

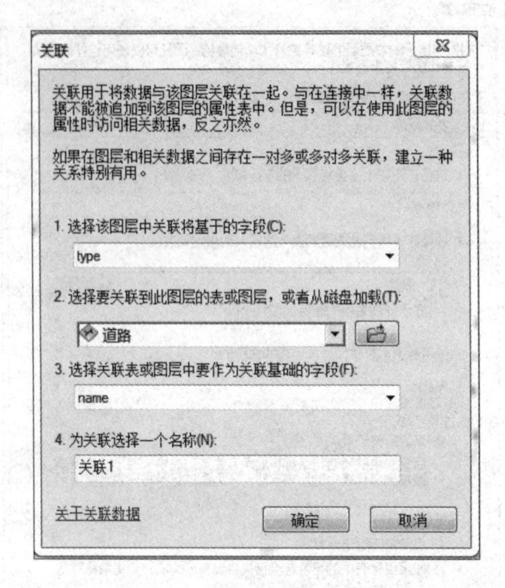

图 3-80

（3）可以在“路灯”属性表中查看道路图层属性表。在内容列表中，右击“路灯”打开属性表，在属性表左上角的【表选项】下拉菜单中选择【关联表】/【关联 1】命令，就可以在“路灯”图层属性表中直接打开关联的“道路”图层属性表。

小提示：两个属性表之间的关联并不改变被关联属性表，而在被关联属性表中可以直接访问关联的属性表；当打开关联属性表时，需要单击属性表下端的显示所有记录按钮 ，才能显示关联属性表的全部记录。

6. 属性数据与 Excel 表格连接

Excel 表格与 ArcMap 属性表进行连接，对数据有两个要求。首先，两份数据都具有相同的字段，或者说具有相同的一列（字段内容一致、字段类型相同），例如在“路灯”图层的属性表中有 id 字段（短整型），而在“ludeng. xlsx”数据中也有这样的一列（名称为 id，数据类型为数值）；其次，对应的两列里面的内容完全一致，比如说在“路灯”属性表中 id 列内容为“1”，而 Excel 里面为“1-1”，那么就不能对应连接。

（1）把 Excel 数据加载到 ArcMap 中。单击 ArcMap 工具栏上的添加数据按钮 ，打开【添加数据】对话框，选中“ludeng. xlsx”并单击【添加】按钮，出现第二个【添加数据】对话框（图 3-81），在该对话框中选择第一项，并单击【添加】按钮，“ludeng. xlsx”便加载到 ArcMap 中。

（2）连接属性表。将“路灯. shp”加载到 ArcMap 中。在内容列表中右击“路灯”，在弹出的快捷菜单中选择【连接和关联】\【连接】选项，打开【连接数据】对话框，对话框中各项设置见图 3-82。设置完成后，单击【连接数据】对话框中的【确定】按钮。

（3）导出连接后的属性表。因为连接后的属性表（图 3-83）只保存在内存中，要是关掉

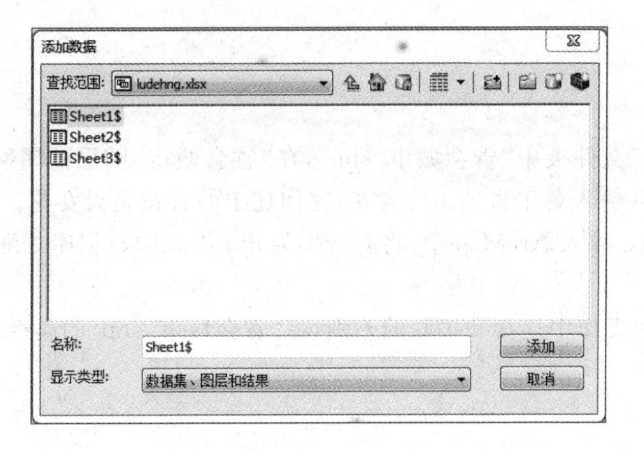

图　3-81

程序再打开“路灯. shp”,关联的 Excel 数据就没有了,因此需要将属性表连接后的地图数据导出保存。方法也是在内容列表中右击“路灯”,在弹出的快捷菜单中选择【数据】/【导出数据】命令,选择保存位置,数据类型为 shp 文件即可。加载刚保存的数据,这时 Excel 里的数据就已经导入地图数据的属性表中。

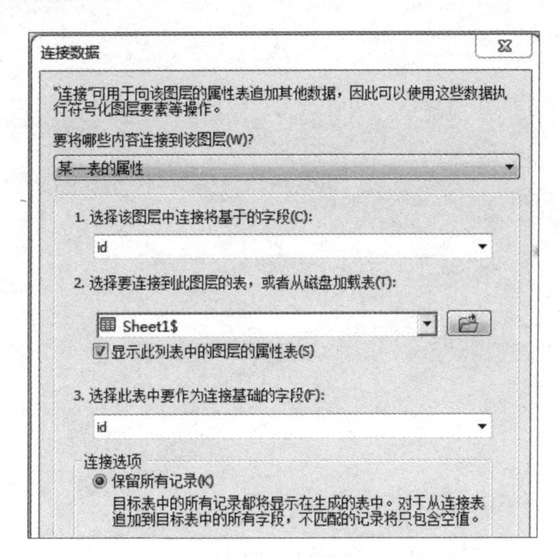

图　3-82

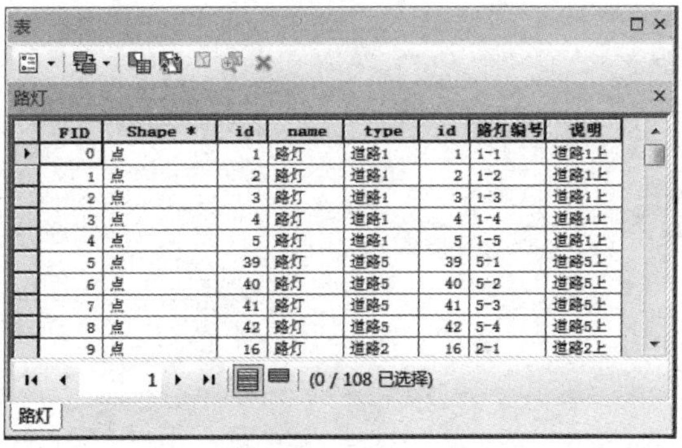

表

路灯

FID	Shape *	id	name	type	id	路灯编号	说明
0	点	1	路灯	道路1	1	1-1	道路1上
1	点	2	路灯	道路1	2	1-2	道路1上
2	点	3	路灯	道路1	3	1-3	道路1上
3	点	4	路灯	道路1	4	1-4	道路1上
4	点	5	路灯	道路1	5	1-5	道路1上
5	点	39	路灯	道路5	39	5-1	道路5上
6	点	40	路灯	道路5	40	5-2	道路5上
7	点	41	路灯	道路5	41	5-3	道路5上
8	点	42	路灯	道路5	42	5-4	道路5上
9	点	16	路灯	道路2	16	2-1	道路2上

1　(0 / 108 已选择)

路灯

图　3-83

习题

1. 打开“习题”文件夹中“省会城市.shp”，在“省会城市”图层的属性表中，添加一个名叫“省花”的字段，并输入各个省选出的省花，比如辽宁的省花是天女花。

2. 将“my.xlsx”导入 ArcMap 中，将其转换为 dbf 格式的数据库二维表，并保存为“my.dbf”。

3. 比较属性表操作中连接和关联的差别，将“省会城市.shp”的属性表与“my.dbf”表进行连接和关联。

第4章 ArcGIS 的地图制作

ArcGIS 地图制作是 ArcGIS 桌面部分的主要功能之一，借助 ArcGIS 提供的强大的地图制作工具可以设计和制作出各种专业、精美的地图。本章主要围绕地图，通过四个实验——地图数字化、拓扑编辑、符号制作、地图制作——介绍地图数字化的主要方法和关键技术，建立地图拓扑及拓扑查错的流程，制作点、线、面符号的过程和要点，多种专题图和统计图的制作方法等内容。

4.1 实验六 地图数字化

4.1.1 实验目的

1. 掌握 ArcMap 中栅格数据矢量化的流程。
2. 熟悉编辑器的使用方法(点要素、线要素、面要素的数字化)。
3. 掌握 ArcMap 中制图模板的使用方法。
4. 了解 ArcMap 中捕捉功能的应用。
5. 掌握各种要素类的基本编辑方法。

4.1.2 基础知识

地图的表现形式多种多样，如普通的纸质地图，电脑中的扫描版电子地图，地理信息系统软件中的地图，Google Earth 中的地图等。这些地图的功能和用途有所不同，传统地图对于用图者来说是被动使用的，用图者无法根据其兴趣或实践要求选择地图表达的形式。而数字化地图给用图者提供了选择与表达信息的参与机会，它允许用图者根据自己的设计选择比例尺、投影数据、符号、色彩、图式等，绘制预想的地图，或者利用已有的数字化地图编制需要的专题地图。

数字化地图是以数字形式记录，反映地表自然与社会现象，并能在计算机屏幕上显示或通过各种输出设备绘制的地图。地图数字化是获得数字化地图的主要方式之一，也是 GIS 建立空间数据库的第一道工序。本节主要介绍 ArcGIS 地图数字化的理论、工具和方法。

1. **地图数字化基础**

地图数字化是获取矢量空间数据的一种重要方式，是将地图上的空间特征转化成为用数字形式表示的数据的过程。地图数字化的方法有两种，一种是使用跟踪数字化仪(手扶或自动)将地图图形要素(点、线、面)进行定位跟踪，并量测和记录运动轨迹的 X,Y 坐标值，获取矢量式地图数据；还有一种方法是对地图沿 X 或 Y 方向进行连续扫描，在扫描后的处理中，需要进行栅格转矢量的运算，一般称为扫描矢量化过程。本节主要介绍扫描矢量化过程。

地图数字化的对象主要是栅格地图。对于栅格数据的获取，GIS 主要使用扫描仪等设备对图件扫描数字化。随着科技的发展，遥感、摄影测量及无人机技术也成为获得栅格地图的重要手段。

2. 地图数字化

1）地图数字化过程

地图数字化的过程主要包括以下步骤：获取基础数据底图和待数字化的扫描电子地图；配准地图(将扫描电子地图对应到有坐标的基础数据底图上)；在 ArcCatalog 中新建目标图层；加载编辑器工具条，编辑数据(采集图形数据，赋属性)，并保存编辑结果；对数据进行符号化，添加注记；保存地图文档并输出。在前面的实验中已经详细介绍过地图的配准和属性数据的编辑，本节主要介绍采集和编辑图像数据的方法。

2）主要使用工具及功能

(1) 编辑器工具条

编辑器工具条包含编辑数据所需的各种命令。通过编辑器工具条，可启动和停止编辑会话、访问各种工具和命令、创建新要素和修改现有要素，以及保存编辑结果(图 4-1)。编辑器是实现地图数字化的主要工具，要使用附加编辑工具或更为专业的编辑工具，必须在 ArcMap 添加其他编辑工具条。这些编辑工具条包括【高级编辑】【几何网络编辑】【制图表达】等，本节只涉及高级编辑工具条。

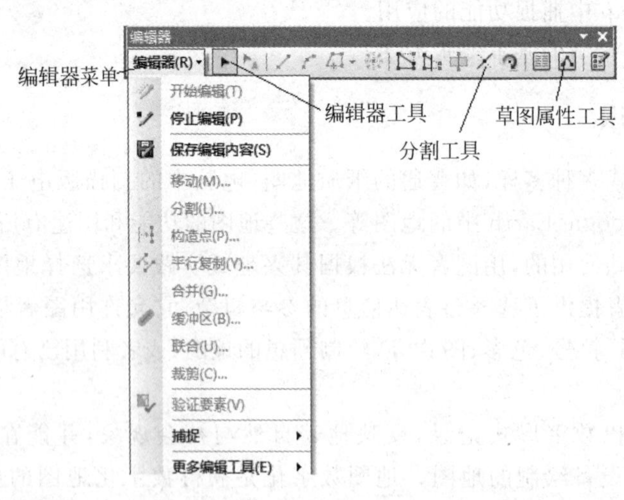

图 4-1

(2) 高级编辑工具条

在数字化中需要应用一些比较复杂和高级的编辑功能时，必须启动高级编辑器工具条(图 4-2)，高级编辑工具条是对编辑器工具条功能的补充，可以实现更加丰富的功能。

图 4-2

(3) 精典捕捉

捕捉功能可以实现对绘制或编辑要素进行位置的精确定位及要素之间的相互连接等功能,使编辑内容更加精确、错误更少。

编辑时可以使用两个捕捉环境：默认为【捕捉】工具条；还可以启用经典捕捉,以对捕捉环境提供更精细的控制。在经典捕捉中,捕捉设置是在【捕捉环境】对话框中指定的,在捕捉对话框中可以管理各个捕捉类型、图层和优先级。

4.1.3 实验数据

实验数据存放在“文件夹 6”中,具体数据说明见表 4-1。

表 4-1

文件名称	格式	位置	说明
图像 1	tif	6\已配准栅格图像\	栅格地图
等高线	Shapefile	6\	等高线矢量文件
居民地	Shapefile	6\	居民地房屋矢量图

4.1.4 实验步骤

1. 栅格地图数字化

本实验采用的数据是经过配准后的栅格地图“图像 1. tif”,图像配准也是地图数字化的一部分,具体操作请参照前面的实验地图配准。

1) 新建要素图层

(1) 打开 ArcCatalog,在 ArcCatalog 中新建一个个人地理数据库“new. mdb”,在个人地理数据库中新建一个要素数据集“mhwy”,其 X,Y 坐标的坐标系采用导入的方法,设置与栅格地图“图像 1. tif”一致的坐标系(WGS_1984_UTM_Zone_49N)。在新建的要素数据集中按照表 4-1,建立要素类。

表 4-2

要素名	几何类型	添 加 字 段
独立地物	点	name(文本,长度为 10)
河流	线	—
道路	线	ID(短整型),name(文本,长度为 10)
等高线	线	ID(短整型),elevation(短整型)
居民地	面	—
图幅边框	面	ID(短整型),name(文本,长度为 10)
注释	注释	参考比例尺设置 1∶1000,注记的大小设置为 28

(2) 在 ArcMap 中加载栅格地图"图像 1. tif"及新建的七个要素图层。

2) 开启编辑环境

在 ArcMap 的工具条上单击编辑器工具条按钮，打开编辑器工具条，在编辑器工具条上单击【编辑器】\【开始编辑】选项，进入编辑状态。

3) 设置捕捉环境

(1) 在编辑器工具条上单击【编辑器】\【选项】命令，打开【编辑选项】对话框。单击【常规】选项卡，勾选【使用经典捕捉】选项前的复选框，如图 4-3 所示，然后单击【确定】按钮。

(2) 单击编辑器工具条上的【编辑器】\【捕捉】\【捕捉窗口】选项，打开【捕捉环境】对话框，根据实际需要在对话框中设置需要开启捕捉的图层及其需要进行捕捉的特征，如图 4-4 所示。

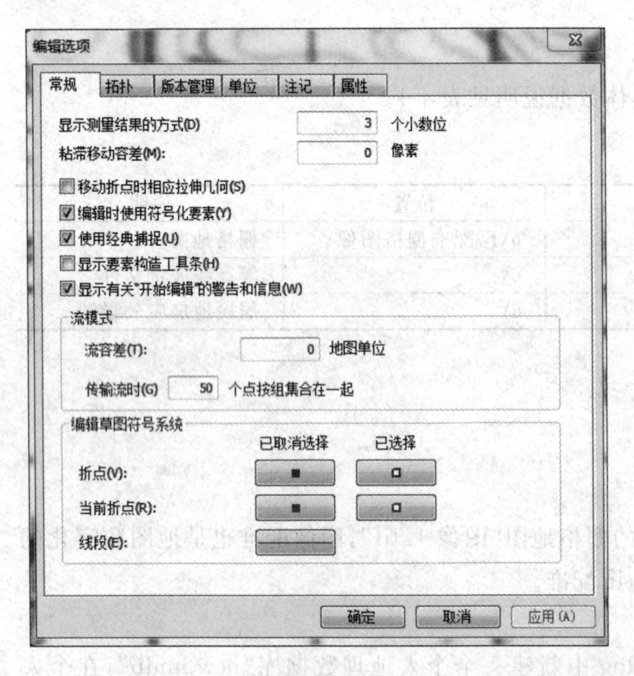

图 4-3

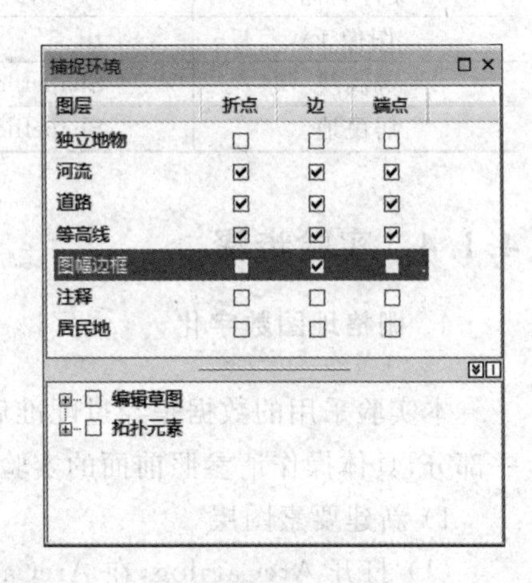

图 4-4

小提示：1. 捕捉窗口设置后，可以关闭【捕捉环境】对话框，不会影响捕捉设置的有效性。

2. 在【捕捉环境】对话框选中某些选项的复选框，才可执行相应的捕捉操作。此外，可通过在列表中向上和向下拖放图层来更改捕捉顺序，首先捕捉的是位于列表顶部的图层(例如河流图层)，然后依次捕捉到列表中位置靠后的其他图层(道路、等高线、图幅框等)。

4) 对栅格地图进行数字化并添加注记

(1) 数字化独立地物

① 在编辑器工具条中单击【编辑器】\【编辑窗口】\【创建要素】，打开【创建要素】窗口。

② 在内容列表中选中"独立地物"图层，并双击该图层下的要素符号，打开【符号选择

器】对话框，在对话框中设置独立地物图层的要素符号，如图 4-5 所示，单击【确定】按钮完成地物符号设置。

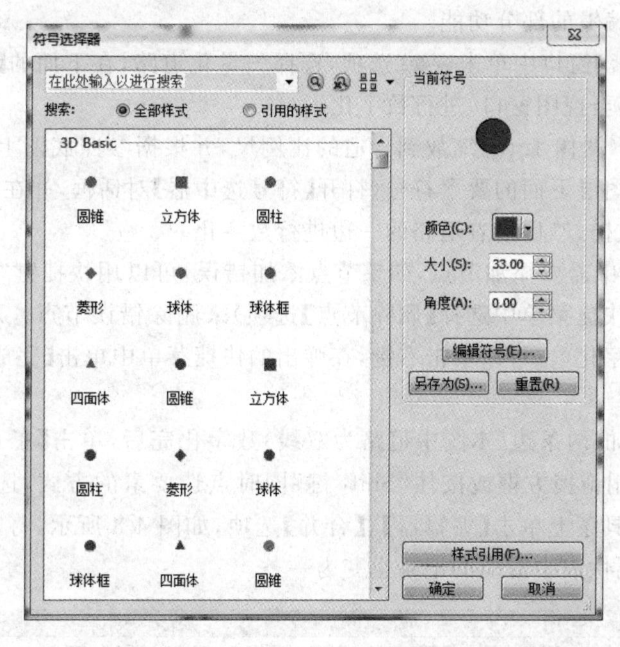

图 4-5

③ 将栅格地图放大到合适的位置，单击【创建要素】窗口中的【独立地物】选项，鼠标的指针图标改变为箭头，依次在地图显示窗口中的独立地物上单击鼠标左键，添加数字化点。

独立地物数字化完后见图 4-6，还需要编辑其属性表，打开独立地物的属性表，如图 4-7 所示，输入要素属性。属性数据的编辑请参照前面实验中的内容。

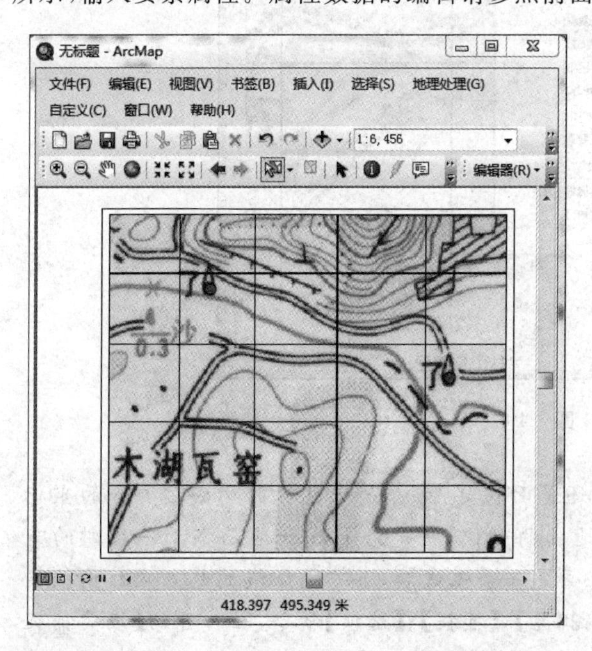

图 4-6

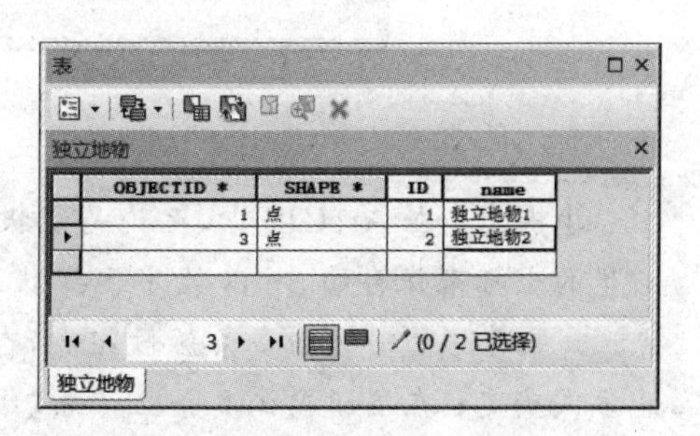

图 4-7

（2）数字化道路

数字化独立地物后，继续数字化道路，栅格地图中的道路是双线的，而且有相交之处，需要使用捕捉及高级编辑的部分功能。

① 在【创建要素】窗口中单击 道路 选项，选择矢量化道路，在下面的【构造工具】中选择“线”选项，将鼠标移至视图窗口，进行数字化。

② 将参照底图（图像 1. tif）缩放到合适的比例尺，并根据参照底图上道路的粗细，单击内容列表中“道路”图层下面的要素符号，打开【符号选中器】对话框，并在对话框中设置线要素的颜色、宽度等式样，然后沿着道路的一边进行数字化。

③ 道路的绘制中需要添加节点，如果节点添加错误，可以用快捷键“CtrL＋Z”（也可以单击右键在弹出的快捷菜单中选择【删除节点】选项）来删除错误节点。双击鼠标左键即可完成道路一段的数字化（也可以单击右键，在弹出的快捷菜单中单击【完成草图】），再数字化道路的下一段。

④ 将一条道路的两条边（本图中道路为双线）数字化完后，单击【工具】工具条上的【选择要素】按钮 ，用拖拽方框或按住“Shift 键”同时点选要素的方式，选中道路的两条边，然后在【编辑器】工具条上单击【编辑器】\【合并】选项，如图 4-8 所示，将道路的两条边合并成一条道路，其在属性表中对应的记录也变为一条。

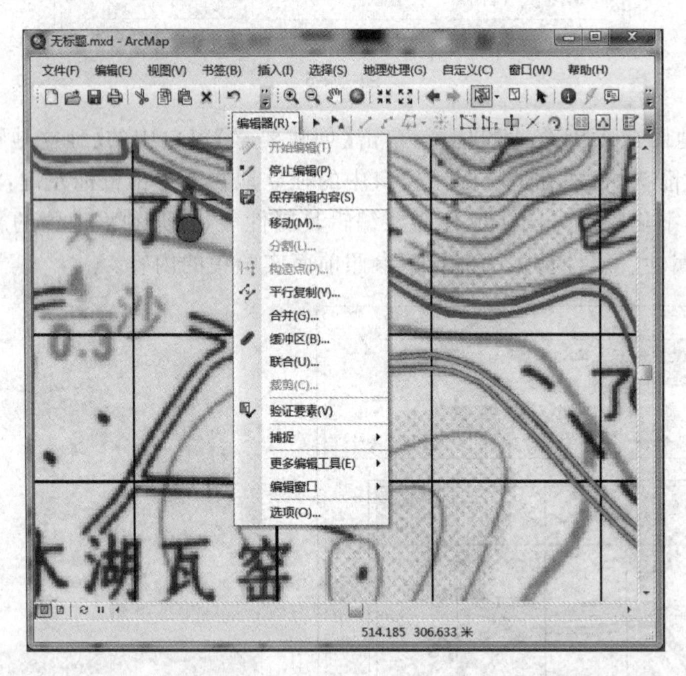

图 4-8

小提示：在 ArcGIS 中，无论是线状还是面状要素，都是通过存储构成该要素的坐标点串的坐标来保存的，所以数字化线状地物的时候，就是沿着线状地物添加一系列的节点；如果道路的一边由多条弧段组成，在画完一条弧线后，下一段弧线的起点应该由捕捉的方式确定；在编辑器工具条上单击【编辑器】\【捕捉】\【选项】命令，在打开的【经典捕捉选项】对话框中可以设置捕捉的范围，一般默认为 7 个像素。

⑤ 在数字化道路时，会发现道路的交叉处很难生成平滑而弯曲的连接，这时需要使用【高级编辑器】工具条中的【内圆角】工具，具体步骤如下：启动【高级编辑器】工具条，在弹出的工具条中单击【内圆角】工具；先单击一条相交线，然后单击另一相交线，从而指定要在其间构造内圆角的两条线；在未设置固定半径的情况下，内圆角曲线会在拖动鼠标远离所单击的第一条线时发生变化，见图 4-9；将鼠标放到适当的位置，当曲线具有正确的半径时，可通过单击鼠标左键完成曲线，如图 4-10 所示。

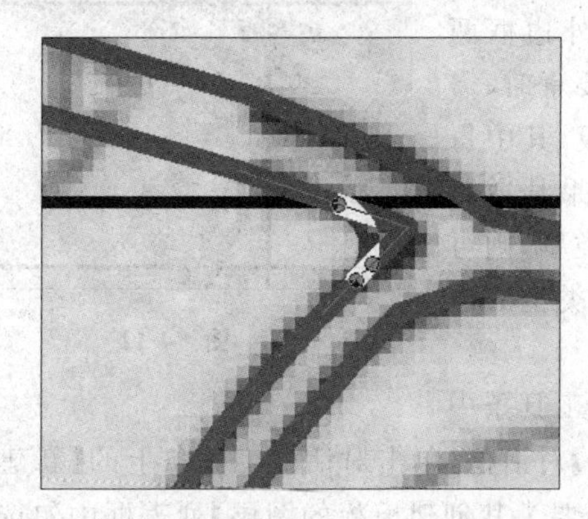

图　4-9

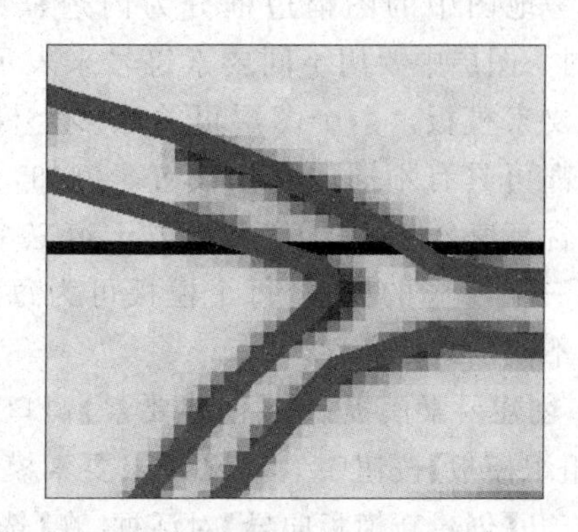

图　4-10

(3) 数字化居民地

参照底图，数字化面状要素居民地。在【创建要素】对话框中选择居民地图层 居民地，在构造工具中激活 面 选项，然后进行数字化。

① 在内容列表中单击“居民地”图层下的要素符号，打开【符号选择器】对话框，设置面状要素的样式、填充颜色、轮廓宽度及颜色等，具体如图 4-11 所示，单击【确定】完成符号设计。

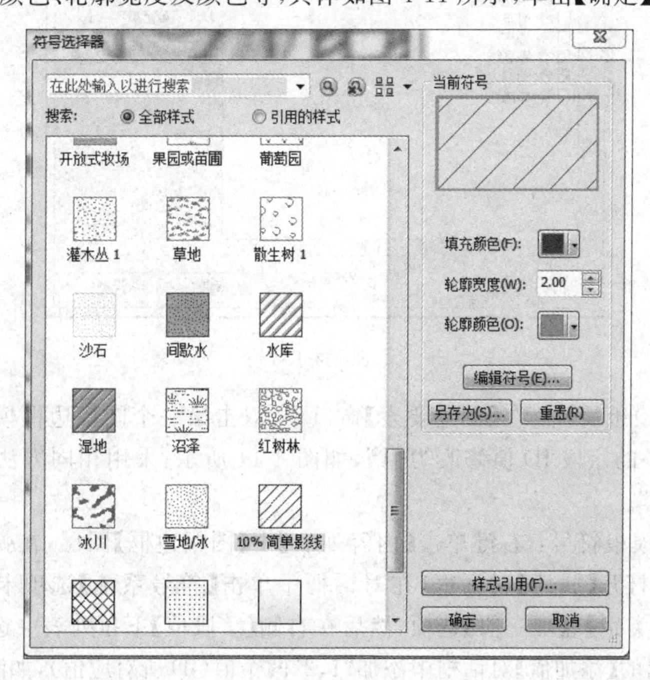

图　4-11

② 依次单击居民地的各个顶点，单击最后一个顶点后，双击鼠标左键完成面要素的数字化，具体见图 4-12。

这里需要注意，如果选取顶点的位置有错，同样可以通过“Ctrl＋Z 键”的快捷方式取消这个顶点，方法与取消画线节点相同。

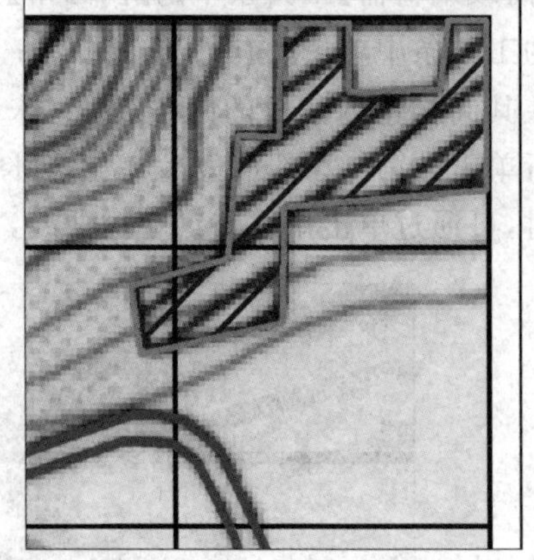

图 4-12

(4) 数字化图幅边框

参考地图中的图幅边框分为内边框和外边框两种，在同一图层中要用不同要素符号来表示要素时，需要建立要素模板。一个图层可关联多个模板，其中每个模板都可具有不同的默认设置。例如，如果某道路图层包含高速公路、主干道和地方干道三个类别，则可以采用三个不同的模板，每个模板可为每种类型的道路设置不同的默认属性。

① 创建要素模板：在【创建要素】窗口的工具条中单击【组织模板】按钮，打开【组织要素模板】对话框，单击对话框工具条上的【新建模板】按钮，打开【创建新模板向导】对话框，在【选择要为其创建模板的图层】列表框中勾选“图幅边框”复选框，如图 4-13 所示，单击【完成】按钮，退出对话框(如果需要建立多个要素模板，则需要多次单击【新建模板】按钮，重复上一步的操作)，在【组织要素模板】对话框单击【关闭】完成要素模板的创建。

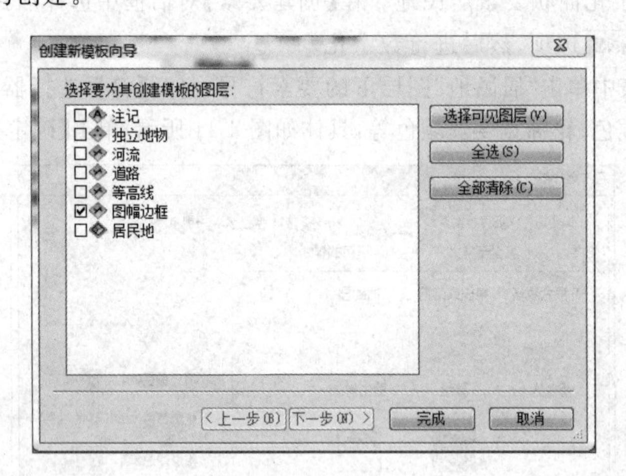

图 4-13

② 设置要素模板属性：在【创建要素】窗口中，双击第一个图幅边框模板，打开【模板属性】对话框，将其中的字段 ID 值修改为“1”，如图 4-14 所示，采用相同方法将另一模板中的字段 ID 值设为“2”。

③ 设置要素模板符号：右键单击【内容列表】中【图幅边框】图层，在弹出的快捷菜单中选择【属性】选项，打开【属性】对话框，在对话框中单击【符号系统】选项卡。选项卡左侧的【显示】列中选择【类别】\【唯一值】选项，然后在右侧【字段值】下拉列表中选择“ID”，单击【添加值】按钮，在弹出的【添加值】对话框中添加“1，2”两个值(ID 所对应值)，如图 4-15 所示。

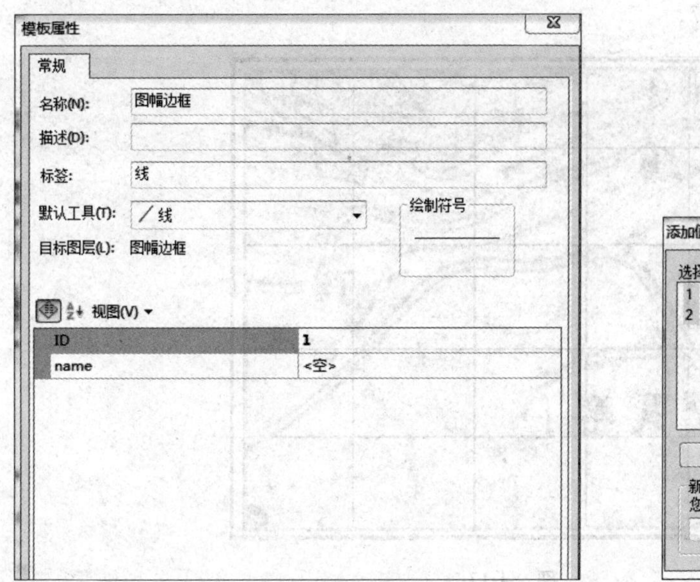

图　4-14

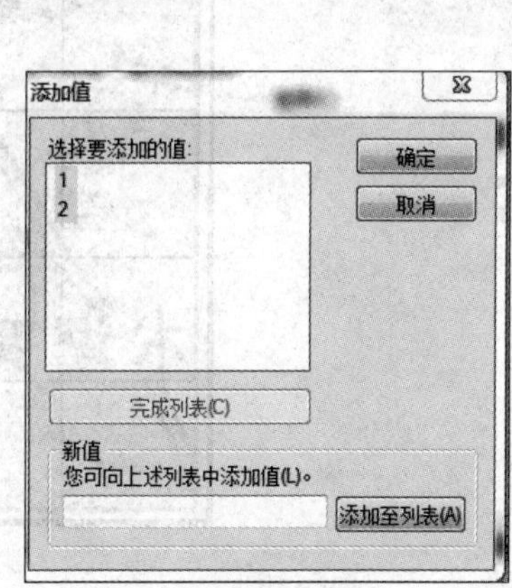

图　4-15

添加后在【选择要添加的值】列表中出现了“1,2”两个选项，双击选项中符号列中的符号(值为 1 或 2 的选项)，打开【符号系统】对话框，设置要素模板的颜色、宽度及样式等，如图 4-16 所示。

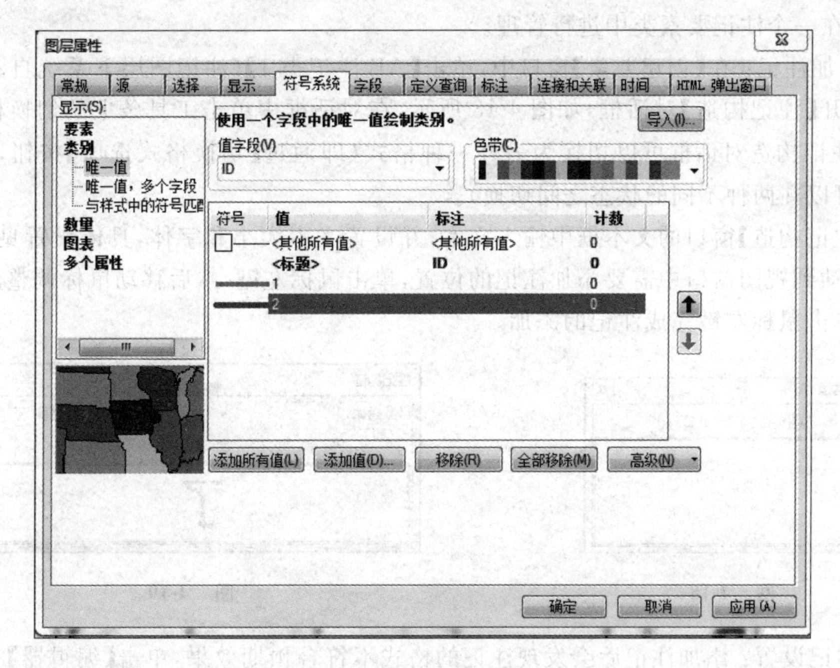

图　4-16

④ 数字化内外图幅框：在【创建要素】对话框中的“图幅边框”图层下选择左侧的第一个图幅边框模板，激活【构造工具】下的矩形工具，数字化内边框只需要点选内边框的三个角点。在数字化外边框时，除了选择右侧的第二个图幅边框模板，其他操作跟内边框的绘制相

同。数字化后的结果见图 4-17。

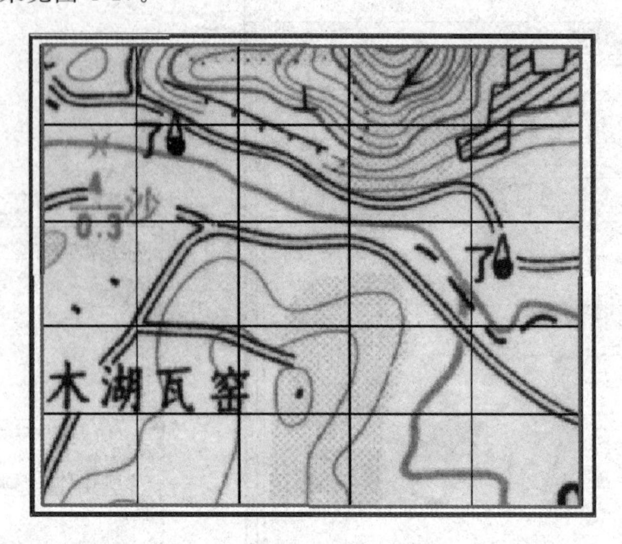

图 4-17

(5) 标注注记

地图中的注记是一种常见的要素类，虽然注记可以通过设置图层的注记属性来实现，但是为了统一、灵活地管理和使用注记，需要建立注记要素类。例如，一个注记要素类用于表示城市，则可有多个不同文字大小和比例范围的注记类分别用于表示大中小城市，所有这些注记类都在一个注记要素类中进行管理。

① 添加注记：在【创建要素】窗口中，单击【AB 注记类 1】(注记图层下系统自动建立的模板)，打开【注记构造】对话框，如图 4-18 所示，在对话框中单击工具条上的切换格式选项按钮 ，注记构造对话框可以切换为另外一种格式(即通过【切换格式选项】按钮，【注记构造】窗口可以在两种不同的状态之间切换)。

在【注记构造】窗口的文本框中输入文本，并设置文本大小和字体，具体设置见图 4-19，让鼠标移动到视图窗口中需要添加注记的位置，单击鼠标左键，然后移动鼠标调整注记的角度，再次单击鼠标左键完成注记的添加。

图 4-18

图 4-19

② 注记设置：添加注记后会发现注记的格式不符合预期效果，单击【编辑器】工具条上的编辑工具按钮 ，移动到新建的注记上单击鼠标右键，在弹出的快捷菜单中选择【属性】命令，打开【属性】窗口，在【属性】窗口中设置注记的大小、颜色、角度等，还可以预览设置效果，如图 4-20 所示，最后在【属性】窗口中单击【应用】按钮就完成了注记格式的设置。

再次将鼠标移动到标注上，按住鼠标拖动注记，将注记放置到合适的位置，就完成了注记的标记工作，具体效果见图 4-21。

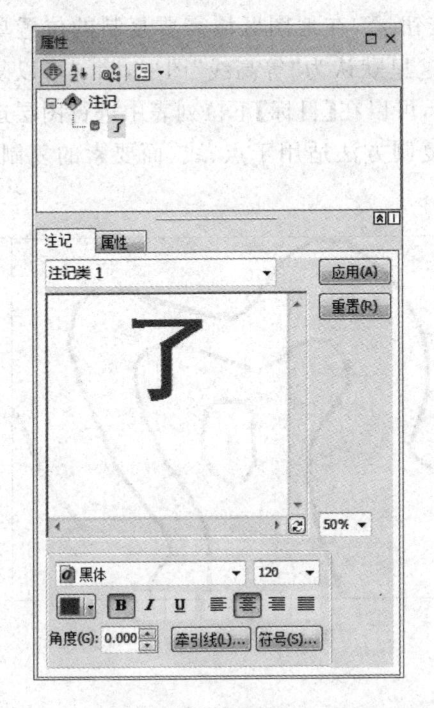

图　4-20

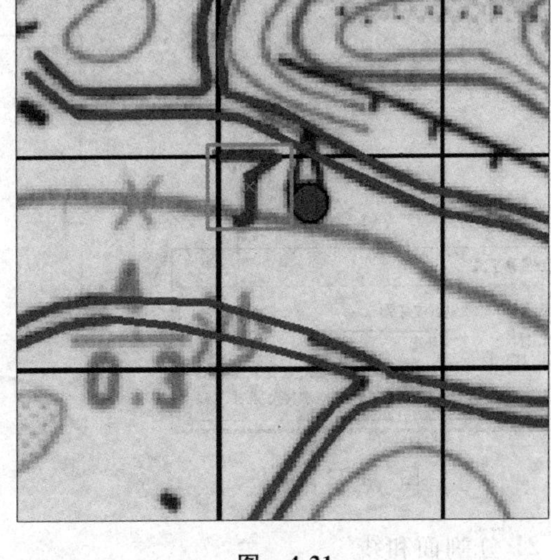

图　4-21

按照相同的方法完成图上其他注记的标注工作，直到将所有需要标注的要素标注完成。

小提示：对于相同的注记，可以采用复制、粘贴的方法来进行标注，可以提高效率，节省时间。

5）保存数字化成果

单击编辑器工具条上的【编辑器】\【停止编辑】，保存数字化成果。因为图层的符号设置和要素模板都需要保存到地图文档(.mxd)中，因此需要单击 ArcMap 工具条上的保存按钮，打开【保存】对话框，选择文件存放路径和文件名，保存为 mxd 格式的地图文件。

2. 空间数据的基本编辑

空间数据的编辑是对采集后的数据进行编辑操作，它是丰富完善空间数据以及纠正错误的重要手段，空间数据的编辑主要包括数据的几何图形编辑和数据的属性编辑。数据的几何图形编辑针对的是图形的操作，这里介绍几种图形数据的基本编辑方法。

1）复制要素

在地图数字化时，复制要素是经常使用的工具之一，其优点是可以保留所要复制要素的属性，而不会被复制要素覆盖。在这里以复制“等高线”图层中某一线要素为例，介绍该工具的使用方法。

① 在 ArcMap 中加载目标图层(等高线.shp)，并使编辑器进入开始编辑状态，单击编辑工具按钮。

② 将鼠标移动到地图区域范围内，单击（或拉框选择）需要复制的要素。

③ 单击【高级编辑】工具条中的复制要素工具按钮，在地图区域需要复制的位置单击，弹出【复制要素工具】对话框，如图 4-22 所示，在这里默认为“等高线”图层，除了可以复制到原来的图层，还可以复制到任意一个线要素图层，可以在【目标】下拉列表中进行图层选择。单击【确定】按钮完成复制，如图 4-23 所示。该复制方法适用于点、线、面要素的复制，但是注记要素就无法采用该方法进行复制。

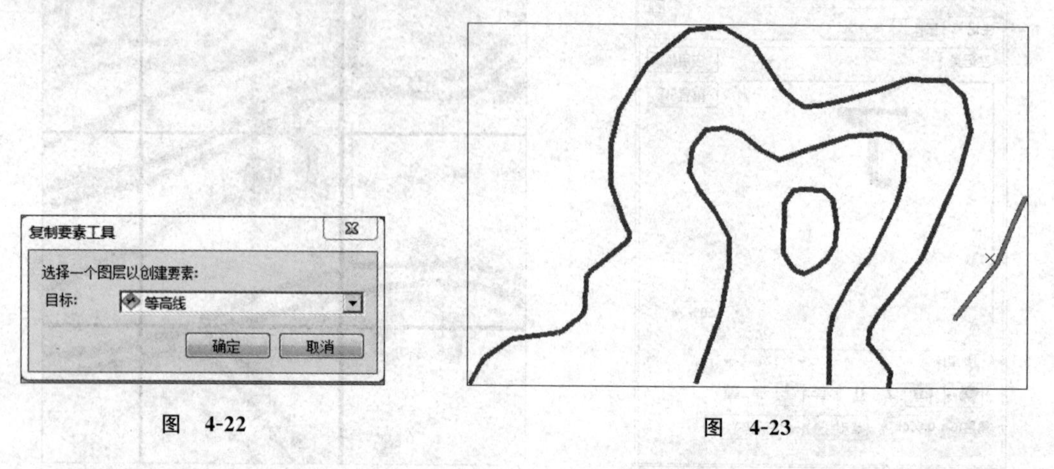

图 4-22　　图 4-23

2）分割面和线

分割面和线也是要素编辑中常用的工具，分割的方法也有很多，在这里我们只讲最简单的两种：使用点分线和屏幕画线分割面。

（1）使用点分线

在这里以点分割等高线图层中某一线要素为例来介绍该方法。

① 首先将“等高线.shp”文件加载到 ArcMap 中，并使编辑器进入开始编辑状态，单击【编辑器】工具条上的编辑工具按钮。

② 在地图窗口中选中需要分割的线，然后单击【编辑器】工具条上的分割工具按钮，将鼠标移动到等高线上需要分割的地方（系统自动开启了捕捉功能），单击鼠标左键即完成分割。

③ 此时再选中等高线，就会发现等高线被点分成了两部分，分割前、后对比如图 4-24 所示。

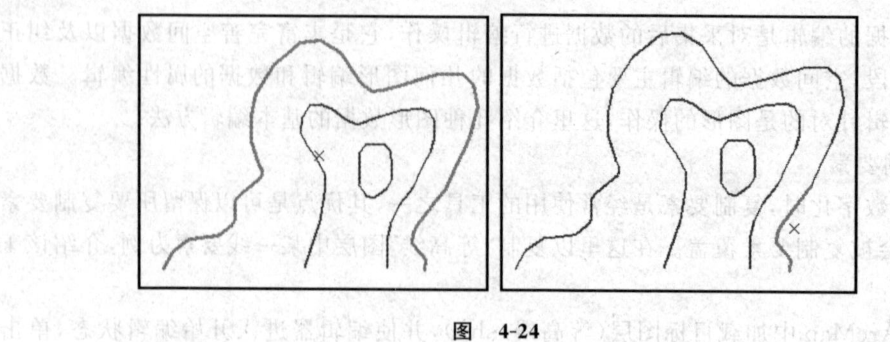

图 4-24

(2) 屏幕画线分割面

面状地物的分割以分割“居民地.shp”中的某一要素为例。首先在ArcMap中打开“居民地.shp”文件，使编辑器进入开始编辑状态，单击【编辑器】工具条上的编辑工具按钮，在地图窗口中选中需要分割的面要素，单击【编辑器】工具条上的裁剪面工具按钮，然后在地图窗口中画一条与面相交的线，就完成了面的分割，分割前、后的效果见图4-25。

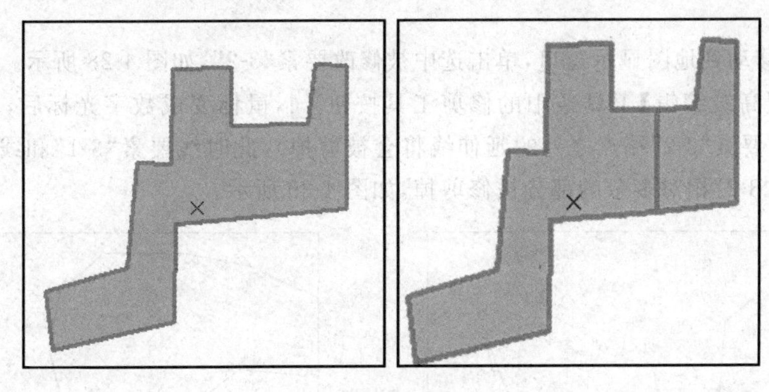

图 4-25

3) 延伸线和修剪线

延伸线和修剪线都是线要素的修剪工具，其中延伸线可以通过延长一条线段使之与另一线段相交；而修剪线可以修剪一条线与另一线段的相交部分。在制图过程中，这两种工具的使用频率很高，这里分别介绍它们的使用方法。

(1) 延伸工具

这里以“等高线”图层中的要素“3-1”和要素“3-2”为例，具体的操作方法如下：

① 在ArcMap加载“等高线.shp”文件，打开编辑器进入可编辑状态，在【内容列表】中选中“等高线”图层。

② 单击【编辑工具】按钮，然后将鼠标移动到地图显示区域，单击选中要与之延伸的要素“3-1”，如图4-26所示。

③ 单击【高级编辑】工具条中的延伸工具按钮，鼠标变成数字光标后，单击延伸线要素“3-2”的端点，此时延伸后的线状要素“3-2”就被捕捉到目标线状要素“3-1”上，如图4-27所示。

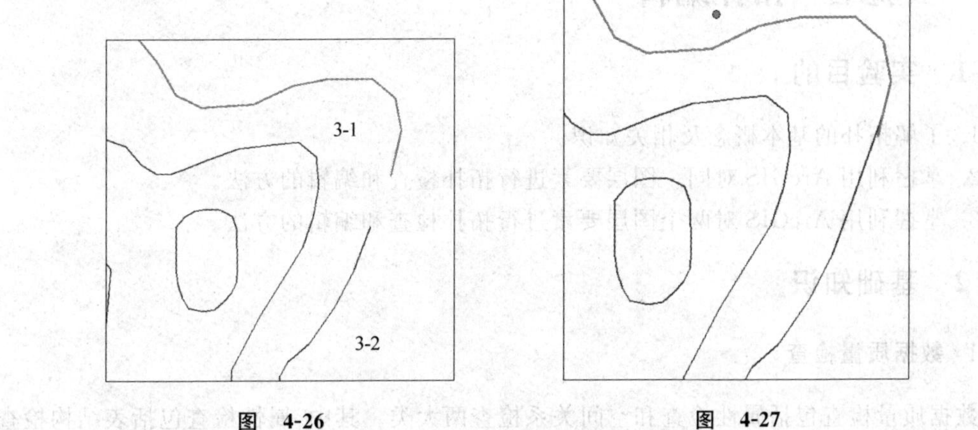

图 4-26

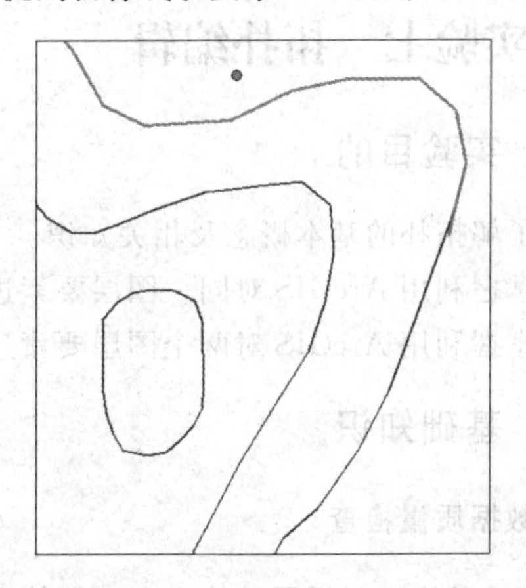

图 4-27

(2) 修剪工具

线要素"3-2"延伸到线要素"3-1"与之相交后,因为是直线延伸,两个线要素不仅相交于一点,还多余出一部分线,如图 4-28 所示,这里可以用修剪工具,将多余部分的线修剪掉,具体如下:

① 首先使编辑器进入编辑状态,在【内容列表】中选中【等高线】图层,单击【编辑工具】按钮。

② 鼠标移动到地图显示窗口,单击选中被修改要素"3-2",如图 4-28 所示。

③ 单击【高级编辑】工具条中的修剪工具按钮,鼠标变成数字光标后,单击线要素"3-2"的端点(要素"3-2"端点之外的延伸线将会被剪掉),此时线要素"3-1"和线要素 3-2 相交,且线要素"3-2"相对多余的部分被修剪掉,如图 4-29 所示。

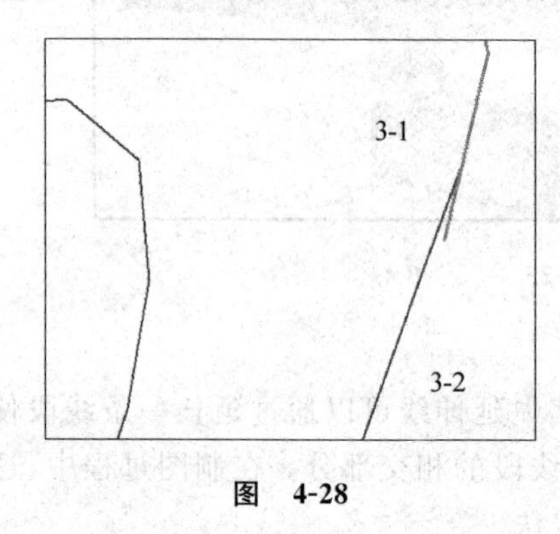

图 4-28

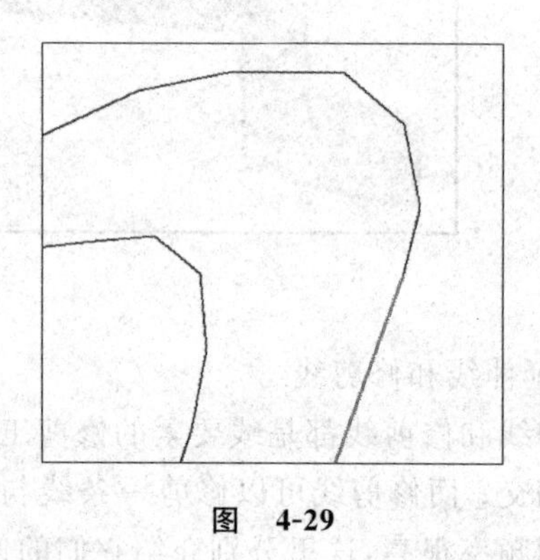

图 4-29

习题

1. 矢量化"作业"文件夹下的"赤水县航道(水域)"图(以 Google Earth 上的赤水县地图为基准进行配准)。
2. 如何创建要素模板?创建要素模板有何作用?
3. 简述创建要素并在要素图层对地图矢量化的过程。

4.2 实验七 拓扑编辑

4.2.1 实验目的

1. 了解拓扑的基本概念及相关知识。
2. 掌握利用 ArcGIS 对同一图层要素进行拓扑检查和编辑的方法。
3. 掌握利用 ArcGIS 对两个图层要素进行拓扑检查和编辑的方法。

4.2.2 基础知识

1. 数据质量检查

数据质量检查包括属性检查和空间关系检查两大类。其中,属性检查包括表结构检查、字段值范围检查(例如高程值不大于 8000,行政代码必须在行政代码表中),以及值符合性检查等,属性检查主要是通过属性查询和属性统计来完成的;而空间关系检查主要包括拓扑一致性检查、碎片检查和接边检查等,其中拓扑一致性检查和碎片检查在 ArcGIS 中是通过拓扑检查完成。拓扑最基本的用途是保证数据质量、提高空间查询统计分析的正确性和效率,进而为相关行业提供真实有效的指导,同时使地理数据库能够更真实地反映地理要素。

2. 拓扑及相关概念

在地理信息系统中,地理数据库支持对不同要素类型的地理问题进行建模,也支持不同类型的主要地理关系。拓扑实际上就是一个规则和关系的集合,结合编辑工具支持地理数据库精确模拟现实世界中的几何关系。拓扑学采用拓扑几何来描述单个几何图形构成要素的连接性、多边形区域定义等关系,研究目标与周围其他对象的邻接性、相离相交、包含等关系,以及几何网络构成要素的相互关系。

创建拓扑关系可以使地理数据库更真实地表示地理要素,更完美地表达现实世界的地理现象。拓扑关系能清楚地反映实体之间的逻辑结构关系,它比几何数据有更大的稳定性,不随地图投影的变化而变化。创建拓扑的优势在于以下几点:

(1) 根据拓扑关系,不需要利用坐标或距离,就可以确定一种空间实体相对于另一种空间实体的位置关系。

(2) 利用拓扑关系便于空间要素查询,如某条铁路通过哪些地区,某省与哪些省相邻等。

(3) 可以根据拓扑关系重建地理实体,如根据弧段构建多边形,最佳路径的选择等。

参与拓扑创建的所有要素必须在同一个数据集中,拓扑分为两种:

(1) 一个图层自身拓扑,数据类型肯定一致,要么是点,要么是线,要么是面。

(2) 对于两个图层之间的拓扑,数据类型可能不同,有点点、线点、点面、线面、线线、面面六种。

一个拓扑关系存储了三个参数:规则(rules)、等级(ranks)和拓扑容差(cluster tolerance)。拓扑规则定义了拓扑的状态,控制了要素之间的相互作用。创建拓扑时,必须指定一个拓扑规则;等级是控制在拓扑检验中节点移动的级别,等级低的要素类向等级高的要素类移动,在创建拓扑的过程中,需要指定要素等级(最高等级是 1,最低等级是 50);拓扑容差是节点、边能够被捕捉到一起的距离范围,所设置的拓扑容差应该依据数据精度而尽量小,默认的拓扑容差是根据数据的准确度和其他一些因素,是由系统默认计算出来的。

拓扑编辑的第一步是构建地图拓扑关系,这一步确保计算机能够辨认地图上单独的节点、弧段和多边形。同时,在地图之间建立拓扑关系的过程中能够消除某些数字化错误。第二步是指出地图上存在的数字化错误类型。第三步是进行拓扑错误编辑以消除数字化错误。ArcGIS 是基于拓扑编辑的 GIS 代表软件,提供了矢量数据的拓扑构建和拓扑查错功能。ArcGIS 中有着丰富的拓扑规则(ArcGIS 10 提供了 32 种拓扑规则),根据这些规则可以进行拓扑查错,借助拓扑查错功能可以省去许多人工查错的重复劳动。

4.2.3 实验数据

实验数据存放在"文件夹 7"中,具体数据说明见表 4-3。

表 4-3

文件名称	格式	位置	说明
top	mdb	7\	个人地理数据集
耕地	—	top 要素数据集下	耕地面要素类
河流	—	top 要素数据集下	河流线要素类
节点	—	top 要素数据集下	河流节点要素类

4.2.4 实验步骤

本节通过两个例子介绍拓扑检查和拓扑错误编辑的主要步骤，其中包括拓扑容差设置、拓扑规则建立、拓扑等级确定及拓扑错误编辑等关键内容。

1. 一个图层自身拓扑检查和拓扑错误编辑

1）查看数据

打开 ArcMap 软件，单击工具条上的目录按钮，打开目录窗口，在目录窗口中的【文件夹连接】选项下找到“7\top. mdb\top”数据集，数据集下有三个要素类（耕地、河流及节点），具体见图 4-30。

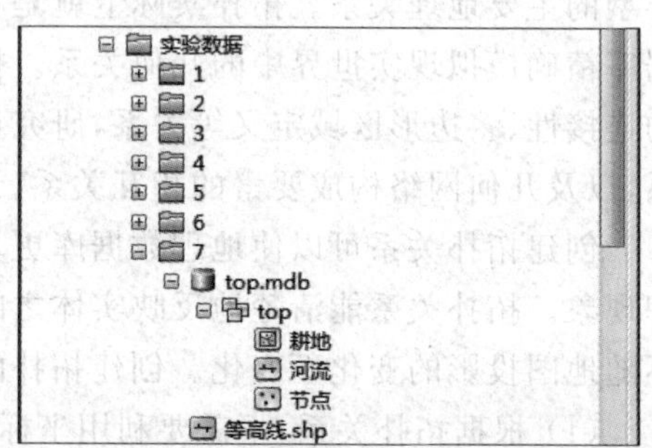

图 4-30

小提示： 进行拓扑查错，必须保证要进行查错的数据是 Geodatabase 格式，并且必须都在同一要素集下。Shapefile 文件或其他格式数据无法进行拓扑查错，如果要进行拓扑查错，应先将其他格式数据的转换为 Geodatabase 格式。

2）拓扑规则的建立

(1) 在目录窗口中右键单击“top”要素集，在弹出的快捷菜单中单击【新建】\【拓扑】命令，弹出【新建拓扑】对话框，在对话框中输入拓扑名称和拓扑容差，因为是针对一个图层的拓扑编辑，系统自动计算出拓扑容差，这里不做修改，具体设置见图 4-31。默认的拓扑容差值为数据集的 XY 容差拓扑，拓扑容差不能小于数据集的 XY 容差。拓扑容差的设置很重要，直接影响拓扑查错的结果。

(2) 设置完拓扑名称和拓扑容差后单击【下一步】按钮，在接下来的对话框中设置要参与到拓扑中的要素类，本例勾选“耕地”要素，然后单击【下一步】按钮，只有一个图层参与拓扑，因此拓扑等级的设置采用默认设置，单击【下一步】完成拓扑等级的设置。

(3) 在弹出的对话框中选择【添加规则】按钮，在【添加规则】对话框的【规则】下拉列表中选择【不能重叠】，然后单击【确定】按钮，即完成了第一个拓扑规则的设置。再次单击【添加规则】按钮，在【添加规则】对话框的【规则】下拉列表中选【不能有空隙】选项，单击【确定】按钮，即完成第二条拓扑规则的设置，具体结果如图 4-32 所示，这样就完成了拓扑规则的设置。

小提示：在同一个要素数据集下的拓扑名称不能重复，拓扑名称支持中文，不支持数字、非字母的字符开头，但可以包含数字。

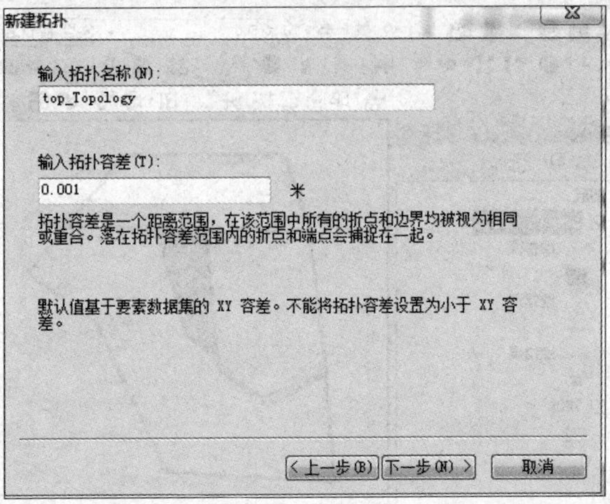

新建拓扑

输入拓扑名称(N):

top_Topology

输入拓扑容差(T):

0.001 米

拓扑容差是一个距离范围，在该范围中所有的折点和边界均被视为相同或重合。落在拓扑容差范围内的折点和端点会捕捉在一起。

默认值基于要素数据集的 XY 容差。不能将拓扑容差设置为小于 XY 容差。

< 上一步(B)　下一步(N) >　取消

图　4-31

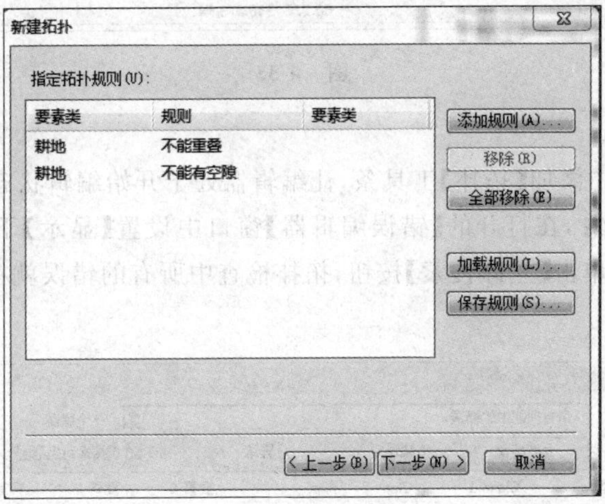

新建拓扑

指定拓扑规则(U):

要素类	规则	要素类
耕地	不能重叠	
耕地	不能有空隙	

添加规则(A)...　移除(R)　全部移除(E)　加载规则(L)...　保存规则(S)...

< 上一步(B)　下一步(N) >　取消

图　4-32

ArcGIS 10 提供了 32 种拓扑规则，针对不同的要素类，在不同的情况下，可采用不同的要素规则，拓扑规则规定了面与面之间互相重叠关系；面层中不合理空白区域；面与面之间完全覆盖关系；点层要素与面层要素之间包含关系；线层中悬挂节点、伪节点；线要素之间重合关系；线要素之间交叉、相交及自相交关系；点线重合关系等。

3）拓扑查错

(1) 完成拓扑规则的设置，构建拓扑关系后，ArcMap 会弹出【新建拓扑】对话框，询问是否要验证，验证就是 ArcMap 根据拓扑规则查找拓扑错误的过程，单击【是】按钮进行拓扑验证。

(2) 将构建的拓扑“top_Topology”用鼠标从目录窗口拖拽到内容列表窗口，此时“耕地”图层和构建的拓扑都列在“内容列表”窗口中，同时地图显示色块标识的地方表示存在拓扑错误的要素，如图 4-33 所示。

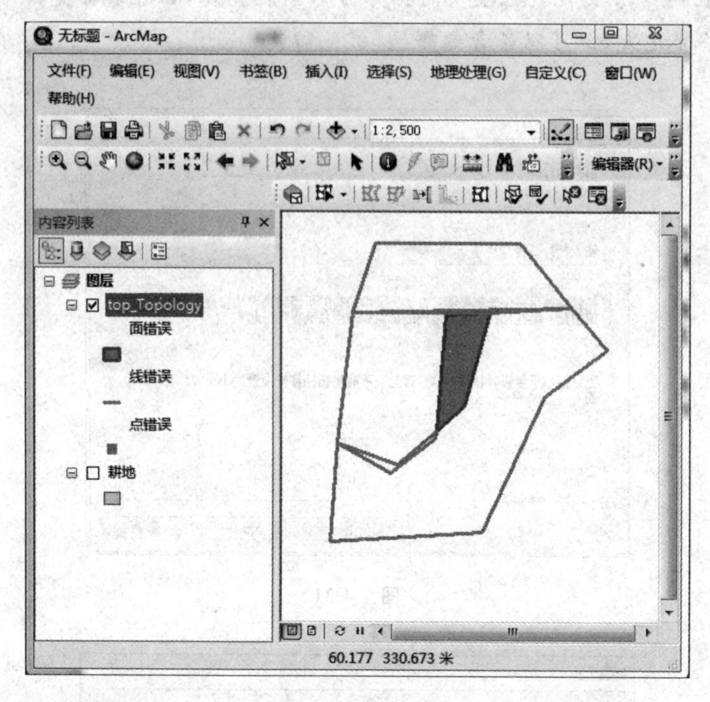

图 4-33

4）拓扑错误编辑

（1）在 ArcMap 中添加【拓扑】工具条，让编辑器处于开始编辑状态，单击【拓扑】工具条上的错误检查器按钮，在打开的【错误编辑器】窗口中设置【显示】下拉列表为"＜所有规则中的错误＞"，然后单击【立即搜索】按钮，拓扑检查中所有的错误就在列表显示出来了，具体见图 4-34。

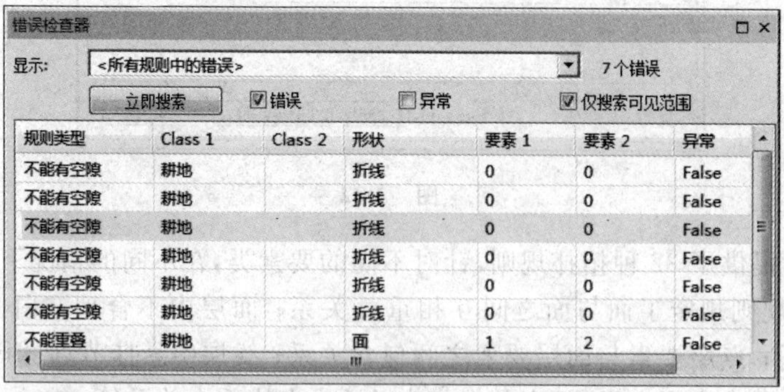

错误检查器

显示：<所有规则中的错误> 7 个错误

立即搜索 ☑错误 ☐异常 ☑仅搜索可见范围

规则类型	Class 1	Class 2	形状	要素 1	要素 2	异常
不能有空隙	耕地		折线	0	0	False
不能有空隙	耕地		折线	0	0	False
不能有空隙	耕地		折线	0	0	False
不能有空隙	耕地		折线	0	0	False
不能有空隙	耕地		折线	0	0	False
不能有空隙	耕地		折线	0	0	False
不能重叠	耕地		面	1	2	False

图 4-34

（2）单击【错误检查器】窗口中的每一行，可以逐一查看各项拓扑错误，这里就以不能重叠拓扑错误的编辑为例，进行错误拓扑编辑。

① 在【错误检查器】窗口中右击选择【规则类型】为"不能重叠"的拓扑错误行，如图 4-35 所示，在弹出的快捷菜单中提供了拓扑错误的修改方法有剪除、合并、创建颜色和标记为异常四种，此处选择【合并】命令。

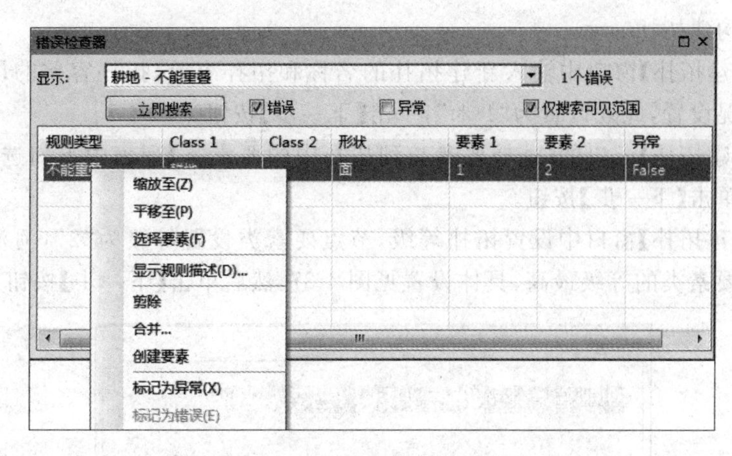

图　4-35

② 单击【合并】命令后，出现【合并】对话框，如图 4-36 所示，在对话框中可以选择将重叠区域合并到两个不同的地块，这里选择“290.26605(耕地)”选项，单击【确定】，此时重叠区域就与其左边的区域合并为一个新要素。

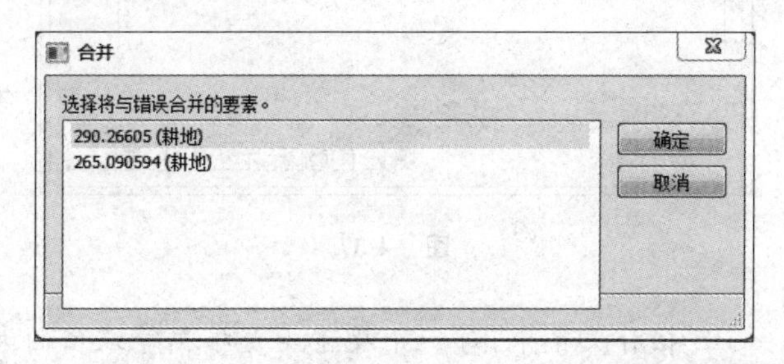

图　4-36

“不能有空隙”拓扑错误的编辑可以先用鼠标右键选择【创建要素】命令，再与其他要素进行合并操作，对于某些检查出来并不是真正拓扑错误的地方，可以采用标记为异常的方法进行处理。

5）保存编辑成果

单击【编辑器】工具条上的【编辑器】\【停止编辑】命令，在弹出的保存界面，单击【是】按钮，即可保存编辑结果。

2. 两个图层之间的拓扑检查和拓扑错误编辑

ArcGIS 拓扑规则可作用于同一要素类中的不同要素，也可作用于同一要素数据集中的不同要素类。这里就以两个要素类(图层)之间的拓扑编辑为例，具体操作如下。

1）查看数据

打开 ArcMap 软件，单击工具条上的目录按钮，打开目录窗口，在目录窗口中的【文件夹连接】选项下找到“7\top.mdb\top”要素数据集，要素数据集“top”下的“河流”和“节点”图层是本次操作的对象。

2）构建拓扑

(1) 在目录窗口中右键单击“top”要素数据集，在弹出的快捷菜单中选择【新建】\【拓扑】命令，开始构建拓扑。

(2) 在【新建拓扑】窗口中输入新建拓扑的名称和拓扑容差，拓扑容差的设置根据节点偏离的实际情况设置，此处设置为“1 米”，单击【下一步】按钮。

(3) 在【新建拓扑】窗口的【选择要参与到拓扑中的要素类】列表中下勾选“节点”和“河流”两项，然后单击【下一步】按钮。

(4) 在【新建拓扑】窗口中设置拓扑等级，节点要素类设置等级为“2”，河流要素类的等级为“1”，河流要素类的等级最高，具体设置见图 4-37，然后单击【下一步】按钮。

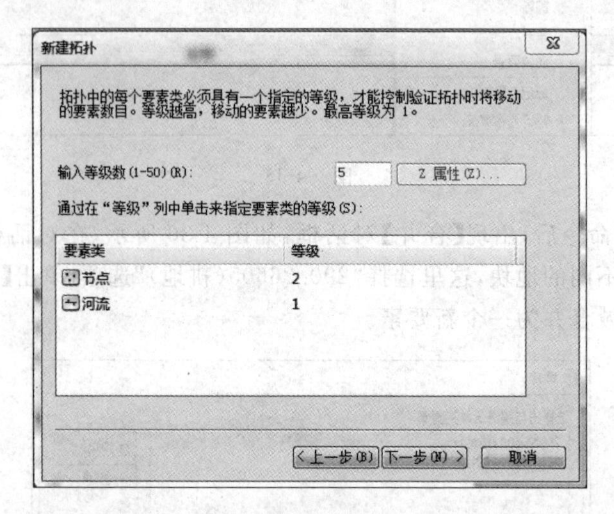

图 4-37

小提示：在 ArcGIS 拓扑关系中，每一个要素类是根据等级值的大小来控制移动程度。等级越高的要素移动程度越小，且最高等级为 1。

(5) 在【新建拓扑】窗口中创建两个图层之间的拓扑规则，单击【添加规则】按钮，在打开的【添加规则】窗口中进行如下设置：【要素类的要素】下拉列表选择“节点”；【规则】下拉列表中选择“必须被其他要素的端点覆盖”；【要素类】下拉列表中选择“河流”，具体见图 4-38。然后单击【确定】按钮完成规则的设置。

(6) 最后单击【新建拓扑】窗口的【完成】按钮，完成拓扑的构建。

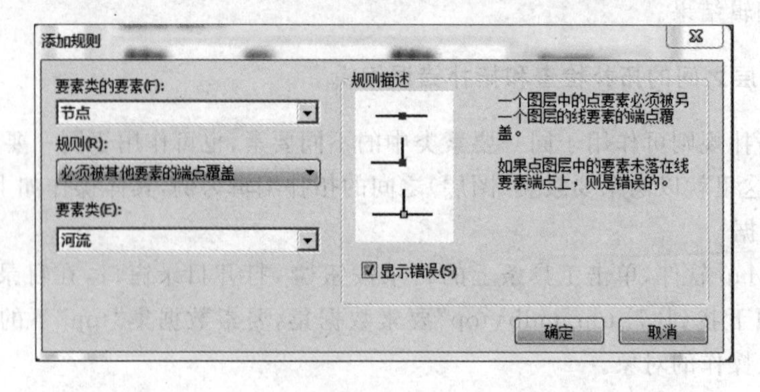

图 4-38

3）拓扑查错

（1）构建拓扑完成后，ArcMap 自动弹出窗口，询问是否要进行验证，在弹出的【新建拓扑】窗口中单击【是】按钮，进行拓扑查错。

（2）拓扑查错后，将新构建的拓扑（本例为"top_Topology2"）用鼠标从目录窗口中拖拽到内容列表窗口中，拓扑及拓扑涉及的两个图层都加载到了 ArcMap 中，具体如图 4-39 所示。在视图窗口中红色标识的节点标识是存在拓扑错误的节点，接下来利用拓扑工具条和编辑器工具条上的工具对错误进行修改。

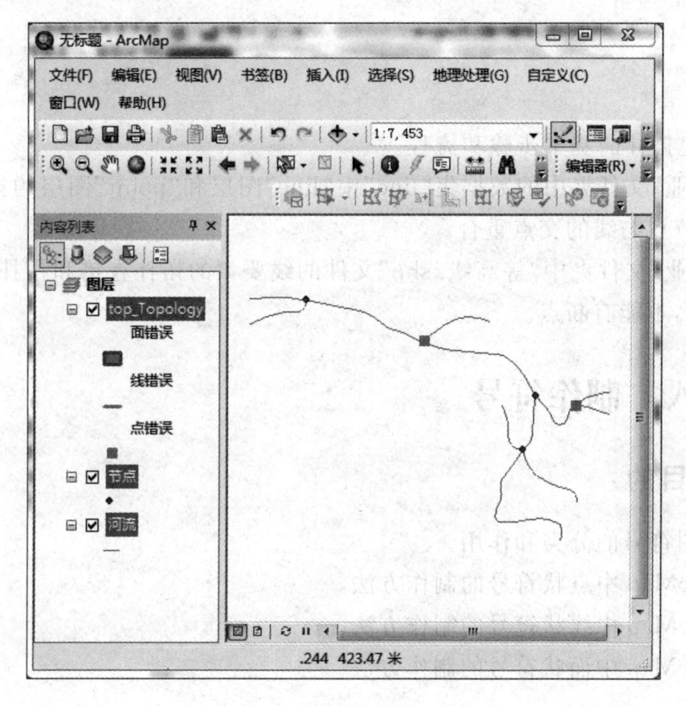

图　4-39

4）拓扑错误编辑

（1）首先使编辑器进入编辑状态，打开拓扑工具条（右键单击工具条空白处，在弹出的快捷菜单中勾选【拓扑】选项）。

（2）此时可以单击拓扑工具条上的错误检查器按钮，打开【错误检查器】窗口，在对话框中单击【立即搜索】按钮查看拓扑错误。单击拓扑工具条上的修复拓扑错误工具按钮，用鼠标点选错误的一个节点，此时错误节点变成黑色，如图 4-40 所示。

（3）单击编辑器工具条上的编辑工具按钮，选中该节点，并将该节点拖动到河流节点处（自动捕捉），完成拓扑错误编辑，如图 4-41 所示，采用相同的方法依次编辑其他拓扑错误节点。

（4）单击【拓扑】工具条上的验证当前范围中的拓扑按钮，此时编辑过后的拓扑错误就不再显示在【错误检查器】窗口中。

5）保存结果

单击【编辑器】工具条上的【编辑器】\【停止编辑】命令，在弹出的保存界面，单击【是】按钮，即可保存编辑结果，节点图层中的节点就被修改到正确的位置。

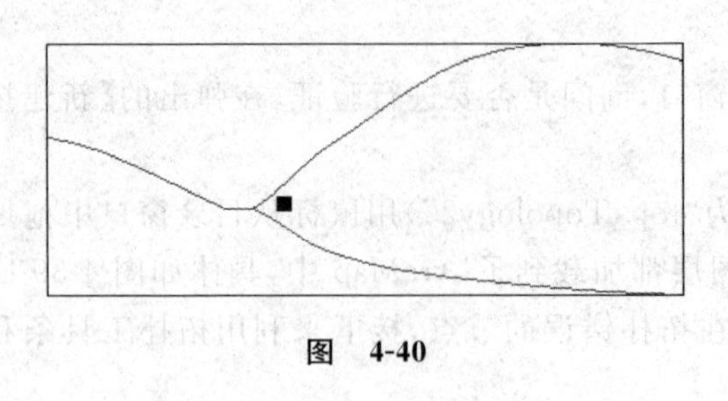
图 4-40

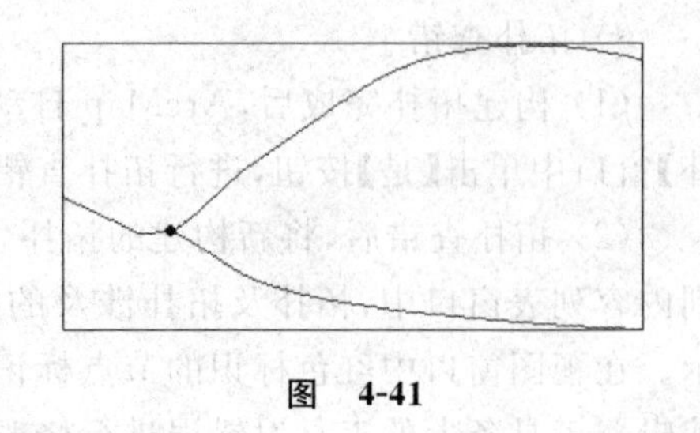
图 4-41

习题

1. 简述构建拓扑的基本步骤和流程。

2. 完成"作业"文件夹中的数据集"line"中"line"图层和"point"图层的拓扑查错及拓扑错误编辑，要求节点与线的交点重合。

3. 完成"作业"文件夹中"等高线.shp"文件的线要素的拓扑查错和拓扑错误编辑，要求等高线必须连续，不能有断点。

4.3 实验八 制作符号

4.3.1 实验目的

1. 了解地图符号的分类和作用。
2. 掌握 ArcMap 中点状符号的制作方法。
3. 掌握 ArcMap 中线状符号的制作方法。
4. 掌握 ArcMap 中面状符号的制作方法。

4.3.2 基础知识

1. 基本概念

地图采用图式符号语言来表达空间对象的数量、质量等特征，使其更形象化、准确化，具有可读性和可量测性。地图符号是地图的语言，是表达地图内容的主要手段，地图符号由形状不同、大小不一、色彩有别的图形或文字组成，能够传递地理事物在空间位置、形状、质量、数量和各事物之间的相互联系及区域总体特征等方面的信息，因此地图符号库的设计在地理制图及 GIS 中具有重要地位。

广义的地图符号是指表示各种事物现象的线划图形、色彩、数学语言和注记的总和，也称为地图符号系统。狭义的地图符号是指在图上表示制图对象空间分布、数量、质量等特征的标志和信息载体，包括线划符号、色彩图形和注记。根据符号绘制的几何类型，可将其分为四类：标记、线、填充和文本。

样式是符号和其他可重复使用的地图元素组成的集合，可用来存储、组织和共享符号及其他地图组成部分。ArcMap 提供了样式库的管理功能，通过样式管理器来编辑和创建样式文件，样式管理器实现对样式库及其中所有符号的创建、编辑和管理。ArcGIS 中地图符号的制作和管理基本都在样式管理器中进行。通过【样式管理器】对话框与 ArcMap 中的样式进行交互时，样式显示为一系列包含不同地图元素的文件夹，但实际上，样式属于单个文件（带有.style 扩展名），可通过计算机的文件系统访问此文件，并可与其他用户共享。

符号的选择在制图中至关重要，使用【符号选择器】对话框可从多个可用样式中选择符号，并且每个符号都有一个标签用来描述图形特征，如颜色或类型，利用这些标签可以有针对性地搜索符号。

2. 地图符号分类

地图符号分为点状符号、线状符号、面状符号及注记符号。

点状符号是指不依地图比例尺显示的小面积地物或点状地物符号，如水塔、居民点等。点状地物的特点是点符号的图形固定，不随它在地图中位置的变化而变化；点符号图形都有明确的定位点和方向性；点符号图形规则，能用简单几何图形构成。

线状符号是指长度在地图上按比例显示，而宽度不依比例显示的符号，如河流、铁路等。线状地物的特点是线符号有一条有形或无形的定位线。复杂的线符号可看作若干基本的线符号（如直线、虚线、点线等）的叠加；线符号的图形也可看作点符号沿着线的前进方向的周期重复。

面符号是指在地图上各方向都依比例尺显示的符号，例如大比例地图中的坡地、牧场、水库等。其特点是一般有一条有形或无形的封闭轮廓线；为区别轮廓范围内的对象，多数面符号要在轮廓范围内配置不同的点、线或填充色；面符号与点符号、线符号可看作一种包含关系，其内部填充元素可看作某种点符号、线符号。还有一种是文本符号、用于设置标注和注记的字体、字号、颜色及其他文本属性。

注记符号是指在地图上起说明作用的各种文字、数字。注记符号常和其他符号相配合，说明地图上所表示的地物的名称、位置、范围、高低、等级、主次等。

ArcMap 中最常用的地图符号有标记符号（marker symbol）、线符号（line symbol）、填充符号（fill symbol）、文本符号（text symbol）及 3D 符号。其中，标记符号对应着点状符号，填充符号指的是面符号，文本符号用于设置标注和标记的字体、字号、颜色及其他文本属性。

3. 地图符号的设计与制作

ArcGIS 软件已为用户设置了大量的点、线、面符号及各种式样的文本注记（包含大多数行业专用符号，40 种样式以及上千种符号），但是在制作地图过程中，特别是制作各种专题地图的时候，有时仍然难以在系统中找到符合要求的地图符号，因此需要根据需求设计和制作地图符号。实际上，点、线、面符号不是孤立的，它们之间存在一定的联系。线符号中往往包含点符号，面符号中也可能包含线、点符号。ArcGIS 中制作符号的思想分为三步：首先设计符号，然后将符号拆分为不同的部分，最后对每个部分进行形状和颜色等参数的设置，这样就完成了一个符号的设计和制作。

4.3.3　实验数据

实验数据存放在“文件夹 8”中，具体数据说明见表 4-4。

表 4-4

文件名称	格式	位置	说明
图像1	tif	8\已配准栅格图像\	栅格地图
路灯	Shpefile	8\	Shpfile 矢量文件

4.3.4 实验步骤

1. 样式(style)的添加

ArcGIS 提供的默认符号只有一个(ERSI. style),在数字化地图时往往不能满足需要,实际上 ArcGIS 提供了 40 多种样式及上千种符号,包含大多数行业用符号,如气象、消防等。但是在使用这些符号时,首先需要引用这些样式,才能在符号选择器中使用这些符号。具体操作如下:

(1) 打开 ArcMap,在主菜单【自定义】中选择【样式管理器】命令,打开【样式管理器】窗口,如图 4-42 所示。窗口左侧的列表包含个人样式和 ERSI 样式两项。个人样式是保存新符号和新样式元素的默认位置,ArcMap 始终会引用个人样式。ERSI 样式包含一组默认的地图元素、符号和符号的属性。

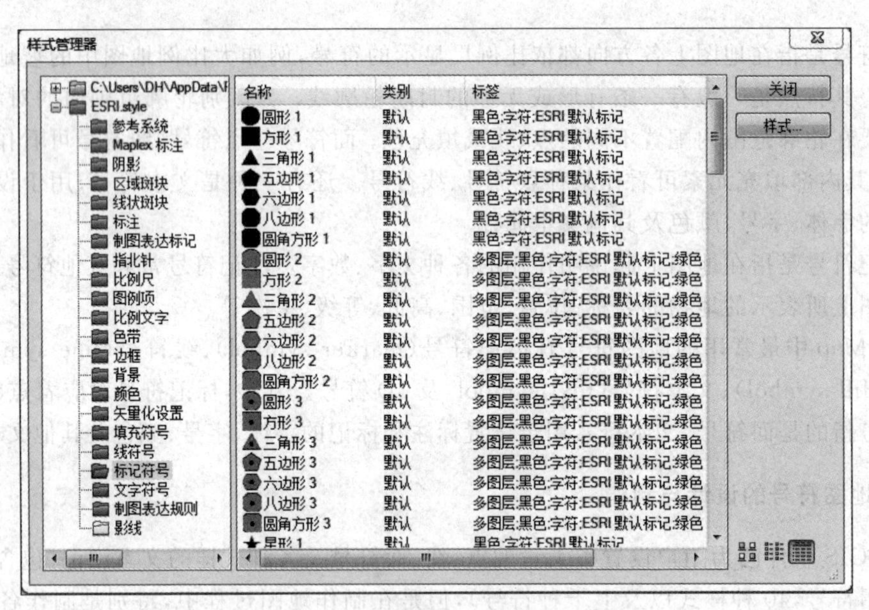

图 4-42

(2) 单击【样式管理器】中的【样式】按钮,弹出【样式引用】对话框,对话框中默认勾选个人样式(本例子是"DH")和"ERSI"选项,其他五个选项——"3D Basic""3D Billboard""ArcGIS_Explorer""ArcScence Basic"和"ESRI_Optimized"样式可以直接勾选引用,如图 4-43 所示。

(3) 以"3D Basic"样式为例,在【样式引用】列表中勾选"3D Basic"选项,单击【确定】按钮,"3D basic"样式就被引用了,就可以在样式管理器左侧的列表中看到"3D basic"如图 4-44 所示。

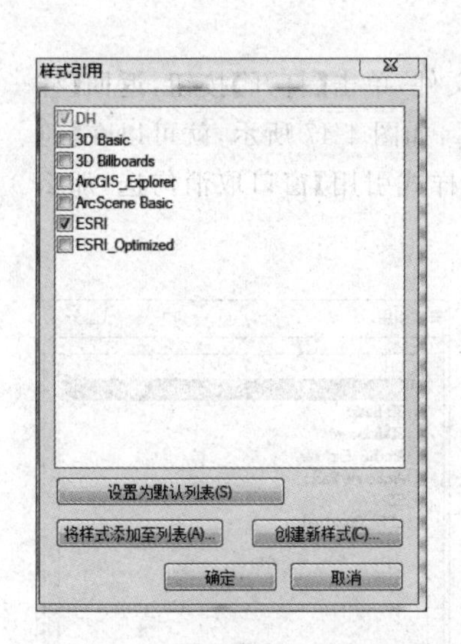

图　4-43

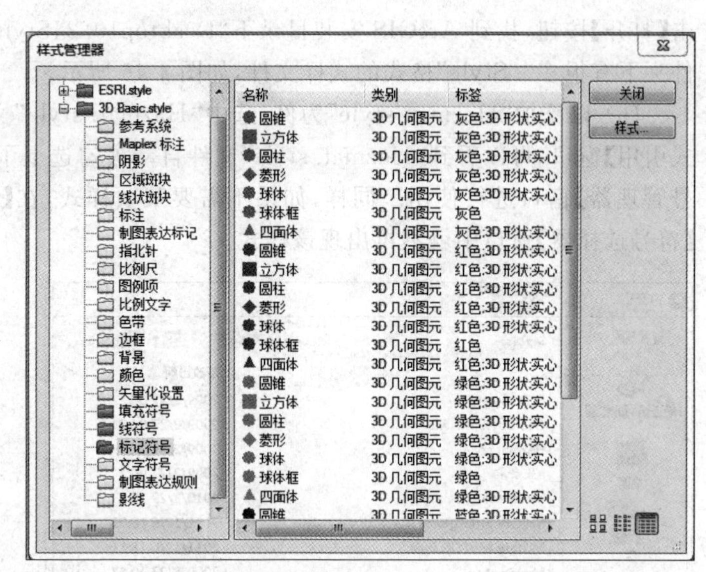

图　4-44

(4) 在 ArcMap 中加载“路灯. shp”文件，单击【内容列表】中“路灯”图层下的要素符号，打开【符号选择器】窗口，就会发现“3D Basic”样式已经被引用，里面的符号可以选择和使用。具体见图 4-45。

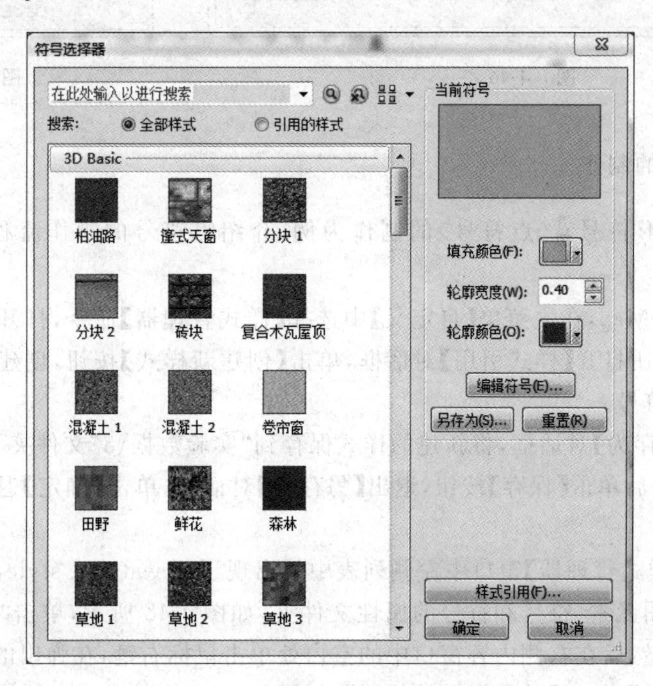

图　4-45

(5) 除了“3D Basic”“3D Billboard”“ArcGIS_Explorer”“ArcScence Basic”和“ESRI_Optimized”五种样式，还可以从 ArcGIS 中添加更多样式，同样打开【样式管理器】窗口，单击【样式】按钮打开【样式引用】窗口，在【样式引用】窗口中单击【将样式添加至列表】按钮，单击【打开】按钮，找到 ArcGIS 安装目录下“Desktop10.2\Styles”文件夹，可以看到“Styles”文件夹下有很多“.Style”格式的式样文件，如图 4-46 所示。

(6) 以添加“Hazmat.style”为例，选中“Hazmat.style”文件，单击【打开】按钮，返回【样式引用】窗口，可以看到“Hazmat.style”文件自动被勾选上了，如图 4-47 所示，就可以在【符号管理器】窗口进行使用。同样，如果不需要某项样式，在【样式引用】窗口取消勾选，那么【符号选择器】窗口中就不再出现该样式。

图 4-46

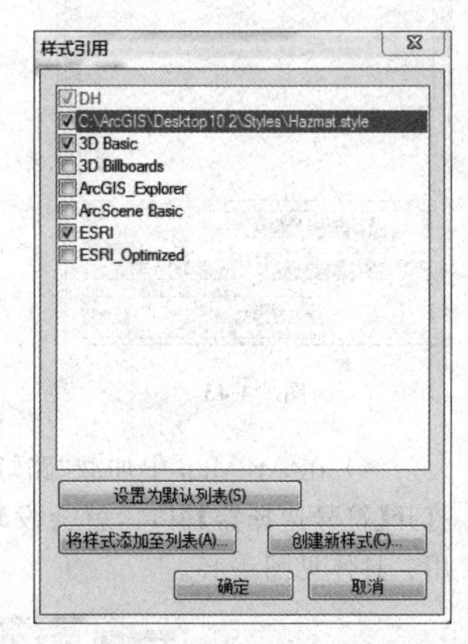

图 4-47

2. 点状符号的制作

在这里以塔形符号（点符号）的制作为例，介绍点符号的制作流程，具体操作过程如下。

(1) 打开 ArcMap，在主菜单【自定义】中选择【样式管理器】命令，打开【样式管理器】窗口，单击【样式】按钮打开【样式引用】对话框，单击【创建新样式】按钮，创建一个新的样式来存储创建的新点符号。

(2) 打开【另存为】对话框，将新建的样式保存到“实验数据\8”文件夹下，并给样式起名为“newstyles”，然后单击【保存】按钮，退出【另存为】对话框，单击【确定】退出【样式引用】对话框。

(3) 此时，【样式管理器】窗口中左侧列表中就出现了 newstyles.style，并且该选项下系统自动建立了地图元素、符号和符号的属性文件夹，如图 4-48 所示，单击“newstyles.style”下的【标记符号】，然后在右侧内容窗口中的空白处单击鼠标右键，在弹出的快捷菜单中单击【新建】\【标记符号】，打开【符号属性编辑器】对话框。

(4) 在【类型】下拉列表中点选择“字符标记符号”，在【单位】下拉列表中将单位设为“毫米”。单击【字符标记】标签，进入【字符标记】选项卡，单击【字体】下拉列表选择“ESRI Default Marker”选项，在【子集】下拉列表中选择“Basic Latin”，在【大小】下拉列表中将大小设置为“8”，选择文字形状为●，如图 4-49 所示。

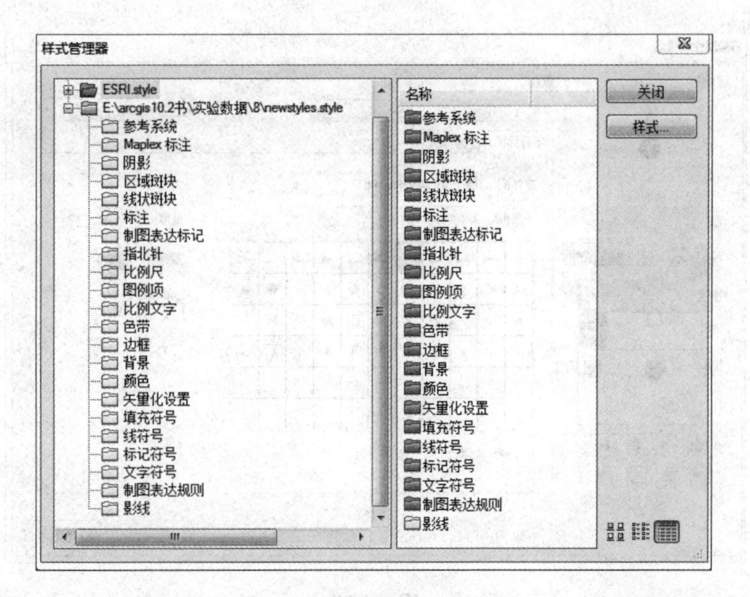

图　4-48

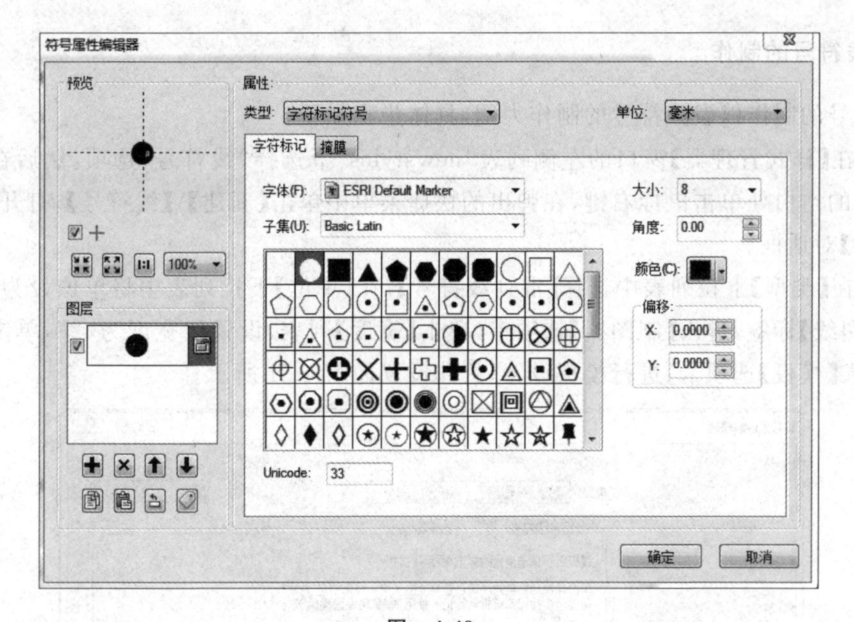

图　4-49

(5) 在【图层】选项组中单击【添加图层】按钮，添加一个新图层，该图层的参数设置方法如图 4-50 所示。

小提示：制作点状地物的类型有简单标记符号、箭头标记符号、图片标记符号及字符标记符号(3D 符号这里不做介绍)，可根据实际情况采用不同的类型制作新的点符号，本例采用的是字符标记符号方式。

(6) 单击【确定】按钮，此时在【样式管理器】的内容窗口中添加了一个新建的地图符号，将其重命名为“塔形”，这样就完成了一个点符号的制作。

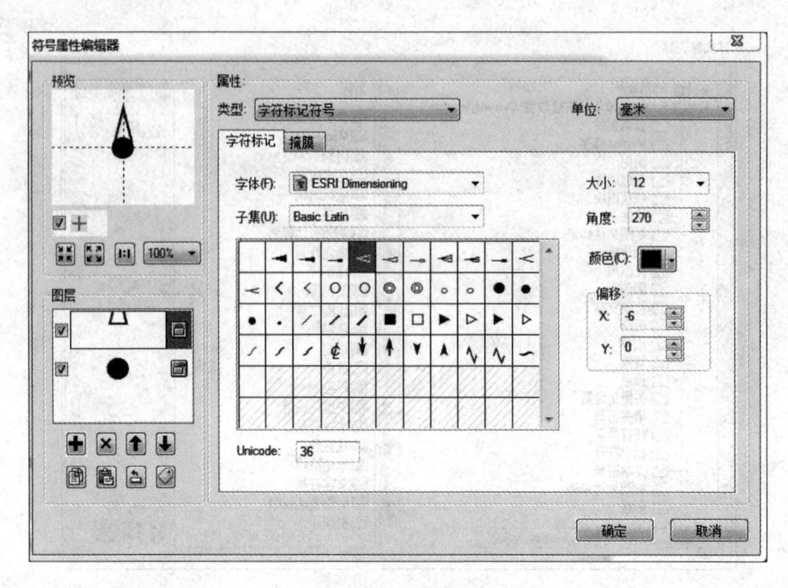

图 4-50

3. 线符号的制作

线符号的制作以裂隙符号的制作为例,具体步骤如下。

(1) 在【样式管理器】窗口的左侧列表“newstyles”下选择“线符号”选项,然后在右侧内容窗口中的空白处单击鼠标右键,在弹出的快捷菜单中单击【新建】\【线符号】,打开【符号属性编辑器】对话框。

(2) 在【类型】下拉列表中选择【混列线符号】,在【单位】下拉列表中将单位设为“毫米”。单击【制图线】标签,进入【制图线】选项卡,单击【宽度】列表,设置线宽度为“2”,单击【模板】标签,进入【模板】选项卡,进行模板设置,具体设置如图 4-51 所示。

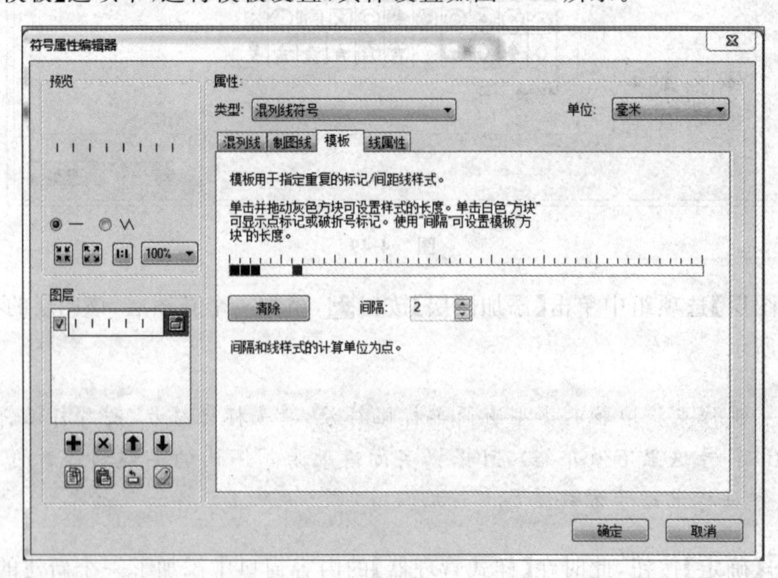

图 4-51

小提示：制作线状地物的类型有简单线符号、标记线状符号、混列线符号、图片线状符号及制图线符号(3D符号这里不作介绍)。

简单线符号：顾名思义，只提供了几项基本设置，例如线宽、颜色和几个简单的样式，没有模板标签。

标记线状符号：由沿着几何形状绘制的重复标记符号组成的线符号，标记线符号由于其调用比较复杂，需要同时调用到线和标记符号，一般来说，显示效率稍差。

混列符号：由重复的线符号片段组成的线符号。默认情况下为垂直于几何绘制的混列线，但也可以按其他角度绘制。

图片线状符号：Windows位图(.bmp)或Windows增强型图元文件(.emf)，图形在线长度方向的连续重复构成的线。

制图线符号：针对一些更为专业的制图用户，一般用作高精度的地图制作和打印出图。因此需要对线的各方面做规定，如线的端头、连接方式等。

(3) 在【图层】选项组中单击【添加图层】按钮，添加一个新图层，该图层的参数设置如图4-52所示(注意此时设置类型为“制图线符号”)。

(4) 单击【确定】按钮，此时在【样式管理器】的内容窗口中添加了一个新建的地图符号，将其重命名为“裂隙”，这样就完成了一个线符号的制作。

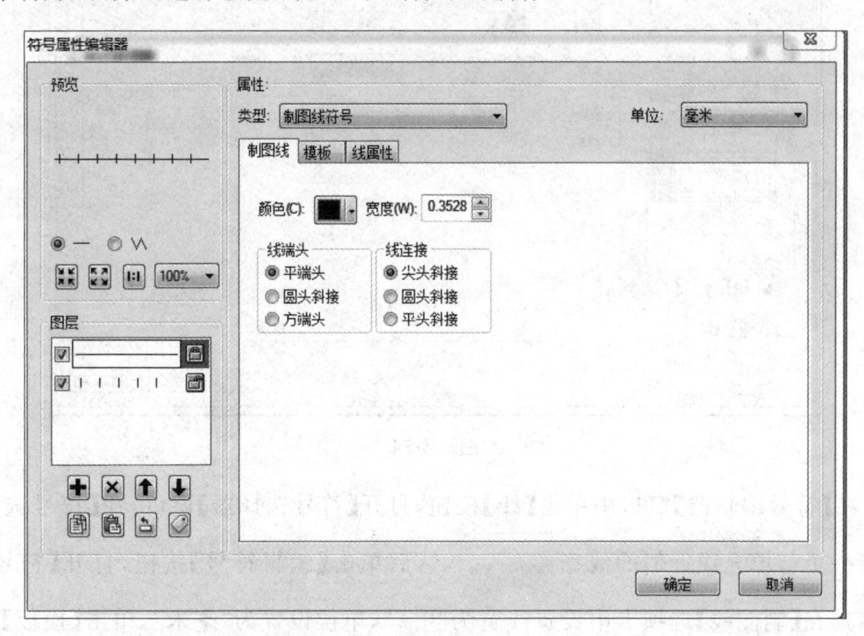

图 4-52

4. 面状符号的制作

面符号的制作以泥渍符号和地仗脱落符号(图4-53)的制作为例。

1) 泥渍符号的制作

(1) 在【样式管理器】窗口的左侧列表“newstyles”下单击【填充符号】选项，然后在右侧内容窗口中的空白处单击鼠标右键，在弹出的快捷菜单中单击【新建】\【填充符号】，打开【符

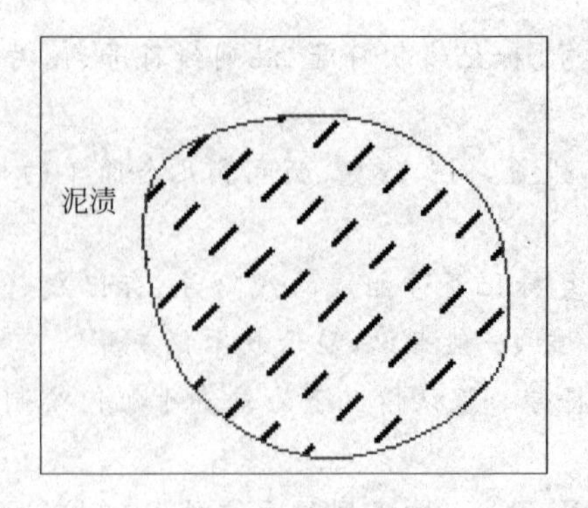

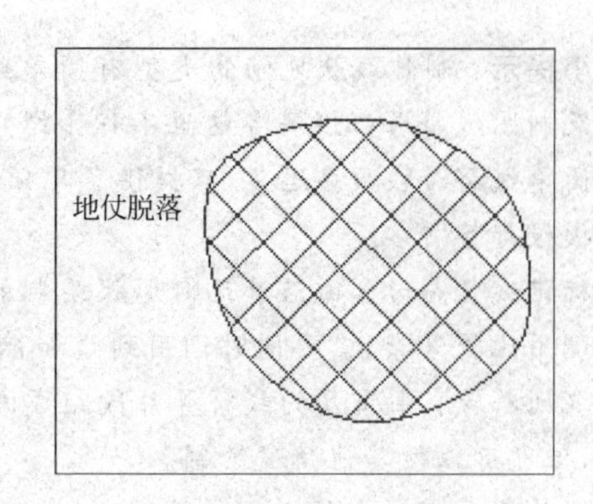

图 4-53

号属性编辑器】对话框。

（2）在【类型】下拉列表中点选择“线填充符号”，在【单位】下拉列表中将单位设为“毫米”。在【线填充】选项卡中的具体设置如图 4-54 所示。

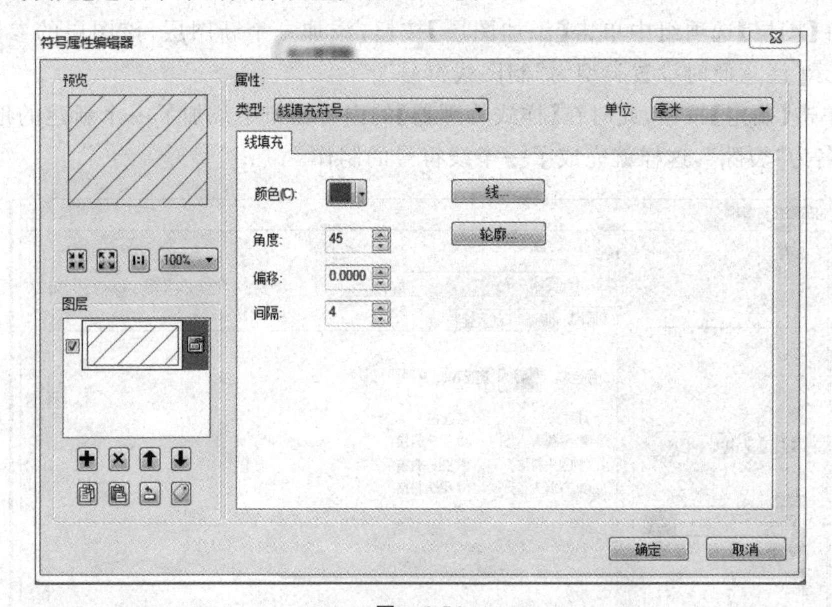

图 4-54

（3）在【符号编辑器】窗口中单击【线】按钮，打开【符号选择器】窗口，在【符号选择器】窗口中选择一个与填充线近似的线型 ，然后单击【编辑符号】按钮，打开【符号属性编辑器】窗口，在【制图线】选项卡中设置线宽为“0.5”，单位设置为“毫米”，单击【模板】标签，在【模板】选项卡中进行设置，具体如图 4-55 所示。单击【确定】按钮，回到【符号选择器】窗口，单击【确定】按钮，返回【符号编辑器】窗口，再次单击【确定】按钮，即完成了泥渍符号的制作。

（4）此时在【样式管理器】的内容窗口中添加了一个新建的地图符号，将其重命名为“泥渍”，这样就完成了一个新的面符号的制作。

2）地仗脱落符号的制作

（1）在【样式管理器】窗口的左侧列表“newstyles”下单击【填充符号】选项，然后在右侧内容窗口中的空白处单击鼠标右键，在弹出的快捷菜单中单击【新建】\【填充符号】，打开【符

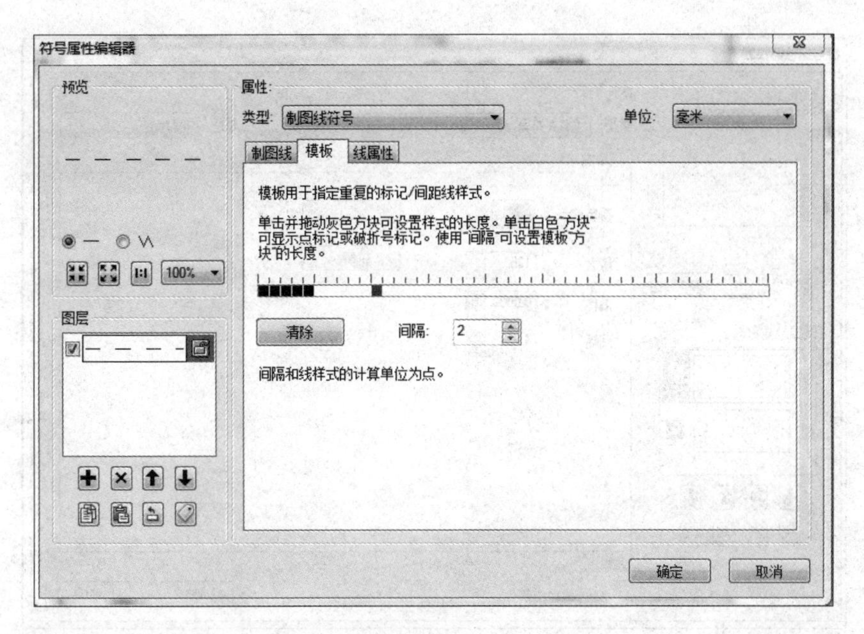

图　4-55

号属性编辑器】对话框。

（2）在【类型】下拉列表中点选择“线填充符号”，在【单位】下拉列表中将单位设为“毫米”。在【线填充】选项卡中的具体设置如图 4-56 所示。

图　4-56

（3）在【图层】选项组中单击【添加图层】按钮，添加一个新图层，该图层的参数设置如图 4-57 所示。

（4）单击【确定】按钮，在【样式管理器】的内容窗口中添加了一个新建的地图符号，将其重命名为“地仗”。这样就完成了一个地仗符号的制作。

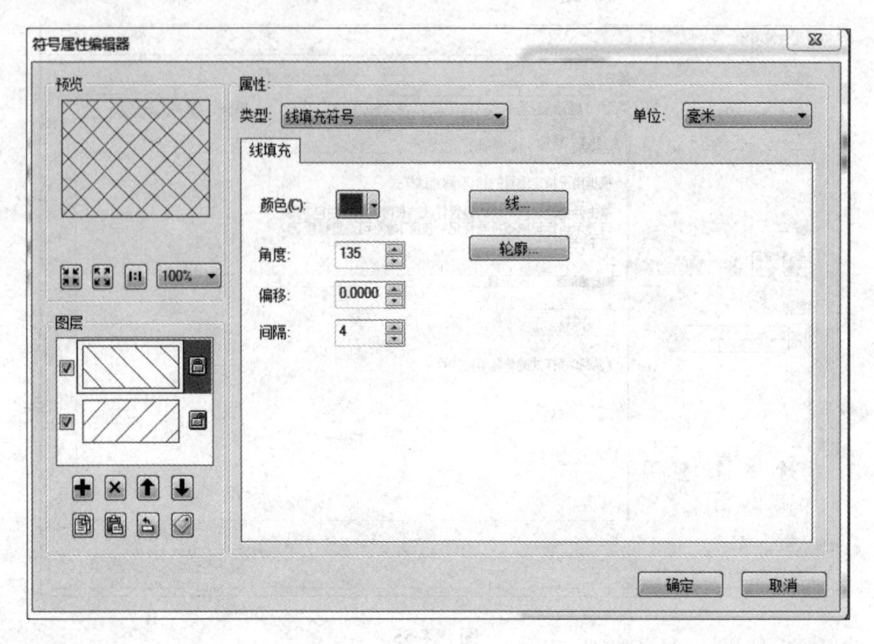

图 4-57

小提示：制作面状地物的类型有线填充符号、标记填充符号、简单填充符号、图片填充符号及渐变填充符号(3D 符号这里不作介绍)。

简单填充符号：对可选轮廓的快速绘制单色填充。

渐变填充符号：对线性、矩形、圆形或者缓冲区色带进行连续填充。

线填充符号：以可变角度和间隔距离排列的等间距平行线的模式。

图片填充符号：PNG (*. png)、JPEG (*. jpg， *. jpeg)、GIF (*. gif)、Windows 位图(. bmp)或 Windows 增强型图元文件(. emf)图形的连续平铺。

标记填充符号：重复标记符号的随机或等间距模式。

填充符号中除了简单填充符号，应用最多的是线填充符号、标记填充符号。利用多个标记符号图层叠加显示，同样可制作复杂的填充符号。

习题

1. 请根据表 4-5 的要求制作地图符号。

表 4-5

编号	图示符号	名　称
01		孢疹状脱落 (单个符号大小 $4mm^2$，间隔不小于 1mm)

续表

编号	图示符号	名　称
02		动物损害 （单个符号大小4 mm^2，间隔不小于1 mm）
03		胶污染 （单个符号大小4 mm^2，间隔不小于1 mm）
04		粉化（黑点直径0.5 mm）

4.4 实验九　制作地图

4.4.1 实验目的

1. 了解统计图和专题图的含义及表现形式。
2. 掌握ArcGIS中统计图的制作方法。
3. 掌握ArcGIS中专题图的创建方法。
4. 掌握ArcGIS中地图版面设计的基本方法。

4.4.2 基础知识

1. 专题图

专题图是按照地图主题的要求，突出且完善地表示与主题相关的一种或者几种要素，使地图内容专题化、形式各样、用途专门化的地图。专题图通常使用数据集中的一组或多组数据，并利用颜色渲染、填充图案、符号、直方图和饼状图表示数据，根据数据中的特定值指派这些颜色、图案或符号，从而创建不同的专题地图。

与普通地图相比，专题图具有以下特征：

（1）专题图只将一种或几种与主题相关联的要素特别完备而详细地显示，而其他要素的显示则较为概略，甚至不予显示。

（2）内容更加广泛多样。专题图可以表示不可见或不能直接测量的自然现象或人文现象，如地质构造、气候现象、洋流、民族组成、经济现象和历史事件等。

（3）专题图不仅可以表示现象的现状及其分布，还能表示现象的动态变化和发展规律。

专题图由三个方面构成，即专题图的数学要素、专题要素和地理地图要素。专题图的数学要素包括坐标格网、比例尺和地图定向等内容；专题要素是指专题图内容的主题；地理地图要素是指确定专题要素的区域特征，由与专题要素相关、表达区域地理状况的一种或几种地理基础要素（水系、居民地、交通网、地貌、土质、植被及境界线）组成的地图。

基于 ArcGIS 的专题图制作是将专题数据图形化，在地图上直观、快捷、方便地显示出来，也就是利用属性表中一列或多列数据编制专题图的方法。ArcGIS 主要有以下几种专题制图方法。

1）单一符号

单一符号系统将对图层中的所有要素应用同一符号。该符号系统用于仅使用一种类别（如县边界）绘制图层的情况。

2）类别专题

类别专题包括唯一值、多字段及与式样中的符号匹配三种方式。该方法可以基于数据集中的一个或多个属性字段（ArcGIS 中最多不超过三个），字段的类型可以是任意的。类别专题可以实现将中国地图按行政代码开头数字进行合并（分组），修改所有面状地物边线的颜色，进行交叉道路处理等操作。

3）数据专题

数据专题包括按颜色分类（分级色彩）、按符号的大小分类（分级符号）、比例专题（proportional）及点密度专题几类方法，其中数据专题使用的字段类型只能是数字的。

4）图表专题

图表专题可以用饼图、条形图、柱状图及堆叠方式来表达专题要素。

5）多个属性组合专题

多个属性组合专题是指使用一个按类别映射的字段和一个数量字段来显示图层。例如，通过一个表示道路类型的属性和另一个表示交通流量的属性来显示道路网络，其中线的颜色用于表示道路类型，而线的宽度用于表示各条道路上的交通流量。

在以上专题图制作方法中，有些是针对定性数据，而有些适用于定量数据。此外在使用渐变符号图例时，用户要确定如何进行数据分级，不同的分级方法会产生不同的显示结果。

2. 统计图

统计图是表现统计数字大小和变动的各种图形的总称。统计图通常用来显示数据的统计特性，具有直观、形象、生动、具体等特点。统计图可以使复杂的统计数字简单化、通俗化、形象化，使人一目了然，便于理解和比较。

ArcGIS 可以很方便地利用属性表数据制作统计图，并且属性数据与统计图实时连接，属性数据变动，统计图会同步修正。统计图可以比属性表格更加直观地显示空间要素的统计特征和要素之间的相互关系。因此，在 ArcGIS 中，ArcMap 系统同时提供了制作二维（2D）统计图和三维（3D）统计图的功能，可以制作面状统计图（area）、柱状统计图（bar）、线状统计图（line）、饼状统计图（pie）和散状统计图（scatter）等，每一种又包含若干子类，分别用于不同专业领域或不同数据类型。此外，还可以借助统计图进行查询，使统计图、属性表及空间数据对应统一起来。

统计图的内容包括图名、标注（包括 X 轴标注和 Y 轴标注）、图例、注释等。

3. 地图版面设计

地图版面设计是在 ArcMap 提供的地理布局视图进行，版面设计可以将除地图数据自身之外的其他要素（如图片、图表、文本等），以及一般地图必备辅助要素（如图名、图例、比例尺、指北针等），经过整饰组合形成内容充实、表达方式多样、易于编辑修改与动态更新能力强的专题地图。

4.4.3 实验数据

本节实验数据存放在“文件夹 9”中，具体数据说明见表 4-6。

表 4-6

文件名称	格式	位置	说明
parcel_Dissolve	Shapefile	9\parcel\	土地利用图矢量图
NC_PARCEL	lyr	9\parcel\	图层文件
street	Shapefile	9\STREET\	街道矢量文件
华东地区	Shapefile	9\华东地区\	华东六省一市矢量图
national	Shapefile	9\	某地区行政矢量图

4.4.4 实验步骤

1. 统计图制作

1）加载数据

打开 ArcMap 软件，加载“national. shp”文件。

2）统计图主体制作

（1）在内容列表中右键单击“national”文件，在弹出的快捷菜单中单击【打开属性表】命令，查看“national”图层的属性表，如图 4-58 所示。

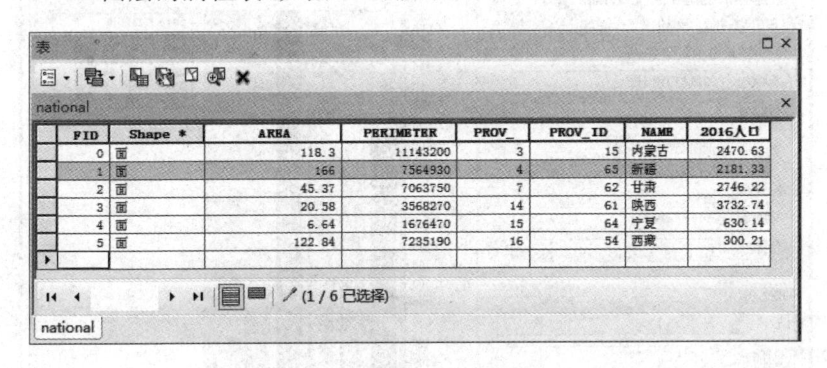

FID	Shape *	AREA	PERIMETER	PROV_	PROV_ID	NAME	2016人口
0	面	118.3	11143200	3	15	内蒙古	2470.63
1	面	166	7564930	4	65	新疆	2181.33
2	面	45.37	7063750	7	62	甘肃	2746.22
3	面	20.58	3568270	14	61	陕西	3732.74
4	面	6.64	1676470	15	64	宁夏	630.14
5	面	122.84	7235190	16	54	西藏	300.21

图 4-58

（2）单击属性表工具条中的【表选项】\【创建图表】命令，打开【创建图表向导】对话框，进入统计图的编辑界面。在【图标类型】下拉列表选择“垂直条块”；【图层/表】下拉列表中选择“national”图层；【值字段】下拉列表中选择“2016 人口”字段；在【X 标注字段】下拉列表中选择“NAME”字段，勾选【添加到图例】复选框；单击【颜色】文本旁边的按钮选择“选项板”和“经典”选项，具体设置见图 4-59。设置完成后单击【下一步】按钮。

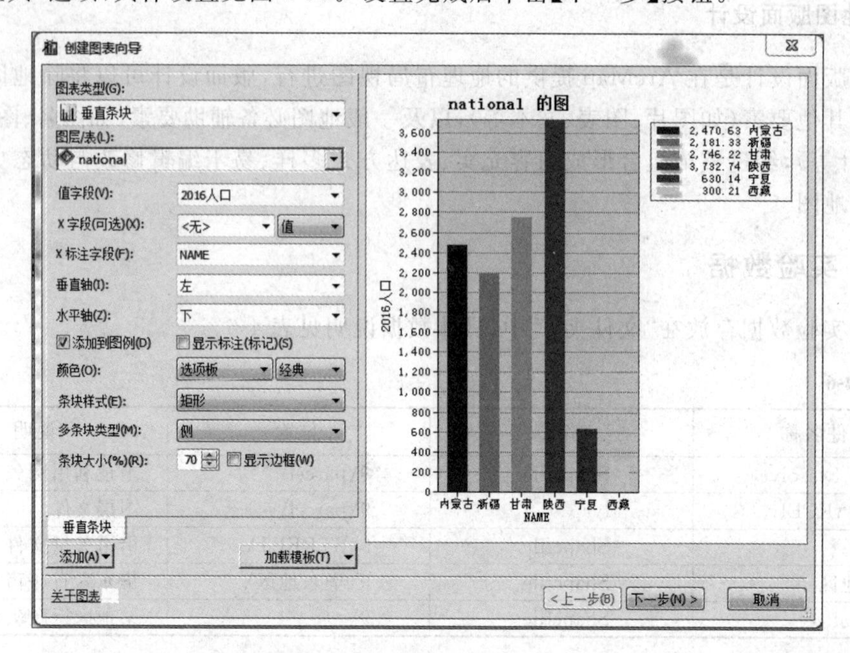

图　4-59

（3）在新出现的【创建图表向导】窗口中，输入统计图的标题为“2016 人口统计图”；勾选【以 3D 视图形式显示图表】；勾选【图例】选项，输入图例名称“2016 人口统计”，并设置图例位置为“右”；在轴属性选项组中单击【下】标签，在【下】选项卡的【标题】文本中输入“省份”；单击【左】标签，在【左】选项卡中的【标题】文本中输入“人口”。具体设置见图 4-60 所示，单击【完成】按钮，就得到了统计图，如图 4-61 所示。

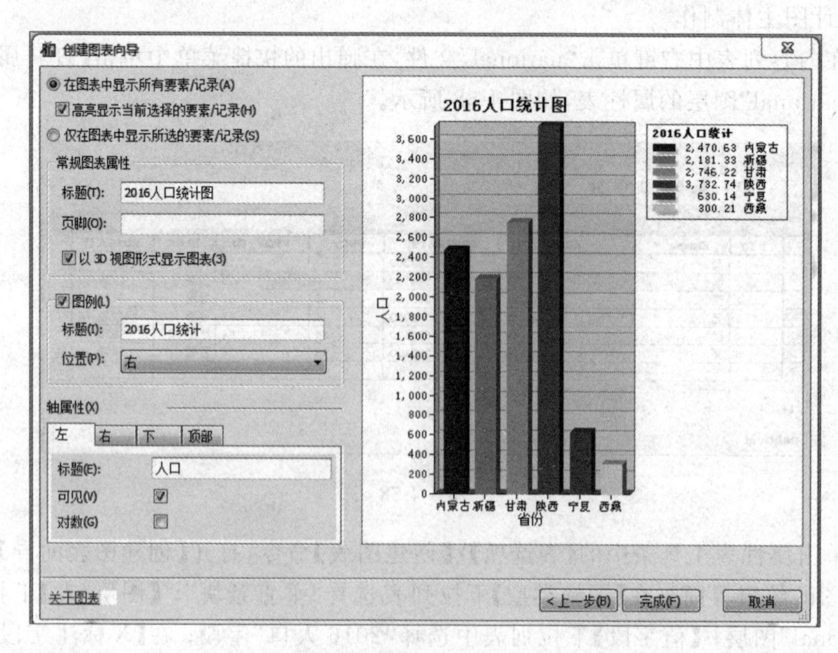

图　4-60

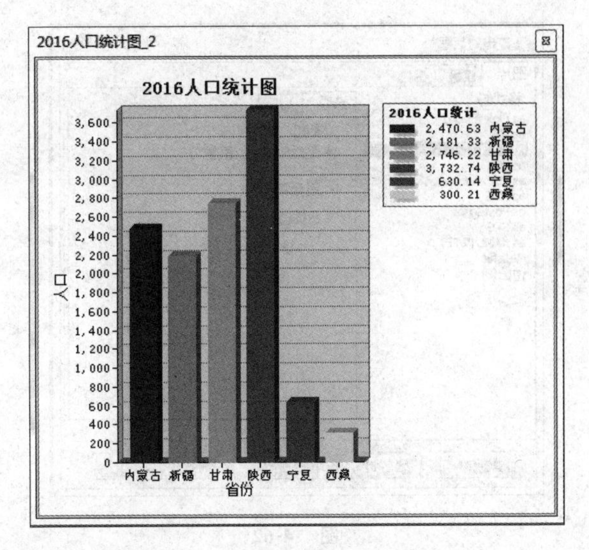

图　4-61

3）改变参与统计的数据集操作

有时仅需要使用一部分数据而不是属性表中的全部数据来制作统计图。ArcGIS 提供了两种方法来选取统计图中的数据：一种是从属性表中选取显示数据集；另外一种是利用空间图形选取数据。

(1) 在生产的统计图空白处单击鼠标右键，在弹出的快捷菜单中单击【属性】命令，打开【图标属性】对话框，单击【外观】标签，进入【外观】选项卡，点选【仅在图标中显示所选择的要素/记录】选项。

(2) 在属性表中，点选需要在统计图中显示的记录。需要同时选取多个记录时，可以按住“Shift 键”，用鼠标在属性表中点选数据记录，属性表中被选中的数据会在统计图中显示出来。

(3) 在地图显示窗口中，选择相对应的对象使其成为当前统计图中显示的数据。单击工具条上的【选择要素】按钮，单击鼠标选取或框选（选择多个要素时）要在统计图中显示的对象。

4）保存统计图

在生产的统计图空白处单击鼠标右键，在弹出的快捷菜单中单击【导出】命令，弹出【汇出对话框】窗口，在【格式】列表中选择输出的图片格式，单击【储存】按钮，设置图片储存路径和名称。具体操作见图 4-62，最后单击【传送】按钮，就完成了图片的保存。

2. 专题图制作

制作专题图的方法有 5 种，其中最常用的是类别专题和数量专题。专题图同样需要根据属性表中的字段进行制作。其中，类别专题中使用的属性字段没有限制，可以是字符型的，也可以是数字型的，但是数量专题中所使用的字段必须是数字型的。

1）类别专题

用类别专题的方法制作专题图是专题图制作的常用方法，在这里采用三个例子对该方

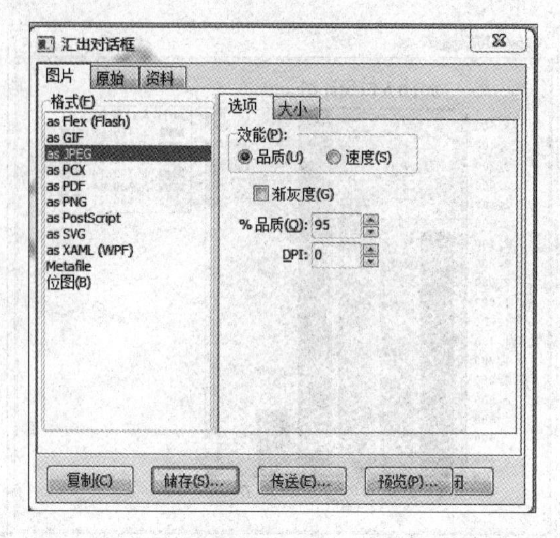

图 4-62

法生成专题的流程进行讲解。

(1) 沈阳地区专题图

沈阳地区专题图中不同的地区采用不同的颜色表示，并标注每个地区的名称以达到美观和直观的效果。专题图的制作采用类别专题下的唯一值方法。

① 在 ArcMap 中加载“沈阳.shp”文件，在【内容列表】中右键单击“shenyang”图层，在弹出的快捷菜单中选择【属性】选项，在打开的【图层属性】对话框中选择【符号系统】标签，进入【符号系统】选项卡。

② 在选项卡的【显示】列表中选择【类别】\【唯一值】选项，【值字段】下拉列表中选择“name”选项，【色带】下拉列表中选择适当的色带，然后单击【添加所有值】按钮，如图 4-63 所示。

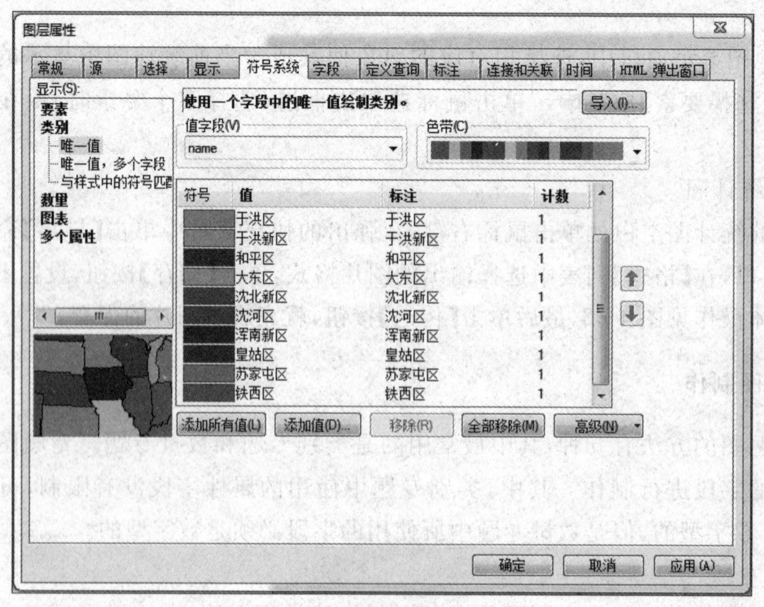

图 4-63

③ 在打开的【图层属性】对话框中选择【标注】标签，就进入【标注】选项卡，勾选【标注此图层中的要素】，在【注记字段】下拉列表中选择“name”字段，单击【确定】按钮就完成了专题图的制作，生成的专题图如图 4-64 所示。

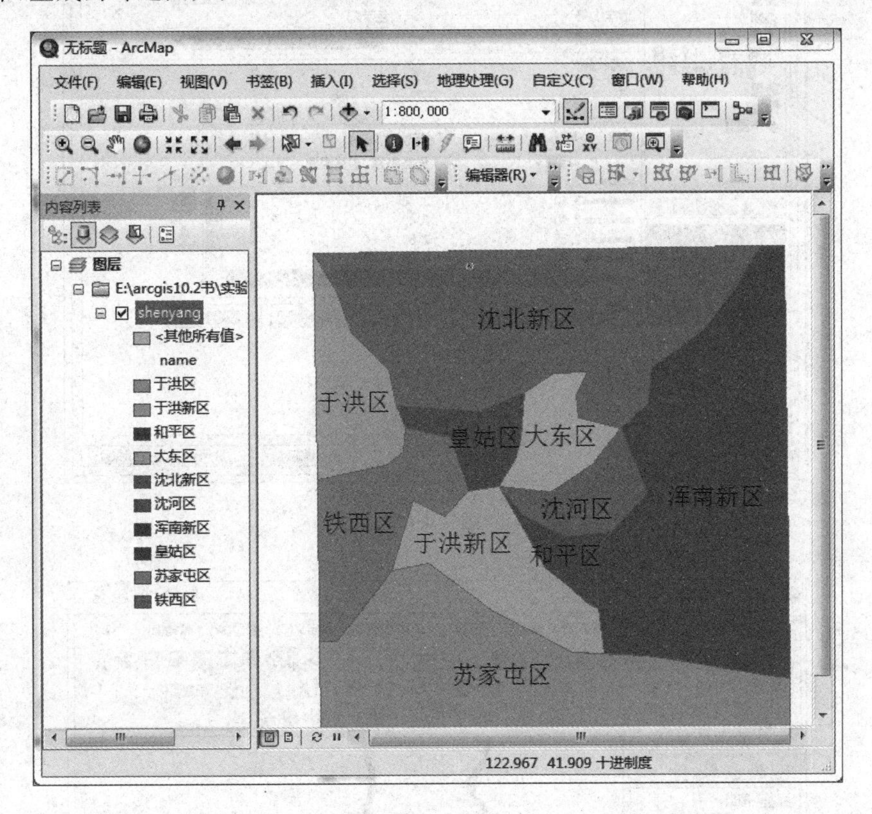

图　4-64

(2) 道路专题图

在【类别】选项卡下，可以选择“唯一值，多个字段”方法制作专题图，这样就可以使用多个字段来设置要素类别从而进行渲染。本例中使用道路级别和道路限速限制指定道路类别，并基于这两个字段来分配符号。

① 在 ArcMap 中加载“street. shp”文件，在【内容列表】中右键单吉“street”图层，在弹出的快捷菜单中选择【图层属性】选项，在打开的【图层属性】对话框中选择【符号系统】标签，进入【符号系统】选项卡。

② 在选项卡的【显示】列表中选择【类别】\【唯一值，多个字段】选项。在【值字段】第一个下拉列表选择“道路级别”，在第二个下拉列表中选择“道路限速”(最多可选择三个字段来定义类别)，单击【添加所有值】按钮，根据这两个字段定义的所有道路类别就添加到了列表中。

③ 在【色带】下拉列表选择合适的色带，双击各类别的符号，在弹出的【符号选择器】窗口修改其符号属性或选择其他符号，修改后的结果如图 4-65 所示。

④ 单击【确定】按钮，就完成了根据道路级别和道路限速两个属性字段生成的专题图，如图 4-66 所示。

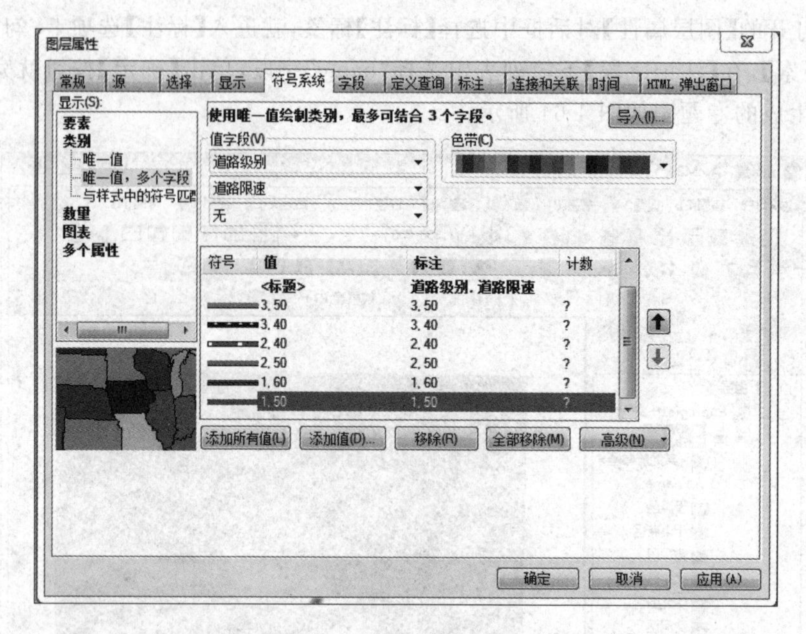

图 4-65

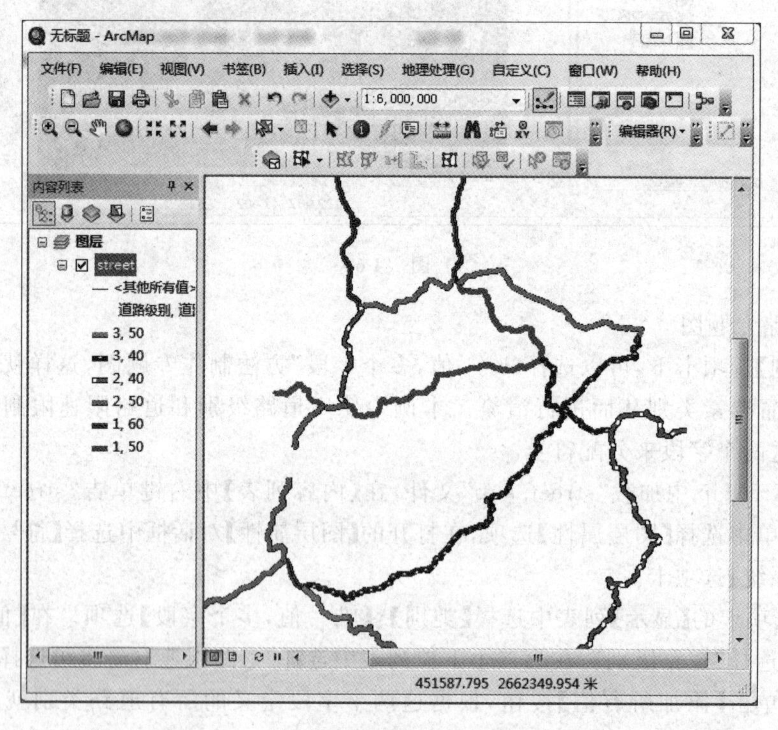

图 4-66

（3）土地使用专题图

在类别专题中，还可以选择【与样式中的符号匹配】的方法生成专题图。很多时候制作的专题图中类别样式并不标准，为了提高专题图的通用性，这时可以使用由多个组织共享的标准类样式来设置专题中的类别样式。土地专题图一般要求采用标准的类样式，本节就用与样式中的符号匹配法制作一个土地使用专题图，具体步骤如下。

① 在 ArcMap 中加载“parcel_Dissolve. shp”文件，在【内容列表】中，右键单击“parcel_Dissolve”图层，在弹出的快捷菜单中选择【属性】选项，在打开的【图层属性】对话框中选择【符号系统】标签，就进入【符号系统】选项卡。

② 在选项卡的【显示】列表中选择【类别】\【与样式中的符号匹配】选项。在【值字段】下拉列表中选择“地类代码”，单击【导入】按钮，打开【导入符号系统】对话框，选择【从地图中的其他图层或者图层文件导入符号系统定义】单选按钮，单击【图层】文本旁边的文件选择按钮，选择实验数据“\9\Parcel”下的“NC_PARCEL. lyr”图层文件，具体设置如图 4-67 所示。

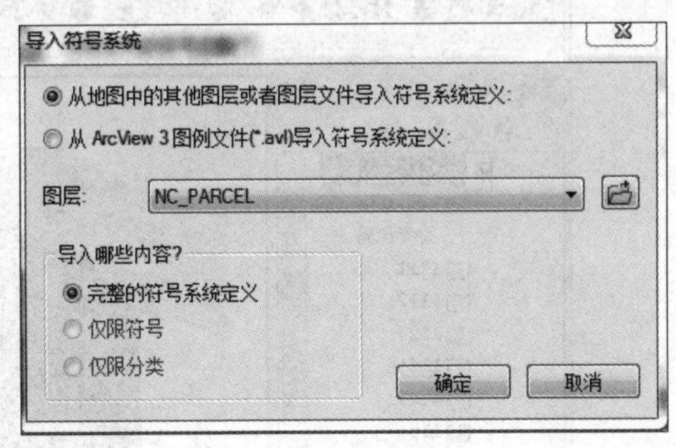

图 4-67

小提示：导入符号系统有两种方式：一种是存储在图层文件(*.lyr)中的符号类型；另一种为图例文件(*.avi)。不管采用哪种方式，都要求指定相匹配的属性字段。本例中“parcel_Dissolve”图层属性表中“地类代码”字段和“NC_PARCEL. lyr”图层属性表中的“地类代码”字段相匹配。

③ 单击【确定】按钮，打开【导入符号系统匹配对话框】，在【值字段】下拉列表中选择“地类代码”，单击【确定】按钮就导入了相应的类别样式，实现了字段值与样式中的符号匹配，得到的【图层属性】对话框如图 4-68 所示，得到的土地使用专题图如图 4-69 所示。

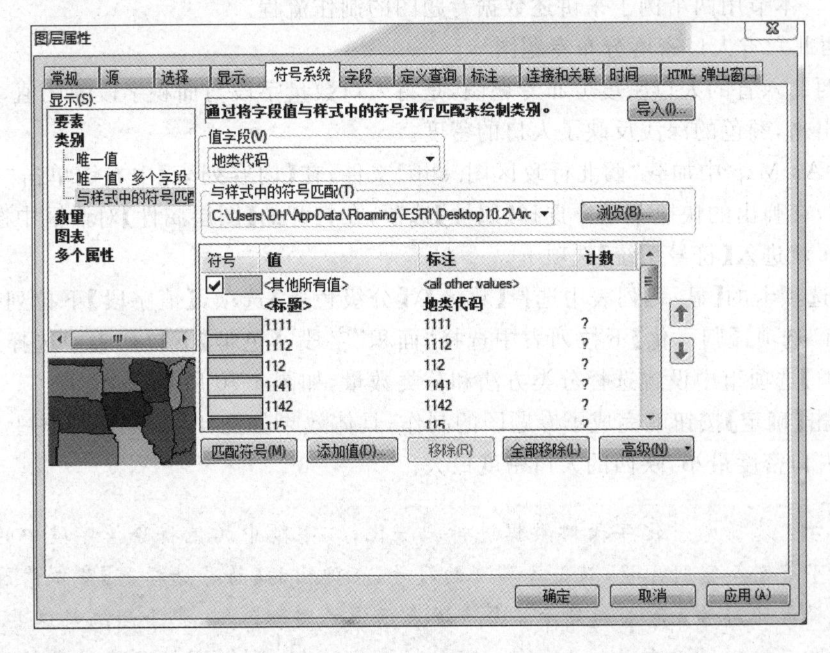

图 4-68

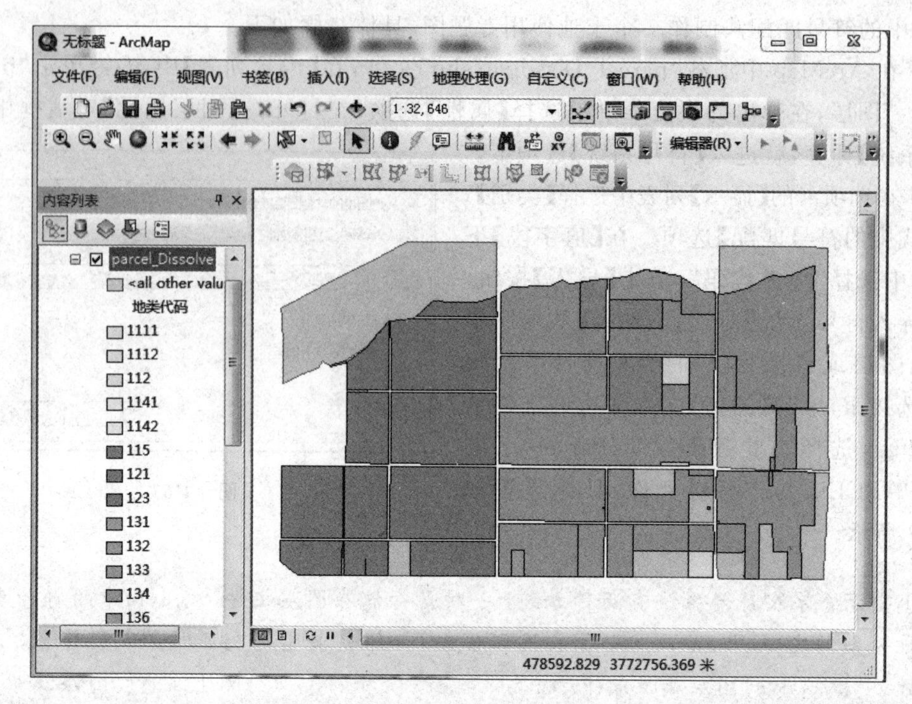

图 4-69

2）数据专题

数据专题包括分级色彩、分级符号、比例符号及点密度符号方法。在这里需要注意的是，数据专题，顾名思义，该专题使用的属性字段类型只能是数值型的（包括短整型、浮点型、双精度等）。本节用两个例子来讲述数据专题图的制作流程。

（1）西北六省人口密度分布专题图

制作西北六省的人口密度分布专题图，是将人口数量字段与面积字段的比值，以一定的颜色显示出来，颜色的深浅反映了人口的密度。

① 在 ArcMap 中加载“西北行政区图.shp”文件，在【内容列表】中右键单击“西北行政区图”图层，在弹出的快捷菜单中选择【属性】选项，在打开的【图层属性】对话框中选择【符号系统】标签，就进入【符号系统】选项卡。

② 在选项卡的【显示】列表中选择【数量】\【分级色彩】选项，【值字段】下拉列表中选择“2016 人口”选项，【归一化】下拉列表中选择“面积”字段，【色带】下拉列表中选择适当的色带，在【分类】选项组中设置选择分类方法和分类数量，如图 4-70 所示。

③ 单击【确定】按钮就完成了专题图的制作，具体效果如图 4-71 所示，从图上可以看出内蒙古的人口密度最小，陕西的人口密度最大。

小提示：选择归一化字段对数据进行归一化，该字段中的值将除值字段中的值来创建比率；可修改各类别符号，双击各类别的符号，在弹出的【符号选择器】窗口修改其符号属性或选择其他符号；范围列显示了每个类表示值的实际范围，要手动编辑这些值，则单击范围值即可编辑所单击类的上限值；可以将标注列中的值编辑为比基础类范围值更具有描述性的内容，要编辑这些值，单击选项的标注列，然后进行编辑即可。

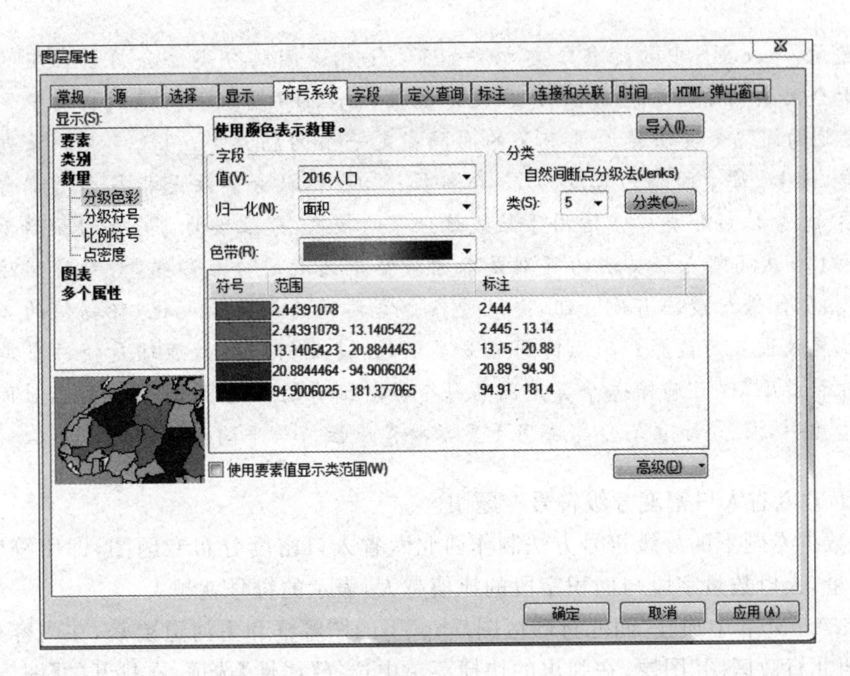
图层属性
常规
源
选择
显示
符号系统
字段
定义查询
标注
连接和关联
时间
HTML 弹出窗口
显示(S):
要素
类别
数量
分级色彩
分级符号
比例符号
点密度
图表
多个属性
使用颜色表示数量。
导入(I)...
字段
值(V):
2016人口
归一化(N):
面积
分类
自然间断点分级法(Jenks)
类(S):
5
分类(C)...
色带(R):
符号
范围
标注
2.44391078
2.444
2.44391079 - 13.1405422
2.445 - 13.14
13.1405423 - 20.8844463
13.15 - 20.88
20.8844464 - 94.9006024
20.89 - 94.90
94.9006025 - 181.377065
94.91 - 181.4
使用要素值显示类范围(W)
高级(D)
确定
取消
应用 (A)

图　4-70

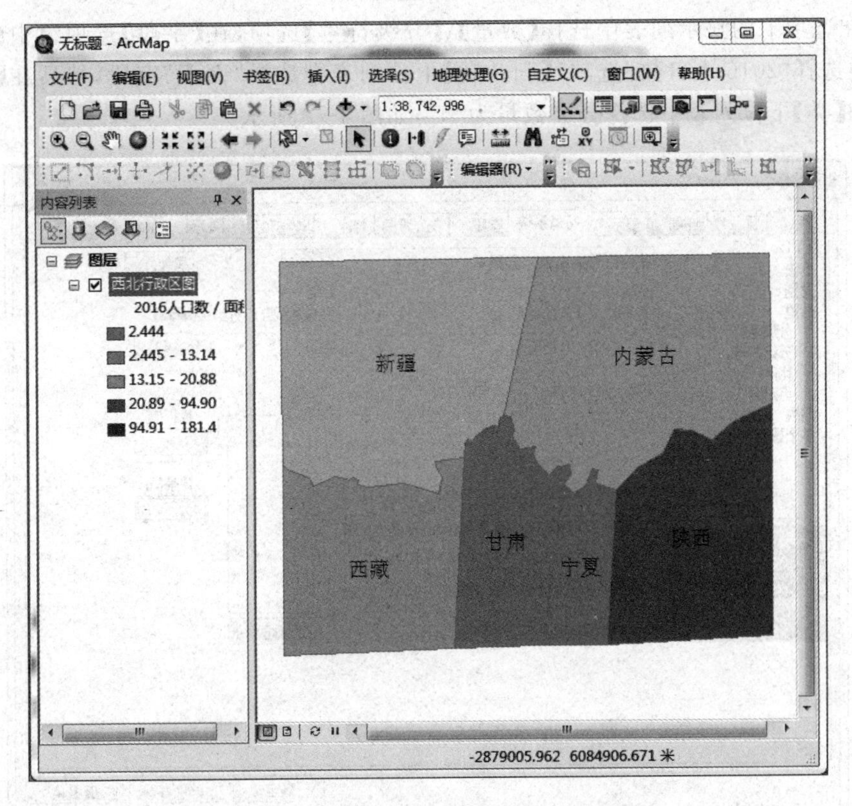
无标题 - ArcMap
文件(F)
编辑(E)
视图(V)
书签(B)
插入(I)
选择(S)
地理处理(G)
自定义(C)
窗口(W)
帮助(H)
1:38, 742, 996
编辑器(R)
内容列表
图层
西北行政区图
2016人口数 / 面积
2.444
2.445 - 13.14
13.15 - 20.88
20.89 - 94.90
94.91 - 181.4
新疆
内蒙古
甘肃
宁夏
陕西
西藏
-2879005.962 6084906.671 米

图　4-71

小提示：ArcGIS 中的标准分类方法如下：①相等间隔分类法会将属性值的范围划分为若干个大小相等的子范围，可以指定间隔数，ArcGIS 将基于值范围自动确定分类间隔；②定义的间隔分类法是通过定义的间隔指定一个间隔大小，用于定义一系列值范围相同的类，例如，每个间隔的长度为 75 个单位；③分位数分类法是指每个类都含有相等数量的要素，分位数分类非常适用于呈线性分布的数据，分位数为每个类分配数量相等的数据值；④自然间断点分类法的类别是基于数据中固有的自然分组，对分类间隔加以识别，可对相似值进行最恰当地分组，并可使各个类之间的差异最大化，数据值的差异相对较大的位置被设置为边界；⑤几何间隔分类法，创建几何间隔的原理是使每个类的元素数的平方和最小，这可确保每个类范围与每个类所拥有的值的数量大致相同，且间隔之间的变化非常一致；⑥标准差分类法用于显示要素属性值与平均值之间的差异。

（2）西北六省人口密度分级符号专题图

采用数据专题下的分级符号方法制作西北六省人口密度分布专题图，即用符号的大小来表示数量，人口数量字段与面积字段的比值越大，表示的符号就越大。

① 在 ArcMap 中加载“西北行政区图.shp”下的图幅框和主河道要素，在内容列表中右键单击“西北行政区图”图层，在弹出的快捷菜单中选择【属性】选项，在打开的【图层属性】对话框中选择【符号系统】标签，就进入【符号系统】选项卡。

② 在选项卡的显示列表中选择【数量】\【分级符号】选项，在【字段】选项组中的【值】下拉列表中选择“2016 人口数”选项，【归一化】下拉列表中选择“面积”字段，然后在【分类】选项组中的【类】下拉列表中选择分类数量为“5”，如图 4-72 所示。

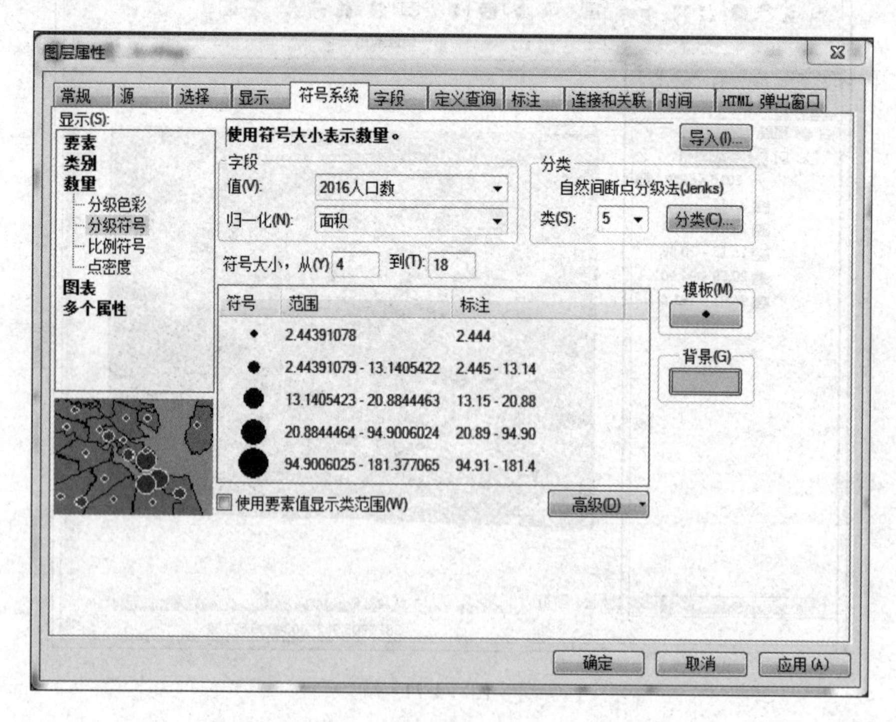

图 4-72

③ 单击【模板】按钮，打开【符号选择器】对话框，可以选择符号的样式和颜色，单击【背景】按钮，则可以设置显示背景的颜色和边框。单击【确定】按钮就完成了专题图的制作，如图 4-73 所示。

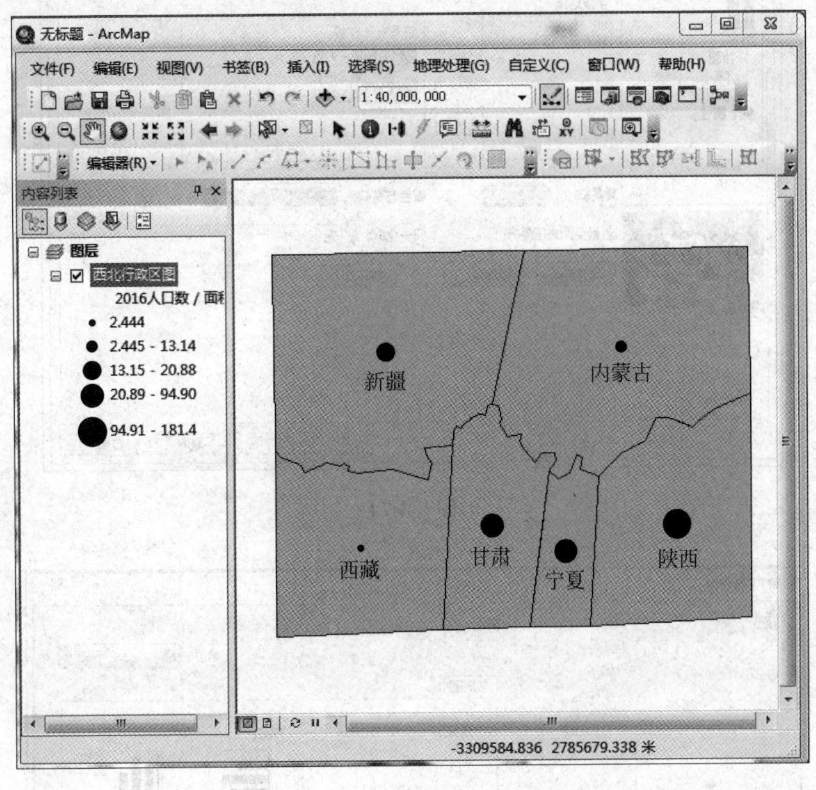

图 4-73

3）图表专题

图表专题可以用饼图、条形图、柱状图及堆叠方式来表达专题要素，这里以柱状图为例制作华东地区三产比例分布图。

(1) 数据准备

在 ArcMap 中加载“华东地区.shp”文件，查看内容列表中“华东地区”图层的属性表。

(2) 专题图制作

① 在内容列表中右键单击“华东地区”图层，在弹出的快捷菜单中单击【属性】命令，打开【图层属性】对话框，单击【符号系统】标签，进入【符号系统】选项卡。

② 在选项卡中，【显示】列表中点选【图标】\【条形图\柱状图】选项，在【字段选择】选项组中选中制图要素字段。单击右箭头按钮 > ，将其添加到右侧的列表中。单击【背景】按钮选择地图填充颜色和轮廓样式，单击【配色方案】下拉列表，为柱状图选择合适的色彩，如图 4-74 所示。

③ 单击【属性】按钮，打开【图标符号属性编辑器】对话框，进入专题图符号参数的编辑环境，如图 4-75 所示，可以进一步编辑柱状图的宽度、轴、方向及 3D 等属性。单击【确定】按钮，结果如图 4-76 所示。

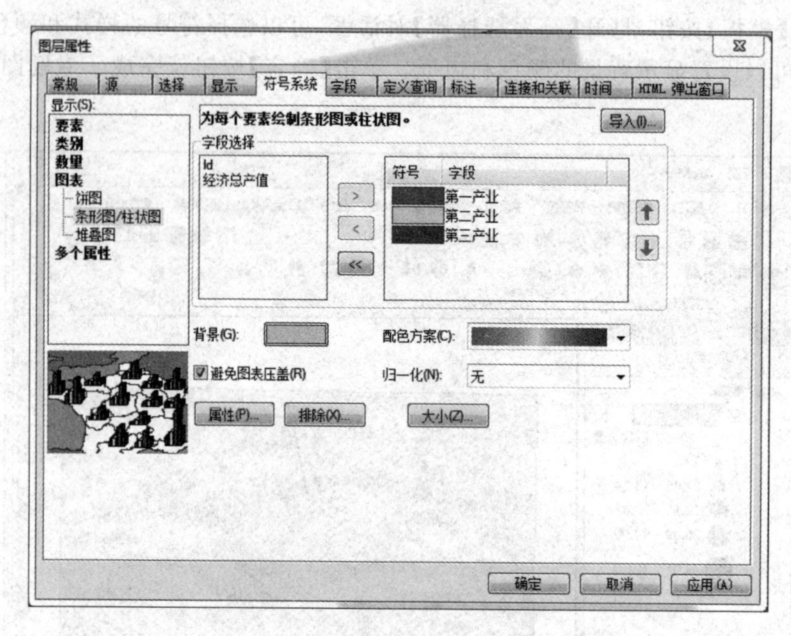

图 4-74

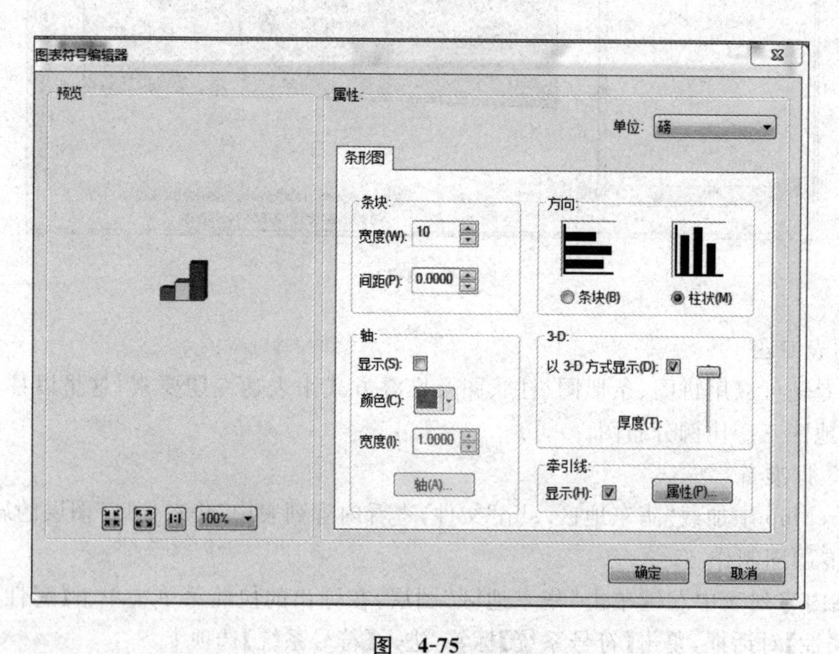

图 4-75

3. 地图版面设计

以新生成的华东地区三产比例专题图为例进行地图版面设计，绘制坐标格网并添加指南针、标题、图例、比例尺等地图辅助要素。

1）进入版面设置环境

在 ArcMap 的主菜单上单击【视图】\【布局视图】命令，进入版面视图环境。也可单击地图显示窗口左下角的布局视图按钮，切换到布局视图环境。

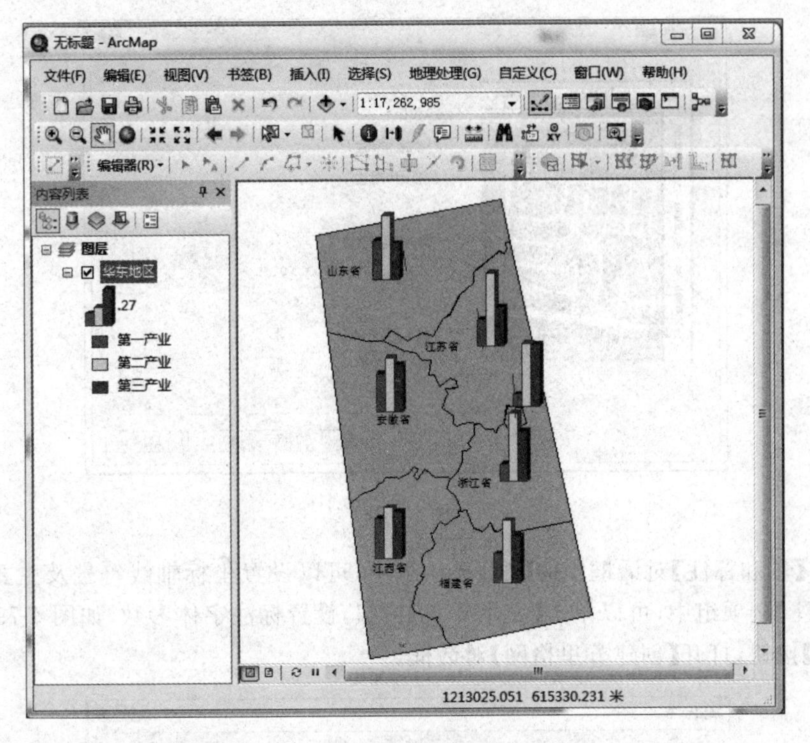

图　4-76

2）绘制坐标格网

(1) 单击主菜单上的【视图】\【数据框属性】命令，打开【数据框属性】对话框，单击【格网】标签，进入地理坐标格网设置选项卡，单击【新建格网】按钮，打开【格网和经纬网向导】对话框，选择创建格网类型及名称，如图 4-77 所示。单击【下一步】按钮，打开【创建方里格网】对话框。

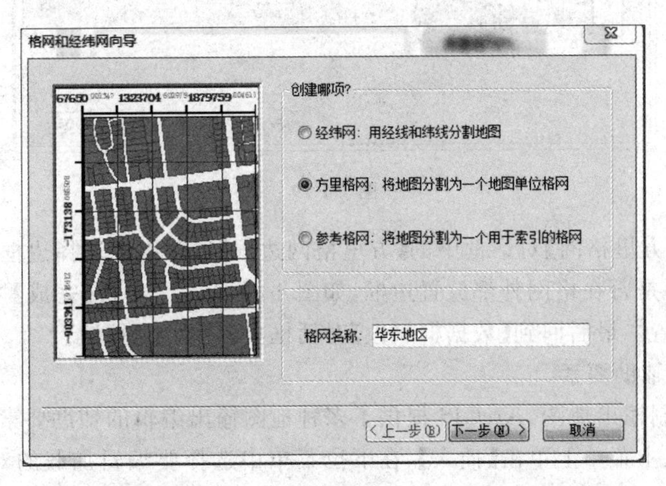

图　4-77

(2) 进入【创建方里格网】对话框，在【间隔】选项组中根据提示在文本框中输入格网间距，如图 4-78 所示。单击【下一步】按钮，打开【轴和标注】对话框。

图 4-78

(3) 在【轴和标注】对话框中的【轴】选项组中，可以设置坐标轴线符号及主要格网细分数。在【标注】选项组中，可以单击【文本样式】按钮，设置标注字体参数，如图 4-79 所示。单击【下一步】按钮，打开【创建方里格网】对话框。

图 4-79

(4) 在【创建方里格网】对话框中的【方里格网边框】选项组中选择边框类型，在【内图廓线】选项组中选择是否在格网外部放置边框，如图 4-80 所示。单击【完成】按钮，就完成了地理坐标格网的设置。最后回到【数据框属性】对话框单击【确定】按钮。

3) 加载地图辅助要素

为了便于编制输出地图，ArcGIS 提供了多种地图输出编辑的辅助要素，诸如比例尺、图名、指北针等。在主菜单上单击【插入】，在下拉菜单中选择要编辑加载的对象，对地图进行编辑，编辑后的地图效果见图 4-81。

4) 输出地图

单击【文件】\【导出地图】，打开【导出地图】对话框，可将地图输出为.jpg 格式的地图。

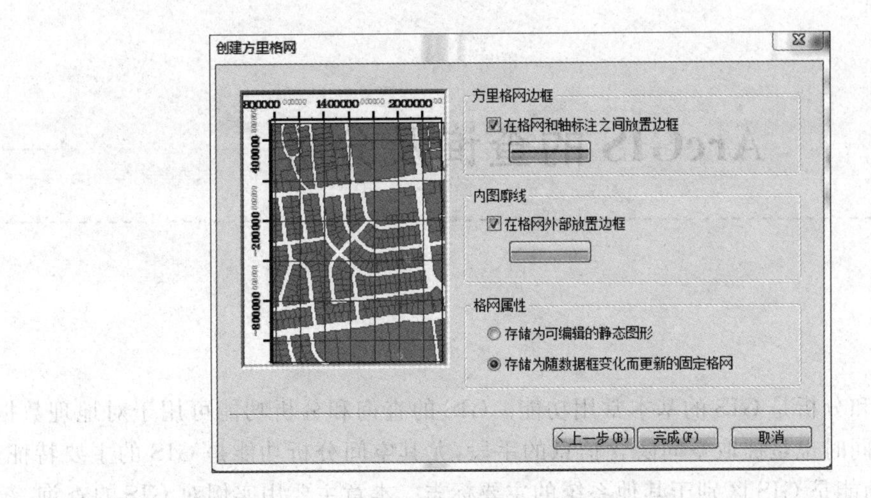

图　4-80

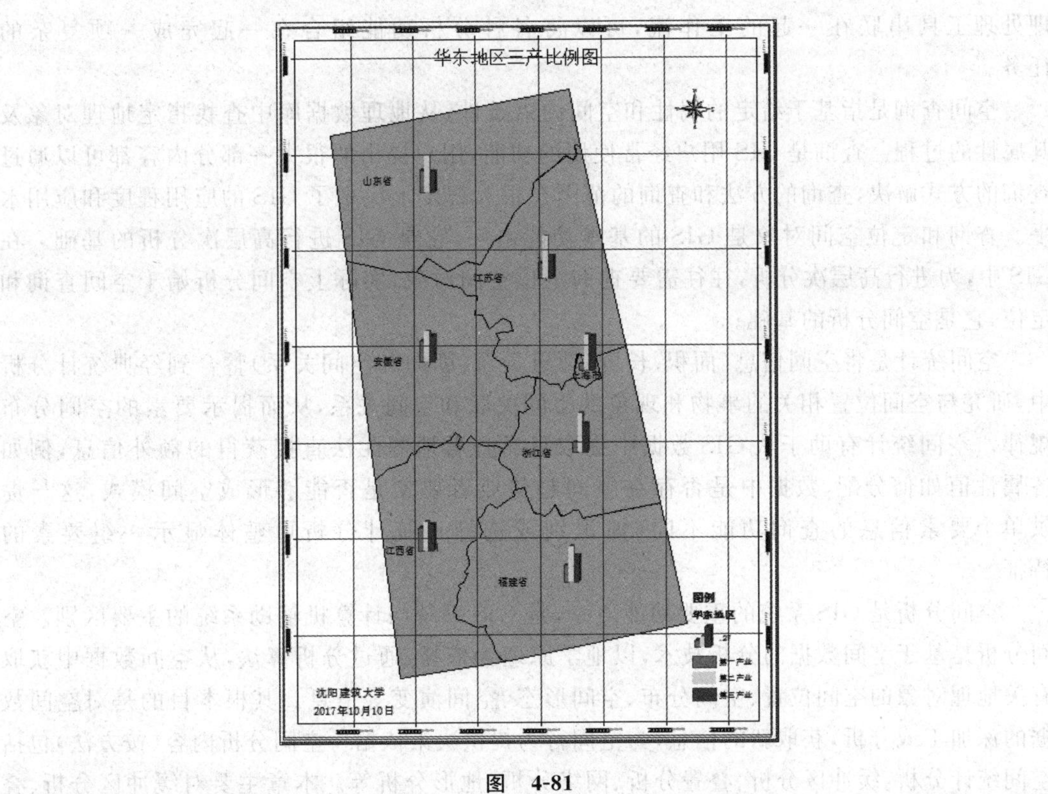

图　4-81

习题

1. 什么是专题图？什么是统计图？专题图和统计图有何区别？

2. 利用饼状图制作西北六省人口密度专题图，进行版面设计，并输出版面设计后的西北六省人口密度专题图。

第5章 ArcGIS的查询及分析

查询、统计和分析是GIS的基本常用功能。GIS的查询和分析功能可用于对地理数据进行深度挖掘，同时也是提取空间隐含信息的手段，尤其空间分析功能是GIS的主要特征，有无空间分析功能是GIS区别于其他系统的主要标志。本章主要用实例对GIS的查询、统计和分析功能进行分类详细介绍，还对模型构建器进行介绍。模型构建器是将一系列地理处理工具串联在一起的工作流，可以将各种分析功能组合在一起完成一项复杂的任务。

空间查询是指基于给定的属性和空间约束条件，从地理数据库中查找指定地理对象及其属性的过程。查询是GIS用户经常使用的功能，用户提出的很大一部分内容都可以通过查询的方式解决，查询的方法和查询的范围在很大程度上决定了GIS的应用程度和应用水平。查询和定位空间对象是GIS的基本功能之一，它是GIS进行高层次分析的基础。在GIS中，为进行高层次分析，往往需要查询定位空间对象，实际上空间分析始于空间查询和定位，它是空间分析的基础。

空间统计是将空间信息(面积、长度、邻近关系、朝向和空间关系)整合到经典统计分析中，研究与空间位置相关的事物和现象的空间关联和空间关系，从而揭示要素的空间分布规律。空间统计有助于从GIS数据中提取只靠查看地图无法直接获得的额外信息，例如各属性值如何分配，数据中是否存在空间趋势或者要素是否能够形成空间模式，这与提供单个要素信息的查询功能不同(如识别或选择)，统计分析可整体显示一组要素的特征。

空间分析是GIS系统的重要功能之一，是GIS系统与计算机辅助系统的主要区别。空间分析是基于空间数据的分析技术，以地学原理为依托，通过分析算法，从空间数据中获取有关地理对象的空间位置、空间分布、空间形态、空间演变等信息。其根本目的是对空间数据的深加工或分析，获取新的信息，为空间行为提供决策依据。空间分析内容(按方法)包括空间统计分析、缓冲区分析、叠置分析、网络分析、地形分析等。本章主要对缓冲区分析、叠置分析和网络分析进行介绍。

模型构建器是一个用来创建、编辑和管理模型的应用程序。模型是将一系列地理处理工具串联在一起的工作流，它将其中一个工具的输出作为另一个工具的输入，也可以将模型构建器看作用于构建工作流的可视化编程语言。模型构建器除了有助于构造和执行简单工作流，还能通过创建模型并将其共享为工具来提供扩展ArcGIS功能的高级方法，模型构建器甚至还可用于将ArcGIS与其他应用程序进行集成。

本章通过4个实验对ArcGIS中的查询、统计和分析功能进行由浅入深的讲解，通过这

4 个实验使读者基本掌握 ArcGIS 中地理数据处理和数据挖掘的基本方法，为后面利用 ArcGIS 技术解决实际问题提供支持。

5.1　实验十　空间查询与统计

5.1.1　实验目的

1. 熟悉空间查询的基本原理和方法。
2. 熟悉空间统计的基本原理和方法。
3. 了解 ArcGIS 中矢量和栅格数据查询的区别。
4. 掌握 ArcGIS 中主要的空间查询技术与方法。
5. 掌握 ArcGIS 中空间统计的技术与方法。

5.1.2　基础知识

1. 空间查询的基本概念

空间查询是 GIS 的一项基本功能，其目的是从数据库中查找满足属性约束条件和空间约束条件的地理对象或数据内容。空间查询既不改变空间数据库，也不产生新的空间实体和数据。根据空间数据的主要类型，可以将空间查询分为矢量数据查询和栅格数据查询两大类。

2. 空间查询的主要方式

1）矢量数据查询

根据 GIS 查询的内容和方式的不同，可以大致将矢量查询归纳为图像与属性互查、基于空间关系的查询以及基于空间关系和属性特征的查询。

(1) 图形与属性互查

图形与属性数据互查是 GIS 最基本的查询功能。可以按属性信息的要求查询定位对象的空间位置(属性查图形)，如在中国行政区划图上查询有哪些总人口 4000 万以上且城市人口大于 1000 万的省，也称为 SQL 查询；也可以根据对象的空间位置查询有关的属性信息(图形查属性)，如 ArcGIS 软件提供的“INFO”识别工具，可以通过鼠标单击或拖框来识别地理要素，并显示所查询对象的属性列表。

(2) 基于空间关系的查询

空间实体间存在多种空间关系，包括拓扑、距离、方位等。如在沈铁线的东部，且距离沈铁线不超过 50 km 的县城，这就是根据铁路线的距离和方位查询城市。简单的点、线、面相互关系拓扑查询包括以下种类：

① 面面查询，如与某个多边形相邻的多边形；

② 面线查询，如多边形内包含哪些线；

③ 面点查询，如多边形内有哪些点状地物；

④ 线面查询，如某条线经过的多边形有哪些；

⑤ 线线查询，如与某条河流相连的支流有哪些；

⑥ 线点查询,如某条道路上有哪些桥梁;

⑦ 点面查询,如某个点落在哪个多边形内;

⑧ 线查询,如某个节点由哪些线相交而成。

(3) 基于空间关系和属性特征的查询

该查询是一种与空间位置和属性条件同时相关的联合查询,前面介绍的查询条件只涉及空间或属性条件,但是更多的查询条件既要涉及属性条件,也要满足空间条件。如某一条街道需要扩建,将由原来的 20 m 扩宽到 40 m,需要统计落在拆迁范围以内,同时楼层大于 6 层的建筑物,这样的查询就需要顾及空间条件(在拆迁范围)和属性条件(楼层大于 6)。

空间查询技术还可以将两个或两个以上得查询结果集合并成一个结果显示,即执行联合查询。空间查询的结果除了可以用闪烁、颜色等明显表示,还可以保存为图、表、文字、新图层及新的属性域(添加到属性数据库)。

2) 栅格数据的查询

栅格数据就是将空间分割成有规律的网格,每一个网格称为一个单元,并在各单元上赋予相应的属性值来表示实体的一种数据形式。在栅格数据集中,每个像元(也称为像素)都有一个值,此像元值表示的是栅格数据集所描绘的现象,如类别、量级、高度或光谱值等。而其中的类别可以是草地、森林或道路等土地利用类;量级可以表示重力、噪声污染或降雨百分比;高度(距离)则可表示平均海平面以上的表面高程,可以用来派生出坡度、坡向和流域属性;光谱值可在卫星影像和航空摄影中表示光反射系数和颜色。像元值可正可负,可以是整型,也可以是浮点型,整数值适合表示类别(离散)数据,其优点在于可以显示属性数据,也就是有属性表;浮点值则适合表示连续表面,没有属性表,这可能因为像元数目太大,涉及大范围的 GIS 项目必须考虑该因素。

3. 空间统计

ArcGIS for Desktop 中的统计分析功能不是属于非空间分析,就是属于空间分析。非空间统计数据用于分析与要素相关的属性值,这些值可从图层的要素属性表中直接访问,非空间统计的示例包括平均值和标准差;此外,分析非空间数据的另外一种途径是利用图表,如直方图或饼图。空间统计侧重于要素间的空间关系,即要素如何压缩或分散,它们是否朝向某一特定方向,以及它们是否能够聚集在一起,空间关系通常定义为距离(要素相距多远),但也可定义为其他形式的要素间关系。

本节中的空间统计分析主要是指对 GIS 中的属性数据进行统计分析。空间统计分析一方面需要找出数据分布的集中位置;另一方面要查明数据分布的离散程度,即它们相对于中心位置的偏离程度,还要分析它们的变化范围。反映属性数据集中特性的参数有频数和频率、平均数、数学期望;刻画离散程度差异的统计特征数有方差、标准差、变差系数等。空间统计有时需要考虑空间范围的影响,大区域的数据可能来自小区域详细数据的统计汇总,分类汇总是指对工作表中某一项数据进行分类,并对每类数据进行数据计算。

5.1.3 实验数据

本节实验数据存放在“文件夹 10”中,具体数据说明见表 5-1。

表 5-1

文件名称	格式	位置	说明
省级行政区	Shapefile	10\i	全国省级行政区分布图
prov	Shapefile	10\空间关系\	华中地区七省行政区分布图
station	Shapefile	10\空间关系\	交通站点图
street	Shapefile	10\空间关系\	道路分布图
building	Shapefile	10\空间关系\	华东六省一市矢量图
elevation	tif	10\raster\	高程数据
XTland1990	Shapefile	10\空间统计\	西塘地区土地使用图
code. dbf	dbf 表格	10\空间统计\	地类编码的说明信息表
sum_AREA	dbf 表格	10\空间统计\	土地利用的面积汇总表
slope	img	10\raster\	坡度图

5.1.4 实验步骤

1. 矢量数据查询

1）空间位置查询

（1）加载数据：打开 ArcMap 软件，加载“省级行政区. shp”文件。

（2）识别要素：在工具条上单击识别按钮，鼠标标识变为识别状态，单击地理视图窗口中的一个要素，即可调出显示该要素属性的【识别】窗口，如图 5-1 所示。在图 5-1 的列表中右键单击【内蒙古】选项，弹出的快捷菜单如图 5-2 所示，可以对已经识别过的要素进行闪烁、缩放至、选择等操作。鼠标处于识别状态时，还可以框选多个要素，这样可以一次识别多个要素，并将其属性数据均显示在【识别】窗口中。

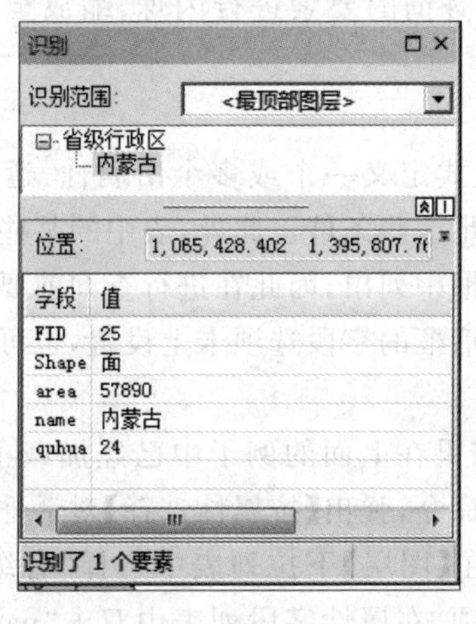

图 5-1

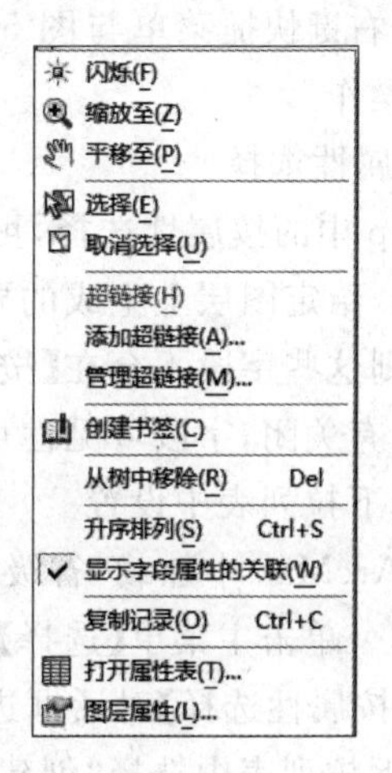

图 5-2

2）属性数据查找图形

根据属性数据查找图形数据，ArcMap 提供了两种方法：一种是调用主菜单中的【选择】\【按属性选择】命令；还有一种比较简洁，调用工具栏上的查找按钮即可。

（1）查找要素

在 ArcMap 中加载数据“省级行政区. shp”，单击工具条上的查找按钮，弹出【查找】对话框，在【查找】文本框中输入“辽宁”，【范围】下拉列表中选择“省级行政区”，点选【特定字段】，在下拉列表中选择“name”字段，然后单击【确定】按钮，就可以进行辽宁行政区的查询，查询结果见图 5-3。

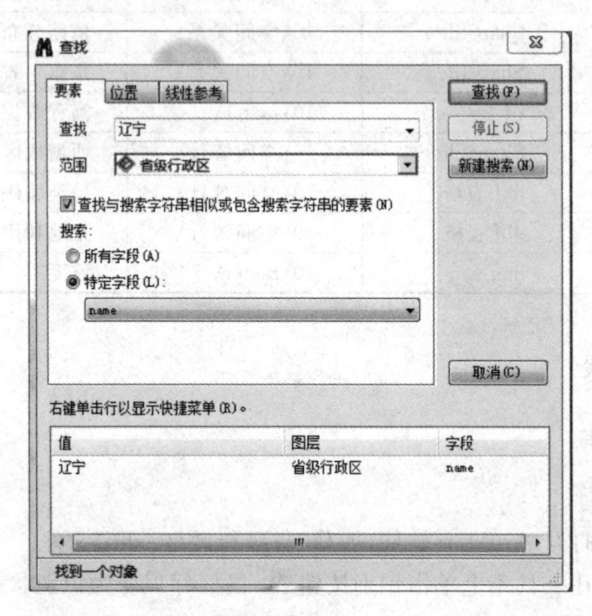

图 5-3

在【右键单击以显示快捷菜单】列表中显示右键查询的结果项（这里指查出的值为“辽宁”的项），在弹出的快捷菜单中选择【选择】命令，则查询到的辽宁面要素就处于被选中状态。此处的右键快捷菜单与图 5-2 相似，可以对查询的要素进行闪烁、缩放至、平移至、识别、选择等操作。

（2）按属性选择

ArcMap 中的按属性选择，可以为 SQL 表达式定义一个或多个由属性、运算符和计算构成的条件，给定图层上生成的要素选择内容满足这些条件。此外，表中的某些字段已设置为“关闭”，则这些字段不会在【按属性选择】对话框中列出，因此在进行查询前要保证参加查询的字段没有关闭，字段可见性可在图层属性对话框的字段选项卡上设置，也可以在表窗口内的表选项下拉列表中设置。

① 在 ArcMap 中加载“省级行政区. shp”，如果在上面的例子中已经加载了，这里就不必重复操作。单击主菜单【选择】\【按属性选择】命令，弹出【按属性选择】对话框。

② 在【按属性选择】对话框进行如下操作：在【图层】下拉列表中选择“省级行政区”选项，【方法】下拉列表中选择“创建新选择内容”选项，在属性字段列表中双击“name”选项，单击【=】按钮，再单击【获取唯一值】按钮，所有 name 字段的值就在【获取唯一值】按钮上面的列表中列出，在列表中找到‘辽宁’项并双击鼠标左键，具体设置见图 5-4。

③ 设置完成后，单击【验证】按钮，检查生成的 SQL 语句是否有语法错误，如果有错误则需要修改。然后单击【确定】按钮，进行查询操作。此时辽宁省区域在地理视图窗口中处

于选择状态。

3）根据空间关系查询

通过空间关系查询，可以查找到符合特定空间关系的要素。下面查询位于安徽省境内的交通站点，具体操作如下：

（1）在 ArcMap 中加载华中七省区划图（prov. shp）及交通站点图（station. shp）。

（2）在内容列表中右键单击“prov”图层，在弹出的快捷菜单中单击【属性表】命令，在打开的属性表中选中“NAME”字段为安徽省的记录，选中的记录在属性表中高亮度显示，对应的安徽省图元也在地图显示窗中处于被选中状态，然后关闭【属性表】窗口。

（3）单击主菜单【选择】\【按位置选择】命令，打开【按位置选择】对话框，在对话框中的参数设置见图 5-5，单击【确定】按钮，完成查询，查询结果高亮度显示。此时，位于安徽省内的交通站点就被选中。

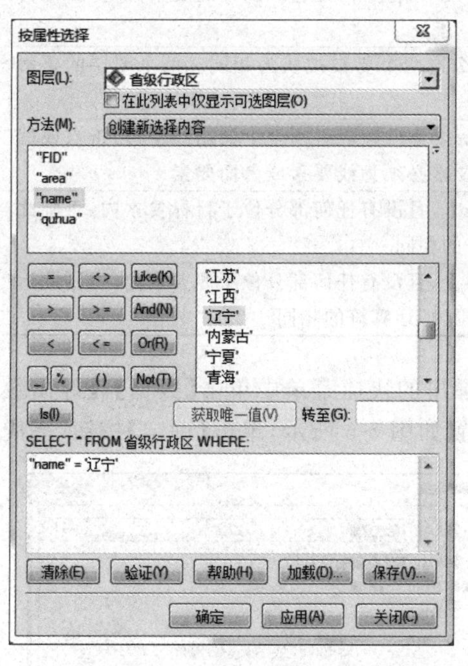

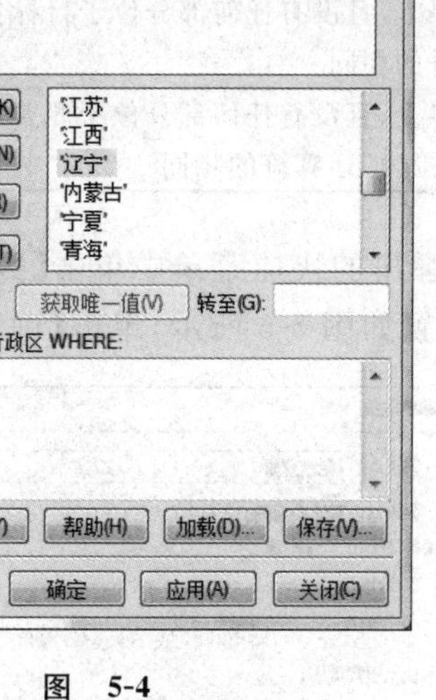

图　5-4

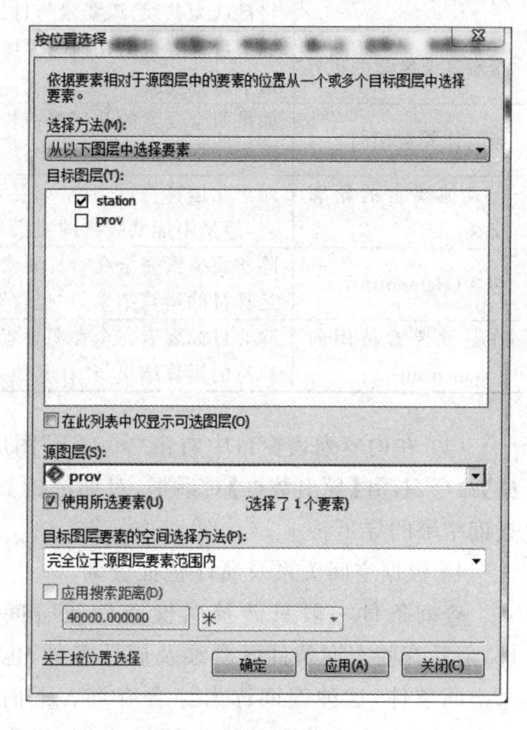

图　5-5

如图 5-5 所示，目标图层是从中选择要素的图层，而源图层是指基于该图层与目标图层的空间关系，使用源图层中的要素确定目标图层应当选择的要素，表 5-2 中的数据查询方法支持按位置选择。根据不同的要求选择【目标图层要素的空间选择方法】下拉列表中的选项。

表　5-2

数据查询方法	方 法 说 明
相交	相交返回与源要素完全或部分重叠的要素
返回某一距离内的要素	此运算符使用源要素周围的缓冲距离创建缓冲，并且返回所有与缓冲区域相交的要素

续表

数据查询方法	方 法 说 明
在其他要素范围内	目标要素的几何必须落在源要素的几何之内。选中的要素与源要素可有重叠的边界
完全在其他要素范围内	目标要素的所有部分必须落在源要素的几何之内，并且不能接触源要素的边界
包含	源要素的几何(包括其边界)必须落在目标要素的几何之内
完全包含	目标要素的所有部分必须完全包含源要素的几何。此外，源要素不可接触目标要素的边界或与目标要素的边界重叠
质心在要素范围内	如果目标要素的几何质心落在源要素的几何之内或落在其边界上，那么使用该运算符可以选中目标要素
与其他要素共线	用此方法，如果源要素与目标要素的几何有至少两个共用的连续折点，那么它们将被认为共线，源要素与目标要素必须为线要素或者面要素
接触其他要素的边界	如果目标要素的几何与源要素的交集不为空，但是它们内部的交集为空，那么会选中目标要素
与其他要素相同	如果两个要素的几何严格相等，那么这两个要素被认为相同。两个图层的要素类型必须相同
与其他要素的轮廓交叉	对于此运算符，它要求源要素与目标要素的边界必须至少共用一个边、折点或端点，但是不能共线。源要素与目标要素必须为线要素或者面要素
包含(clementini)	除非源要素完全在目标要素的边界上，且没有任何部分位于目标要素内，否则此运算符的运算结果与“包含”运算符的相同
在其他要素范围内(clementini)	除非目标要素完全在源要素的边界上，且没有任何部分位于源要素内，否则此运算符的运算结果与“在其他要素范围内”运算符的相同

(4) 在内容列表窗口中右击“station”图层，在弹出的快捷菜单中单击【数据】\【导出数据】命令，打开【导出数据】对话框，对话框的具体设置如图 5-6 所示，单击【确定】按钮，完成查询结果的导出。

4) 根据空间关系及属性特征查询

查询条件一般只涉及属性条件或空间条件，但是有些查询条件既要涉及属性条件，也关系空间条件，这种查询称为综合查询。下面以一个 GIS 中比较典型的查询问题为例，说明如何进行综合查询。某一条街道需要扩建，将由原来的 20 m 扩宽到 40 m，因此需要将街道两边的建筑物拆迁，而考虑拆迁的费用问题，需要查询落在拆迁范围内且楼层大于或等于 6 层的建筑物，具体步骤如下：

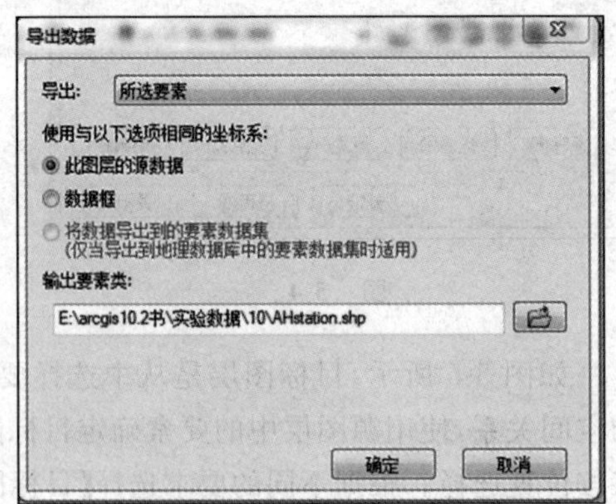

图 5-6

(1) 在 ArcMap 中加载数据街道图(street. shp)和街道的建筑物(building. shp)。

(2) 在主菜单中单击【选择】\【按位置选择】命令，打开【按位置选择】对话框，具体设置如图 5-7 所示，单击【确定】按钮，道路两侧 10 m 范围内相交的建筑物就被选择出来了。

(3) 在主菜单中单击【选择】\【按属性选择】命令，打开【按属性选择】对话框。对话框中的具体设置见图 5-8。在对话框的【图层】下拉列表中选择“building”图层；在【方法】旁的下

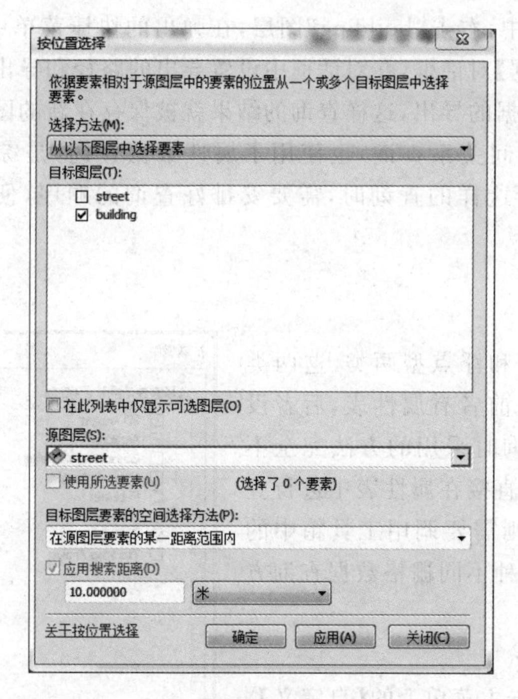

图 5-7

拉列表中选择从“从当前选择内容中选择”选项；双击字段列表中的“楼层”字段选项，单击【>=】按钮；单击【获取唯一值】按钮，在下拉列表中双击“6”选项；单击【验证】按钮进行表达式验证，表达式验证无误后，单击【确定】按钮，完成楼层数大于 6 且在道路扩建范围内楼层的查询，具体查询结果如图 5-9 所示。

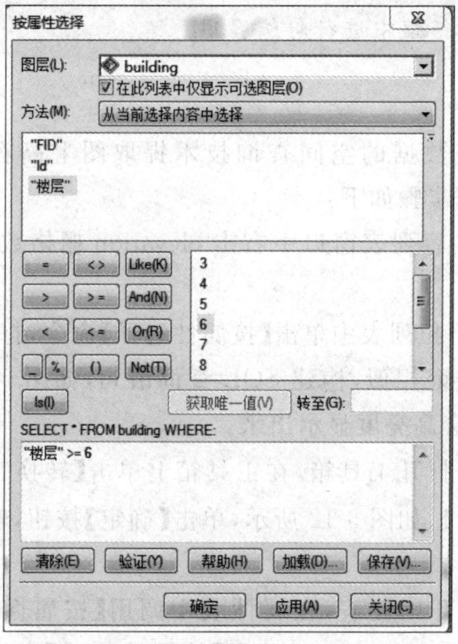

按属性选择
图层(L): building
在此列表中仅显示可选图层(O)
方法(M): 从当前选择内容中选择
"FID"
"Id"
"楼层"
= <> Like(K)
> >= And(N)
< <= Or(R)
_ % () Not(T)
Is(I)
3 4 5 6 7 8
获取唯一值(V) 转至(G):
SELECT * FROM building WHERE:
"楼层" >= 6
清除(E) 验证(Y) 帮助(H) 加载(D)... 保存(V)...
确定 应用(A) 关闭(C)

图 5-8

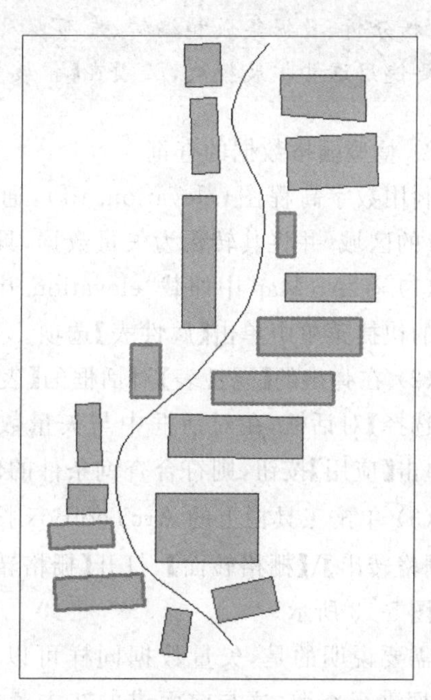

图 5-9

（4）在【内容列表】中，右击“building”图层，在弹出的快捷菜单中单击【数据】\【导出数据】命令，打开【导出数据】对话框，在对话框中设置导出的路径和导出的文件名称，最后单击【确定】命令就完成了数据的导出，这样查询的结果就被保存在新的图层文件中。

本查询既进行了空间关系查询，也使用了属性数据查询，是综合了空间和属性查询的综合性查询。在进行这样的查询时，需要安排好查询的顺序，便于找到符合相关条件的要素。

2. 栅格数据查询

栅格数据分为整型和浮点型两类，这两类栅格数据最大的区别是前者有属性表，后者没有属性表，因此进行查询时采用的方法完全不同。整型栅格数据可以直接在属性表中进行查询，而浮点型栅格数据则需要调用工具箱中的工具。下面举例说明两种不同栅格数据查询方法及步骤。

1）环境设置

在 ArcMap 中，单击主菜单上的【自定义】\【扩展模块】命令，打开【扩展模块】对话框，单击“Spatial Analyst”模块前的复选框，开启这个扩展模块，如图 5-10 所示。

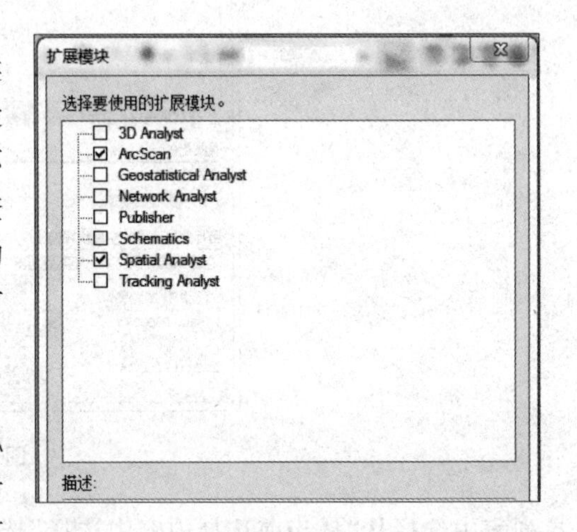

图 5-10

小提示：ArcGIS 拥有一套扩展模块用于为核心产品提供扩展功能。扩展模块的类别包括分析、数据集成和编辑、发布以及制图。部分扩展模块还可作为特定市场的解决方案，要使用这些扩展模块，必须在【扩展模块】对话框中进行勾选引用。

2）整型栅格数据的查询

利用数字高程图（elevation. tif），通过栅格数据的空间查询技术提取图上高程小于 360m 的区域，并将其转化为矢量数据，具体操作步骤如下：

（1）在 ArcMap 中加载“elevation. tif”，在内容列表窗口中右击 elevation 栅格数据，在弹出的快捷菜单中单击【属性表】选项。

（2）在弹出的【属性表】对话框的【表选项】下拉列表中单击【按属性选择】命令，打开【按属性选择】对话框，在对话框中与矢量数据的查询相似，构建 SQL 查询语句，如图 5-11 所示，单击【应用】按钮，则符合查询条件的像元就会高亮度显示出来。

（3）单击工具栏上的 ArcToolBox 按钮，打开工具箱，在工具箱上单击【转换工具】\【由栅格转出】\【栅格转面】，打开【栅格转面】窗口，如图 5-12 所示，单击【确定】按钮，输出结果如图 5-13 所示。

需要说明的是，矢量数据同样可以通过打开属性表，在属性表中调用【按属性选择】对话框进行查询，这与前面讲的在主菜单中进行属性查询时调用【按属性选择】窗口是相同的。

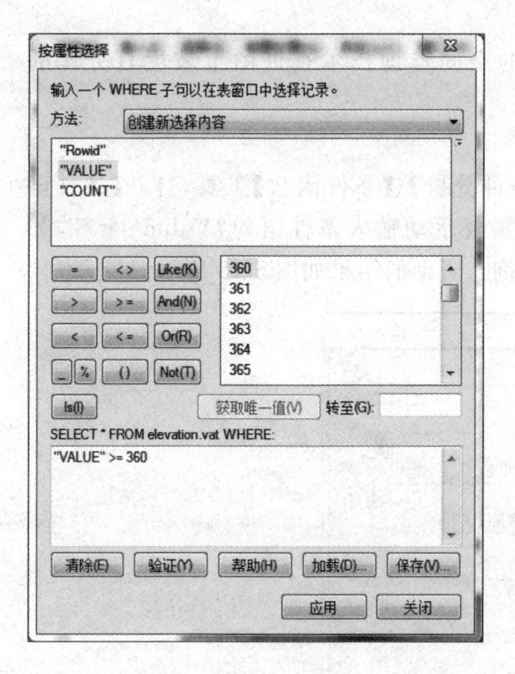

图　5-11

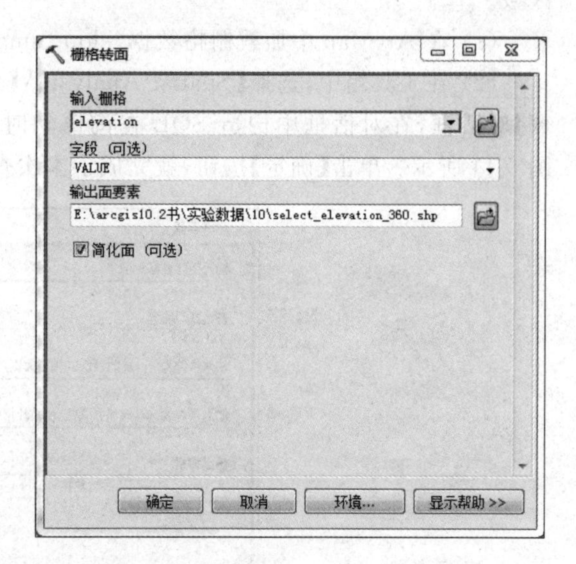

图　5-12

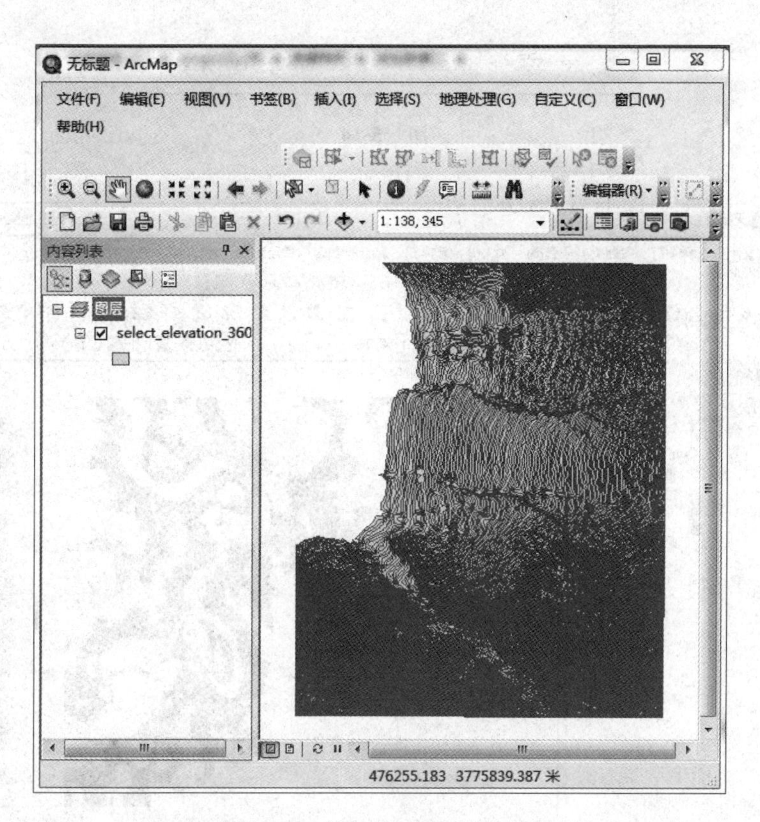

图　5-13

3）浮点型栅格数据的查询

利用坡度数据（slope.img），通过栅格数据的空间查询技术查询图上坡度百分比的区域。

（1）在 ArcMap 中加载栅格数据“slope.img”。

（2）在工具箱中，选择【Spatial Analyst】\【条件分析】\【条件函数】工具，打开【条件函数】对话框，在对话框中构造 SQL 查询语句时，需要手动输入条件语句“Value ＞ 7”，如图 5-14 所示。单击【确定】按钮，就完成了本次查询。查询的结果如图 5-15 所示。

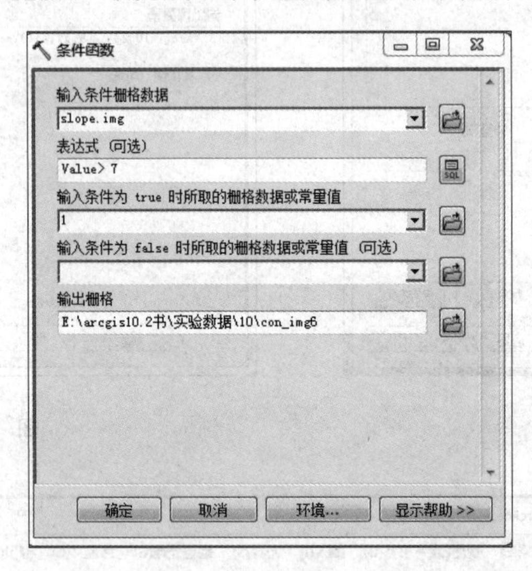

图 5-14

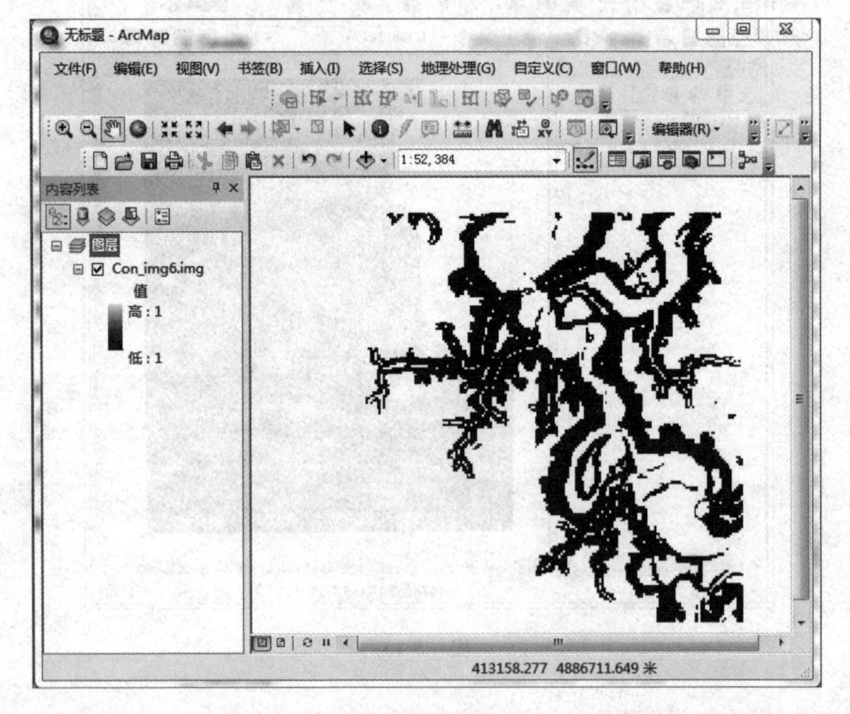

图 5-15

3. 空间统计

ArcGIS 中一般有两种方式进行空间统计：一种是对 GIS 地理数据库中的属性数据进行统计分析，另一种则需要调用工具箱中的空间统计工具。本节主要介绍在属性表中对属性数据进行统计分析，并简单介绍空间统计工具的使用方法。

ArcGIS 空间统计分析模块包括空间分布特征分析、空间分布模式分析及空间关系建模三个部分。ArcGIS 空间统计分析工具箱共包含 6 个工具包及 26 个工具，主要覆盖了三大功能，如图 5-16 所示。与其他工具箱不同的是，空间统计工具箱中的很多工具都提供 Python 源代码，可以进行调试，还有较多工具是在 Model Builder 中根据已有工具构建的。不同于其他工具箱仅输出结果的数据文件，ArcGIS 空间统计分析工具箱的结果有很多重要的结果信息直接输出到结果窗口，单击【地理处理】\【结果】命令即可查看。

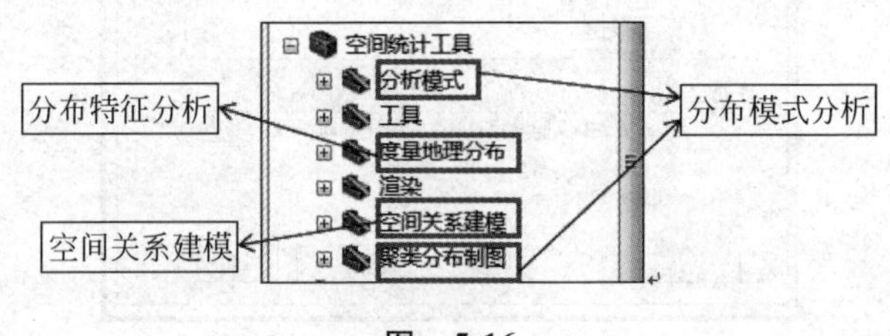

图　5-16

分布特征分析可以统计出要素分布的地理中心以及要素分布的特定方向，也就是要素的集中特征包括平均中心、中位数中心、中心要素、线性方向平均值、标准距离及线性方向平均值 6 个工具。空间分布模式是从经典统计学的角度出发，结合要素的空间分布，以统计因子描述空间分布。ArcGIS 中有两组工具用于空间模式分析：全局统计是从总体上判断要素的分布状态（集聚、分散）；而局部统计则识别要素聚类或分散的位置和程度（热点、冷点）。ArcGIS 中空间关系建模包括两种回归工具：普通最小二乘法（OLS）和地理加权回归（GWR），还有两个系数辅助工具。普通最小二乘法与专业分析软件 SPSS（statistical product and service solutions）等统计软件的功能类似，而地理加权回归则比普通最小二乘法更适合于空间数据，并且其回归结果往往优于 OLS。

（1）在 ArcMap 中加载“XTland1990. shp”，在内容列表中右键单击该图层，在弹出的快捷菜单中选择【属性表】命令，打开【属性表】对话框。

（2）在属性表上单击选中“landuse”字段，该字段被高亮显示，然后在该字段上右键单击，在弹出的快捷菜单中单击【汇总】命令，弹出【汇总】对话框。汇总操作实际上就是创建一个按所选字段中的值进行分组汇总的表。

（3）在【汇总】对话框中设置参数：在【选择汇总字段】下拉列表中选择汇总字段“landuse”，在【选择一个或多个要包括在输出表中的汇总统计信息】列表框中单击展开“AREA”，然后选择求和的汇总方式“总和”，最后设置输出的路径和文件名称，具体设置如图 5-17 所示，单击【确定】按钮，生成汇总结果文件。

（4）合并属性表：将编码表（code. dbf）中对各个地类编码的说明信息，加载到上面生成的土地利用面积汇总表（sum_AREA. dbf）中。在 ArcMap 中加载土地利用类型编码“code. dbf”，在内容列表中右击“sum_AREA”，在弹出的快捷菜单中单击【连接和关联】\【连接】，打开【连接】对话框，具体的设置如图 5-17 所示，单击【确定】按钮，完成属性表的合并。可以看到面积汇总表“sum_AREA.dbf”中增加了新的字段，如图 5-18 所示。

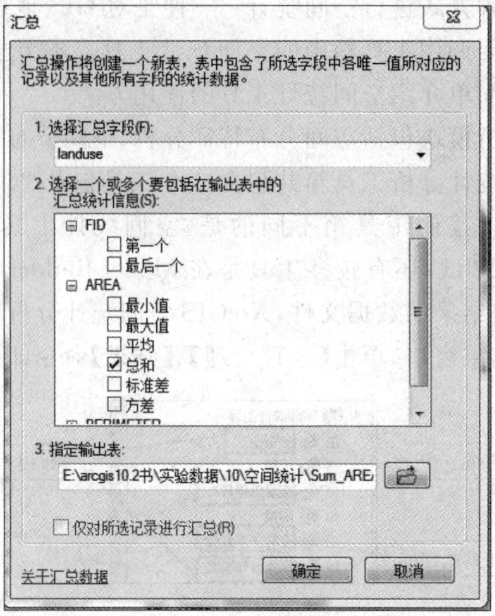

图 5-17

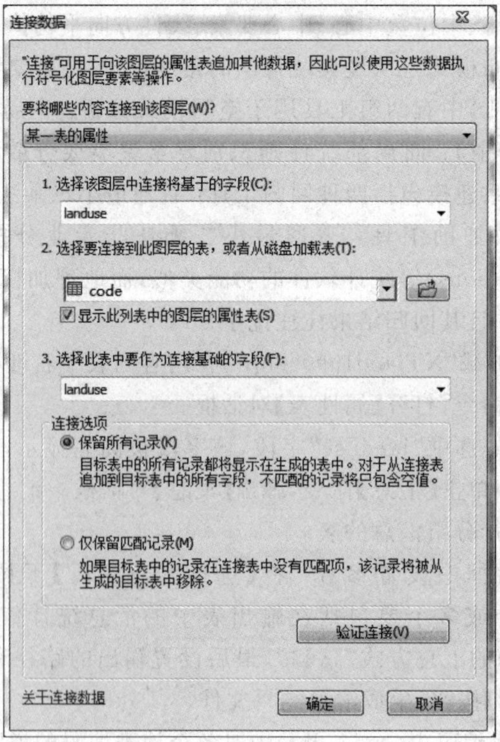

图 5-18

(5) 利用 ArcMap 统计图制作功能制作一张西塘地区不同土地类型面积统计图，具体步骤参见前面实验统计图的制作步骤，最后成图效果如图 5-19 所示。

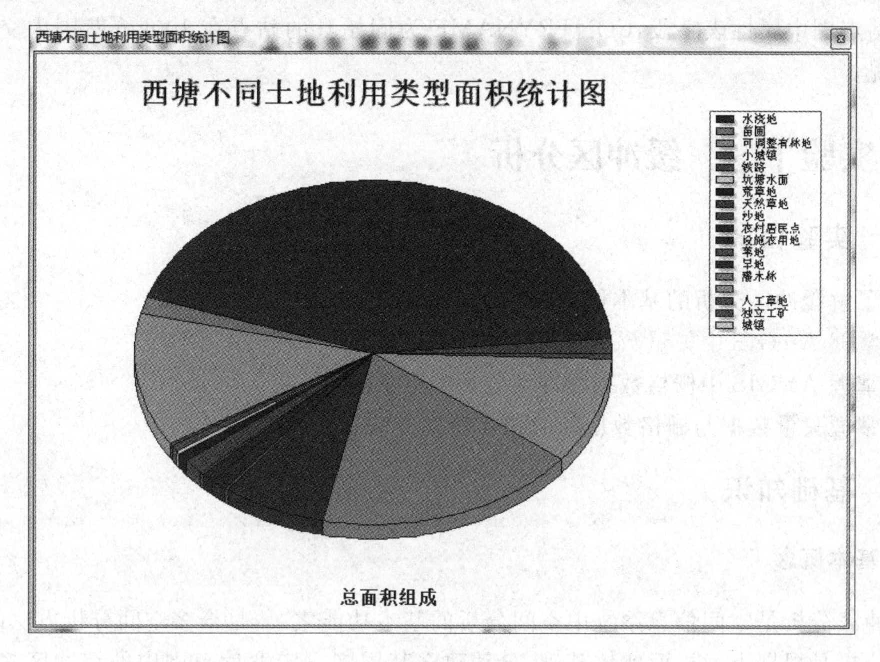

图　5-19

(6) 属性表记录的统计：打开面积汇总表“sum_AREA. dbf”，右击需要统计的字段“sum_AREA”，在弹出的快捷菜单中单击【统计】命令，打开【统计数据 Sum_AREA_code】对话框，如图 5-20 所示。在该对话框中显示选中字段的统计信息，包括最大值、最小值、均值、方差等，并给出这些数值的频数分布。按同样的方法还可以统计【字段】下拉列表中的其他字段。

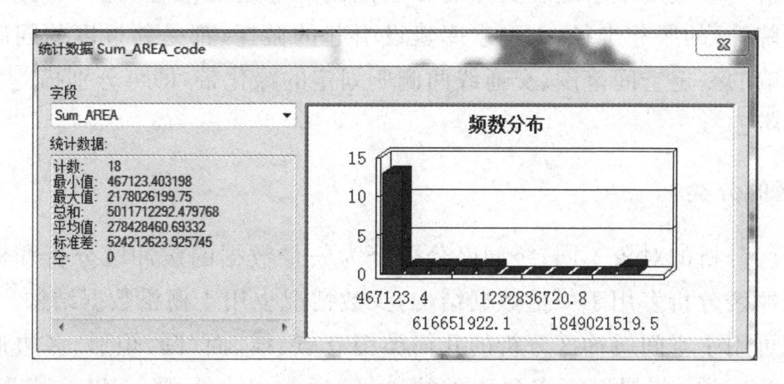

图　5-20

习题

1. 在“test”文件夹下，根据本实验的数据制作一张西塘地区不同土地类型面积统计图，如图 5-18 所示，注意标题的位置及图例的格式。

2. 在华中七省区划图(prov. shp)、交通站点图(station. shp)及交通线图(road. shp)中完成以下操作：在华中七省区划图中找到江苏省；查询穿过江苏省的交通线分布情况；查询交通站点图中属性表字段，CONTRYNAME 为固始县的站点在 100km 范围内交通线的分布情况。

5.2 实验十一 缓冲区分析

5.2.1 实验目的

1. 了解缓冲区分析的基本概念和原理。
2. 掌握 ArcGIS 中矢量数据缓冲区分析的方法。
3. 掌握 ArcGIS 中栅格数据缓冲区分析的方法。
4. 掌握矢量数据与栅格数据间的相互转换方法。

5.2.2 基础知识

1. 基本概念

缓冲区分析是空间信息系统中空间分析的基本功能之一，是众多空间分析方法的基础。缓冲区分析是根据点、线、面实体基础，自动建立其周围一定宽度范围内的缓冲区多边形实体，从而实现空间数据在其领域得以扩展的信息分析方法。从数学的角度来看，缓冲区是给定空间对象或集合后获得它们的邻域，而邻域的大小由邻域的半径或缓冲区建立条件来决定，因此对于一个给定的对象 A，它的缓冲区可以定义为

$$P = \{x:d(x,A) \leqslant r\} \tag{5-1}$$

式中，d 一般是指欧式距离，也可以是其他距离；r 为邻域半径或缓冲区建立的条件。

缓冲区分析一般应用于求地理实体的影响范围即邻近度问题。例如，公共设施(商场、邮局、银行、医院等)的服务半径，大型水库建设引起的搬迁，都是邻近度的问题。城市的噪声污染源所影响的一定空间范围、交通线两侧所划定的绿化带，即可分别描述为点的缓冲区与线的缓冲区带。

2. 缓冲区的分类

根据缓冲区分析的对象不同，缓冲区分析分为矢量数据的缓冲区分析和栅格数据的缓冲区分析。缓冲区分析多用于矢量数据结构，少数情况也用于栅格数据结构。

矢量数据可用于空间缓冲区分析的几何类型有点、线、面(圆、矩形、多边形)，与之对应的缓冲区也分为三类：一是基于点要素的缓冲区，通常以点为圆心，以一定距离为半径的圆；二是基于线要素的缓冲区，通常是以线为中心轴线，距中心轴线一定距离的平行条带多边形；三是基于面要素(多边形边界)的缓冲区，向外或向内扩展一定距离生成新的多边形。

缓冲区还可以分为单重缓冲区和多重缓冲区。按照不同的缓冲距离，生成多个相互嵌套的多边形称为多重缓冲区。点要素、线要素及面要素都可以进行多重缓冲区分析。

3. 缓冲区建立方法

1）点要素的缓冲区

点要素的缓冲区是以点要素为圆心，以缓冲区距离 R 为半径的圆，包括单点要素形成的缓冲区、多点要素形成的缓冲区和分级要素形成的缓冲区等。

2）线要素的缓冲区

线要素的缓冲区是以线要素为轴线，以缓冲距离 R 为平移量向两侧作平行曲(折)线，在轴线两端构造两个半圆弧，最后形成圆头缓冲区。

3）面要素的缓冲区

面要素的缓冲区分析，是线目标的一种首尾相接的特殊情况，只需在面状目标的外侧配置缓冲区多边形即可。

在 ArcGIS 中建立矢量数据缓冲区是基于生成多边形(buffer wizard)来实现的，它是根据给定的缓冲区距离，对点状、线状和面状要素的周围形成缓冲区多边形图层，完全基于矢量结构，从操作对象、利用矢量操作方法、建立缓冲区的过程，到最后缓冲区的结果，全部是矢量的数据。

4. 栅格数据的缓冲区分析

过去受计算机内存的影响，很少对栅格数据进行缓冲区分析，2000 年以后计算机内存配准已经增加到 1～2 G，现在更是扩充到 4～16 G，为栅格数据缓冲区分析的广泛应用创造了有利条件。栅格数据缓冲区分析方法的原理简单且易于实现，目前主要有数学形态学扩张法、填充算法和栅格距离法。前两种方法以二值栅格为基础，对内存的依赖较距离法小，但存在如下缺点：对二值栅格图像进行矢量化时不能得到光滑边界；扩张/填充运算中存在大量重叠区域，严重影响计算效率。栅格距离法是较早提出的建立缓冲区的经典方法之一，其原理是利用基于栅格的欧式距离变换法计算出图幅范围内任一栅格到栅格化目标集的距离，通过比较预定义的缓冲距离与各栅格上所计算出的距离值的大小关系，即可检索出落在缓冲区范围内的栅格，本节实验的栅格缓冲区分析采用栅格距离法。

5.2.3　实验数据

本节实验数据存放在"文件夹 11"中，具体数据说明见表 5-3。

表　5-3

文件名称	格　式	位　置	说　明
省会城市.shp	Shapefile	11\point-buffer\	点要素图层，用于点要素缓冲区分析
street.shp 及 river.shp	Shapefile	11\line-buffer\	线要素图层，用于线要素缓冲区分析
park.shp	Shapefile	11\polygon\	面要素图层，用于面要素缓冲区分析
point_PointToRaster1.img	img	11\栅格 buffer\	栅格数据集用于栅格缓冲区分析
point.shp 及 park.shp	Shapefile	11\转换\	矢量数据用于矢量转栅格变换

5.2.4 实验内容

1. 点要素的缓冲区分析

本实例是对中国城市经济影响力进行分析。首先是进行城市影响范围 150 km 的缓冲区分析，然后对城市经济影响力分三个层次[一级(0～50 km)、二级(50～100 km)、三级(100～150 km)]进行多重缓冲区分析。具体操作步骤如下：

(1) 在 ArcMap 中，加载文件"省会城市.shp"。

(2) 单击标准工具条上的 ArcToolBox 按钮，打开工具箱窗口，在工具箱列表框中单击【分析工具】\【邻域分析】\【缓冲区】命令，打开【缓冲区】对话框。

(3) 在【缓冲区】对话框中的【输入要素】下拉列表中选择要进行缓冲区分析的数据图层"省会城市"，在【输出要素类】文本框中指定缓冲区分析成果文件的名称及输出路径。在【距离】文本框中输入本次查询的范围"150000"，具体设置如图 5-21 所示。

图 5-21

(4) 设置完参数后单击【确定】按钮，缓冲区分析结果如图 5-22 所示。

(5) 在进行多重缓冲区分析时，同样需要在工具箱列表框中单击【分析工具】\【邻域分析】\【多环缓冲区】命令，打开【多环缓冲区】对话框。

(6) 在【多环缓冲区】对话框中的【输入要素】下拉列表中选择"省会城市"，在【输出要素类】文本中设置缓冲分析成果文件的保存路径及文件名称；在【距离】文本框中，输入缓冲距离"50000"，然后单击添加按钮 ➕，将缓冲距离加入下面的列表中，按照相同的方法加入"100000"和"150000"，如果输入的数据有错误，可以选中该数据，单击删除 ✖ 按钮进行数据删除；在【缓冲区单位】下拉列表中选择缓冲区的单位(本实例为 m)，具体的设置如图 5-23 所示。

(7) 参数设置完毕后，单击【确定】按钮，就完成了多重缓冲区分析，如图 5-24 所示。要

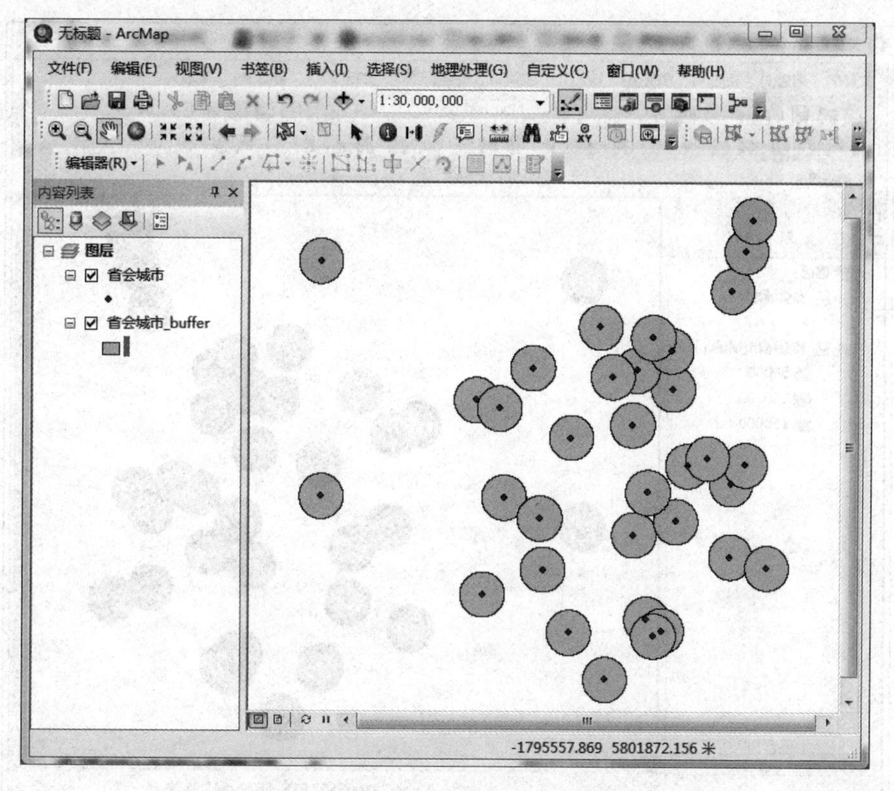

图　5-22

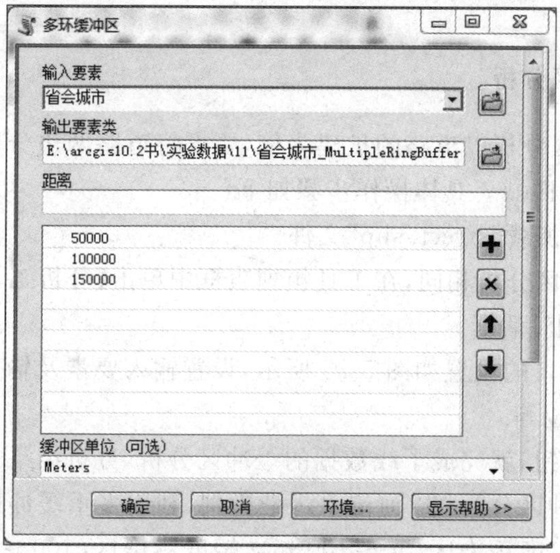

多环缓冲区
输入要素
省会城市
输出要素类
E:\arcgis10.2书\实验数据\11\省会城市_MultipleRingBuffer
距离
50000
100000
150000
缓冲区单位（可选）
Meters
确定　取消　环境...　显示帮助 >>

图　5-23

修改缓冲区分析结果的渲染效果，直接在内容列表中双击生成的缓冲区文件（本例为“省会城市_MultipleRingBuffer”）下面的要素符号（例如 ■ 50000 中的 ■），打开【符号选择器】对话框，进行渲染颜色、符号等的修改。

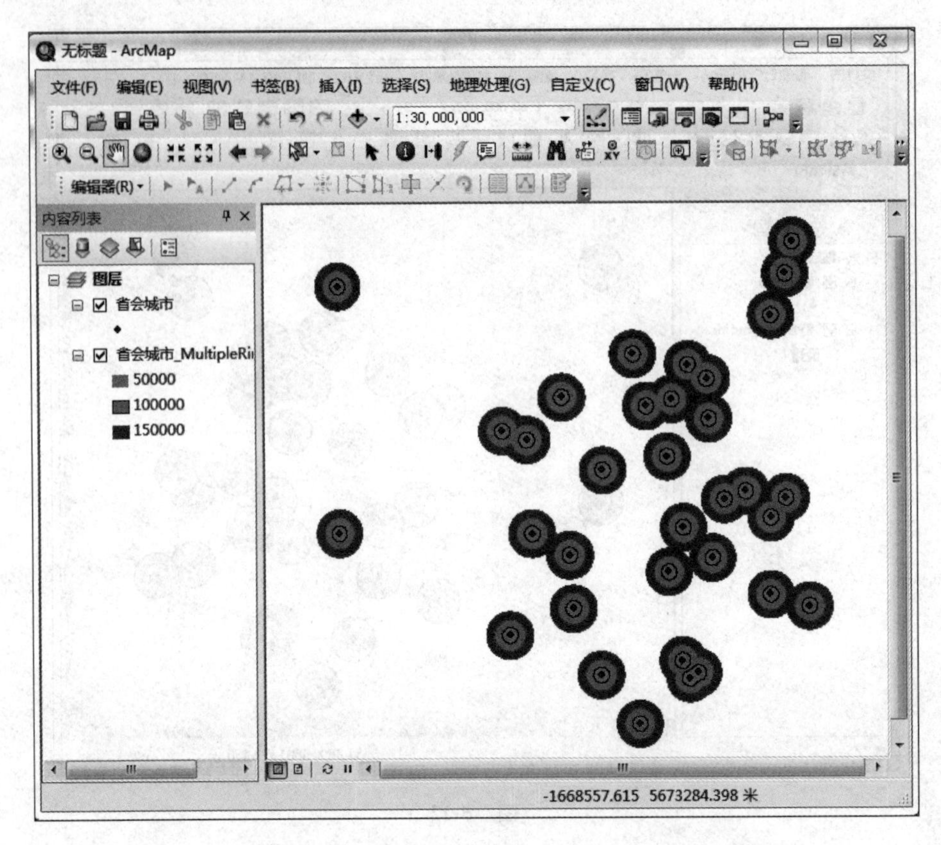

图 5-24

2. 线要素的缓冲区分析

1）线要素的缓冲区分析以道路的扩建为例，要求将道路两边分别扩建 20 m，利用缓冲区分析找出需要清理的区域。具体操作步骤如下：

（1）在 ArcMap 中加载“street. shp”文件。

（2）与点数据缓冲区分析相同，在工具箱列表框中单击【分析工具】\【邻域分析】\【缓冲区】命令，打开【缓冲区】对话框。

（3）在【缓冲区】窗口的设置如图 5-25 所示，设置输入要素及输出要素的保存路径及文件名，缓冲的距离及单位等。

（4）单击【确定】按钮，就完成了线数据的缓冲区分析，分析结果如图 5-26 所示。

2）线要素多重缓冲区分析：以河流水污染为例，利用多重缓冲区分析对河口两边的严重污染区（0～50 m）、中度污染区（50～100 m）、轻度污染区（100～150 m）进行分级显示。具体的步骤如下：

（1）在 ArcMap 中加载“river. shp”文件。

（2）单击标准工具条上的 ArcToolBox 按钮，打开工具箱窗口，在工具箱列表框中单击【分析工具】\【邻域分析】\【多环缓冲区】命令，打开【多环缓冲区】对话框。

（3）在【多环缓冲区】对话框的【输入要素】下拉列表中选择要进行缓冲分析的图层

图　5-25

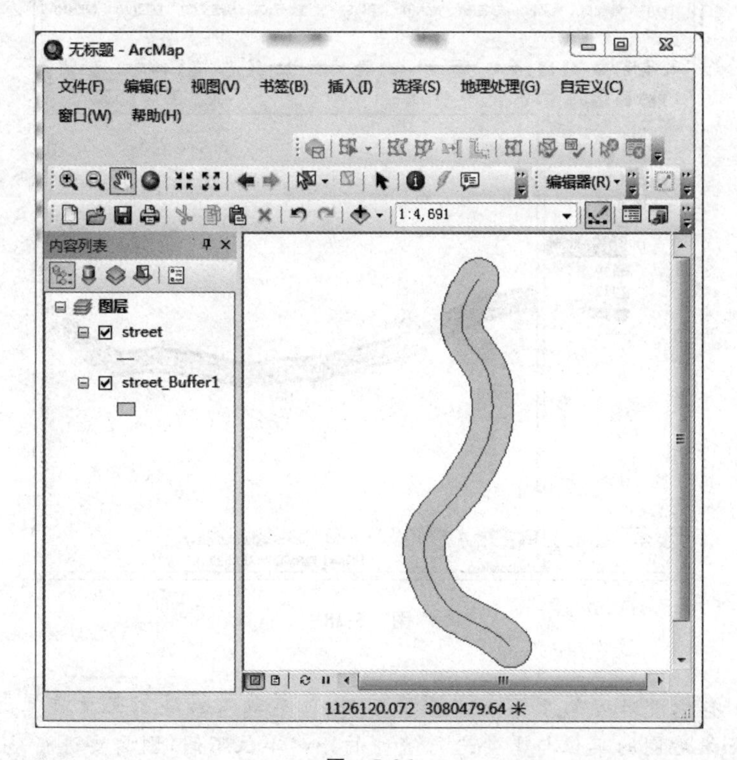

图　5-26

"river"；在【输出要素类】文本中设置缓冲分析成果文件的名称和保存路径，在【距离】文本框中分别输入缓冲距离"50""100""150"，然后单击添加按钮依次添加到列表框中，具体设置如图 5-27 所示。

(4) 参数设置完成后单击【确定】按钮，加载缓冲区分析结果，如图 5-28 所示。

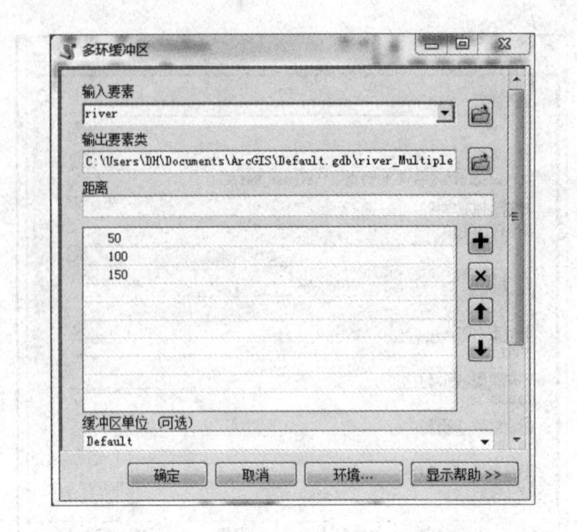

图 5-27

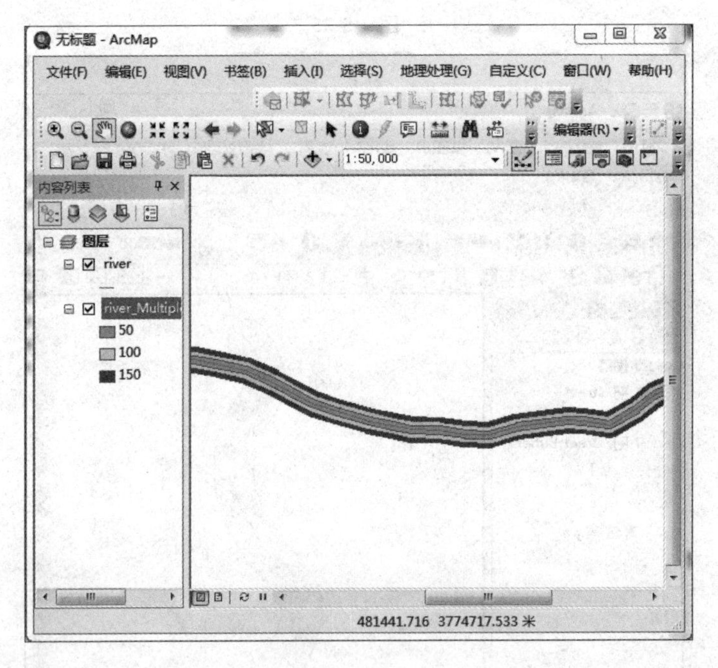

图 5-28

小提示：在缓冲区分析中需要确定单位，因此加载数据后需要查看状态栏中显示的地图单位。如果地图的单位与需要进行缓冲的距离单位不同，则需要进行地图单位设置。

3. 面数据的缓冲区分析

面数据的缓冲分析以距离公园 1500 m 的范围进行多重缓冲区分析（每 500 m 间隔作为一个缓冲带）为例，具体步骤如下：

(1) 在 ArcMap 中，加载“park. shp”文件。双击内容列表中的【图层】选项，打开【数据框属性】对话框，进入【常规】选项，确认“地图”和“显示”单位均为 m。

（2）在工具箱列表框中单击【分析工具】\【邻域分析】\【多环缓冲区】命令，打开【多环缓冲区】对话框。对话框中的设置与前面线要素的多重缓冲区设置相似，如图 5-29 所示。

（3）参数设置完成后，单击【确定】按钮，加载缓冲分析结果如图 5-30 所示。

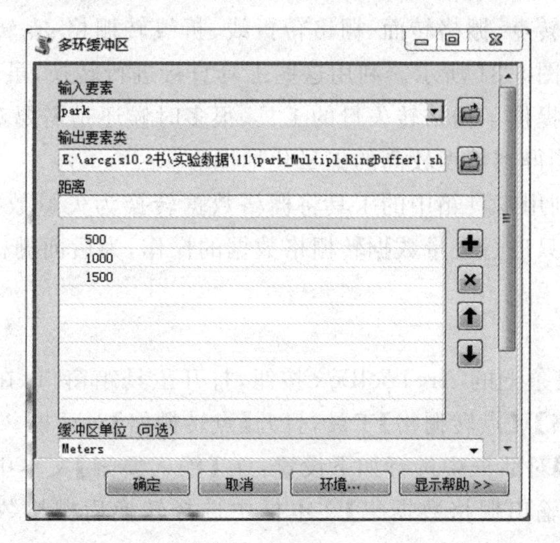

图　5-29

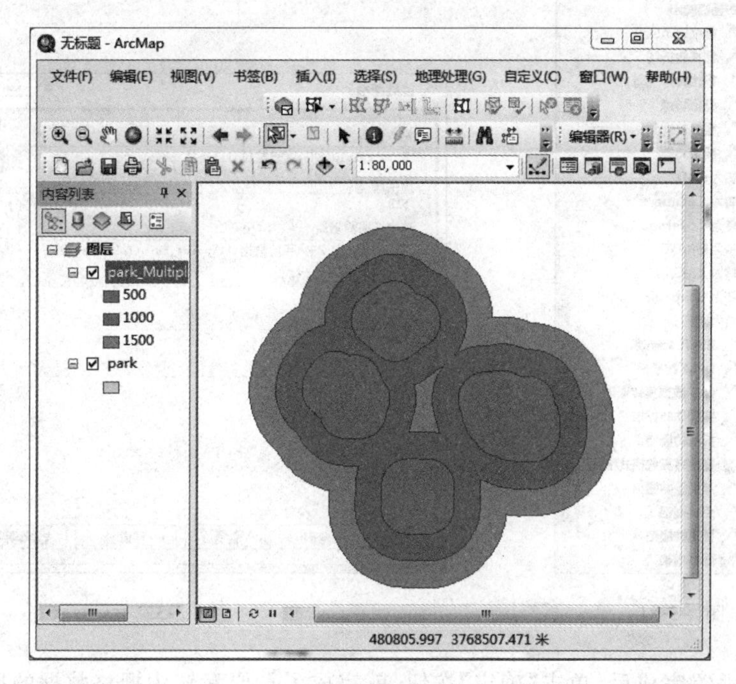

图　5-30

4. 栅格数据与矢量数据的相互转换

地理信息系统空间数据类型主要有矢量和栅格数据。矢量数据包含拓扑信息，通常应用于空间关系的分析；栅格数据则易于表示面状要素，主要应用于空间分析和图像处理。对同一研究区域而言，有时为了分析处理问题的方便，需要实现栅格和矢量数据间的转换，如扫描图像的矢量化、地形图的栅格化等。

ArcGIS 的工具箱分别提供了栅格数据转换为矢量数据以及矢量数据转换为栅格数据的工具，可以进行栅格转点、栅格转面、栅格转折线、折线转栅格、点转栅格以及面转栅格等一系列的转换操作，如图 5-31 所示。利用这些工具直接进行转换，虽然步骤简单，但是往往效果不理想，比如虽然提供了栅格转矢量的工具，很多时候还是需要对扫描的栅格图像进行专门的矢量化处理才能得到精度较高的矢量化地图。

前面实验中已经利用工具箱中的工具将栅格数据转换为矢量数据，具体的操作步骤请参照前面的内容，此处只进行矢量数据转栅格数据的操作，为后面栅格数据的缓冲区分析做数据准备。

1）点要素转栅格

（1）单击标准工具条上的 ArcToolBox 按钮，打开工具箱窗口，在工具箱列表框中单击【转换工具】\【转为栅格】\【点转栅格】工具，打开【点转栅格】对话框。

（2）在【点转栅格】对话框中进行如下设置：在【输入要素】文本中选择要转换的点要素文件“point. shp”；在【输出栅格数据集】文本框中选择转换后栅格数据的保存路径和文件名；【像元大小】设置为“8”，如图 5-32 所示。

图 5-31

图 5-32

（3）参数设置完成后，单击【确定】按钮，就完成了点要素转为栅格数据的操作。

2）面转栅格

在工具箱列表框中单击【转换工具】\【转为栅格】\【面转栅格】工具，打开【面转栅格】对话框。在【面转栅格】对话框中的参数设置如图 5-33 所示，单击【确定】按钮，即完成数据格式的转换。

图　5-33

5. 栅格数据的缓冲区分析

以上面生成的栅格数据“point_PointToRaster1. img”为例，进行栅格数据缓冲区分析。栅格数据的点、线、面缓冲区分析操作类似，下面以点缓冲区为例进行分析，具体操作步骤如下：

(1) 在 ArcMap 中加载“point_PointToRaster1. img”文件。

(2) 在主菜单上单击【自定义】\【扩展模块】命令，在打开的【扩展模块】对话框中勾选“Spatial Analyst”选项。

(3) 单击工具条上的 ArcToolBox 按钮，打开工具箱窗口，在工具箱中单击【Spatial Analyst 工具】\【距离分析】\【欧式距离】，打开【欧氏距离】对话框，在对话框中的设置如图 5-34 所示。

(4) 单击【确定】按钮，完成栅格缓冲区分析，然后加载由“point_PointToRaster1. img”产生的缓冲区数据图层，如图 5-35 所示。

图　5-34

图　5-35

小提示：可采用欧氏距离工具测量每个像元距离最近源的直线距离(像元中心至像元中心的距离)。其中，欧氏距离求得每个像元至最近源的距离；欧氏方向求得每个像元至最近源的方向；欧氏分配求得每个像元的最近源。欧氏距离的算法是指求得每个像元至每个源的距离，然后取得每个像元至每个源的最短距离以输出。欧氏距离输出栅格结果是指投影平面上像元与最近源之间的最短直线距离。

习题

1. 将“test1”文件夹中的矢量线状和面状数据“park. shp”和“street. shp”分别转化为栅格数据，再做相应的缓冲区分析。
2. 简述栅格数据缓冲区分析与矢量数据缓冲区分析的区别。

5.3 实验十二 叠置分析

5.3.1 实验目的

1. 了解叠置分析的基本概念。
2. 掌握 ArcGIS 中矢量数据叠置分析的基本方法。
3. 掌握 ArcGIS 中栅格数据叠置分析的基本方法。
4. 掌握矢量数据叠置分析的简单应用。

5.3.2 基础知识

叠置分析是地理信息系统中常用的用来提取空间隐含信息的方法之一，叠置分析是将有关主题层组成的各个数据层面进行叠置，产生一个新的数据层面，其结果综合原来两个或多个层面要素所具有的属性，同时叠置分析不仅生成了新的空间关系，还将输入的多个数据层的属性联系起来产生新的属性关系，如图 5-36 所示。叠置分析需要在统一空间参照系统条件下，每次将同一地区两个地理对象的图层进行叠合，以产生空间区域的多重属性特征，或建立地理对象之间的空间对应关系。

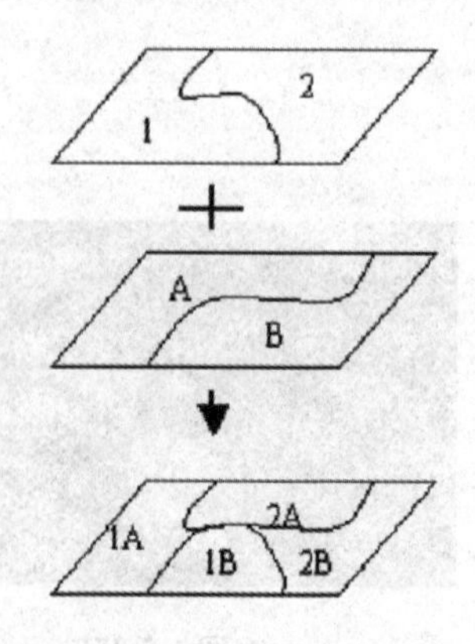

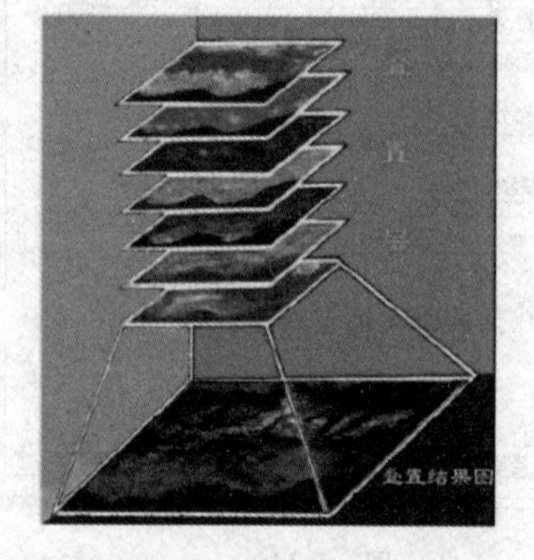

图 5-36

从原理上来说，叠置分析是对新要素的属性按一定的数学模型进行计算分析，其中往往涉及逻辑交、逻辑并、逻辑差等运算。叠置分析的类型如图5-37所示，基于矢量数据的叠置分析，根据操作要素的不同可以分为点与多边形叠加、线与多边形叠加、多边形与多边形叠加；根据操作形式的不同，矢量数据的叠置分析还可以分为图层擦除、识别叠加、交集操作、均匀差值、图层合并和修正更新。矢量数据具有存储量小、几何精度高、易于产生关系、可以构建拓扑等许多优点，但是矢量数据缺乏与遥感数据、数字高程数据直接结合的能力，这样使得数据的更新比较缓慢，且成本相对较高，这些缺点在矢量叠置分析中更加突出。

如图5-37所示，由于数据结构不同，矢量数据与栅格数据的叠置方法不同。栅格数据叠置分析是指将不同图幅或不同数据层的栅格数据叠置在一起，在叠置地图的相应位置上产生新的属性的分析方法。栅格数据由于其自身数据结构的特点，在数据处理与分析中通常使用线性代数的二维数字矩阵分析方法作为数据分析的数学基础。因此，栅格的叠置算法很简单，相当于两个矩阵的算术或逻辑运算，但是精度没有矢量高。

在ArcGIS中可以进行叠置分析的数据有Coverage、Shapefile、GeoDatabase中的要素类，还有各种形式的栅格数据(遥感影像，扫描电子地图等)。

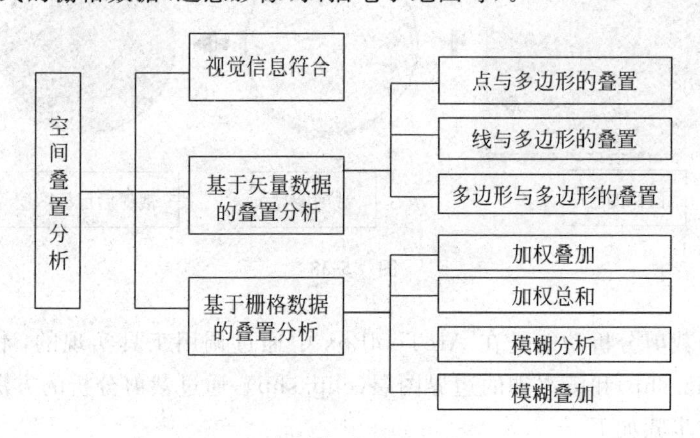

图 5-37

5.3.3 实验数据

本节实验数据存放在“文件夹12”中，具体数据说明见表5-4。

表 5-4

文件名称	格式	位置	说明
shenyang.shp及clip.shp	Shapefile	12\clip\	面要素图层，用于裁剪操作
shenyang.shp及erase.shp	Shapefile	12\erase\	面要素图层，用于擦除操作
street_Buffer.shp及park.shp	Shapefile	12\intersect\	面要素图层，用于相交分析
street_Buffer.shp及park.shp	Shapefile	12\union\	面要素图层，用于联合分析
park1.shp及park2.shp	Shapefile	12\update\	面要素图层，用于更新分析
parcel.shp及park.shp	Shapefile	12\identity\	面要素图层，用于标识分析
parcel.shp及river_Buffer1000.shp	Shapefile	12\symmetricaldifference\	面要素图层，用于交集取反分析
PM2.5.shp及shenyang.shp	Shapefile	12\spatialjoin\	点及面要素图层，用于空间连接分析
bufferzone及con_slope_de1	栅格数据	12\raster\	栅格数据，用于叠置分析

5.3.4 实验内容

1. 基于矢量数据的叠置分析

基于矢量数据的叠置分析，根据操作形式的不同可以分为裁剪分析(clip)、擦除分析(erase)、相交分析(intersect)、联合分析(union)、更新分析(update)、标识分析(identity)、交集取反分析(symmetrical difference)、空间连接分析(spatial join)，本节就这 8 种形式分别用实例进行介绍。

1) 裁剪分析(clip)

裁剪分析功能是 ArcGIS 使用较多的功能之一，裁剪的目的是将目标层与裁剪层进行运算，输出结果为裁剪后的目标图层，如图 5-38 所示，其属性不发生改变，与裁剪之前的目标图层相同。

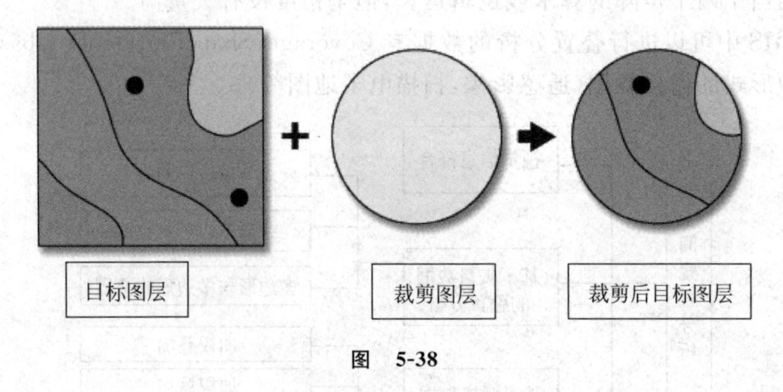

图 5-38

矢量数据的裁剪分析功能是在 ArcToolBox 中通过调用工具实现的，本节提供一幅沈阳地图(shenyang. shp)和感兴趣的边界图层(clip. shp)，通过裁剪分析的方法提取沈阳感兴趣区。具体操作步骤如下：

(1) 在 ArcMap 中加载“shenyang. shp”和“clip. shp”文件，在标准工具条上单击 ArcToolBox 按钮，打开工具箱窗口。

(2) 在工具箱窗口中单击【分析工具】\【提取分析】\【裁剪】工具，打开【裁剪】对话框。

(3) 在【裁剪】对话框中进行如下设置：在【输入要素】下拉列表中选择要被裁剪的图层(目标图层)“shenyang”；在【裁剪要素】下拉列表中选择裁剪图层“clip”；在【输出要素类】文本框中选择输出文件的名称及路径，如图 5-39 所示，然后单击【确定】按钮，完成裁剪分析。

> **小提示**：裁剪要素可以是点、线或面，具体取决于输入要素的类型。输入要素为面时，裁剪要素也必须为面；当输入要素为线时，裁剪要素可以为线或面；当输入要素为点时，裁剪要素可以为点、线或面。输出要素类将包含输入要素的所有属性。

(4) 裁剪分析结果会自动加载到 ArcMap 中显示，结果如图 5-40 所示。

2) 擦除分析(erase)

擦除分析是指输入层根据擦除图层的范围大小，将擦除图层所覆盖的输入图层内的要

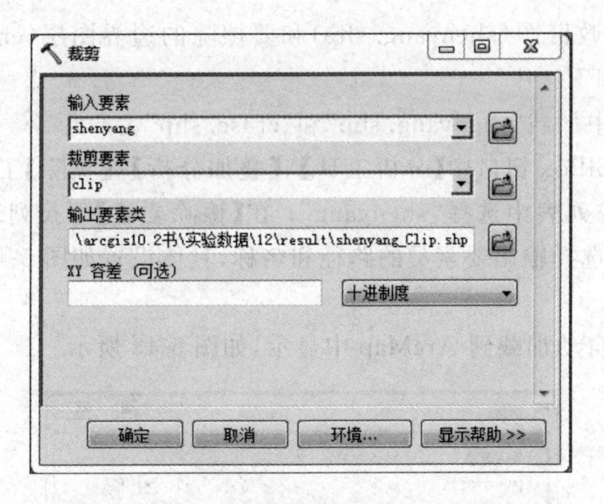

图 5-39

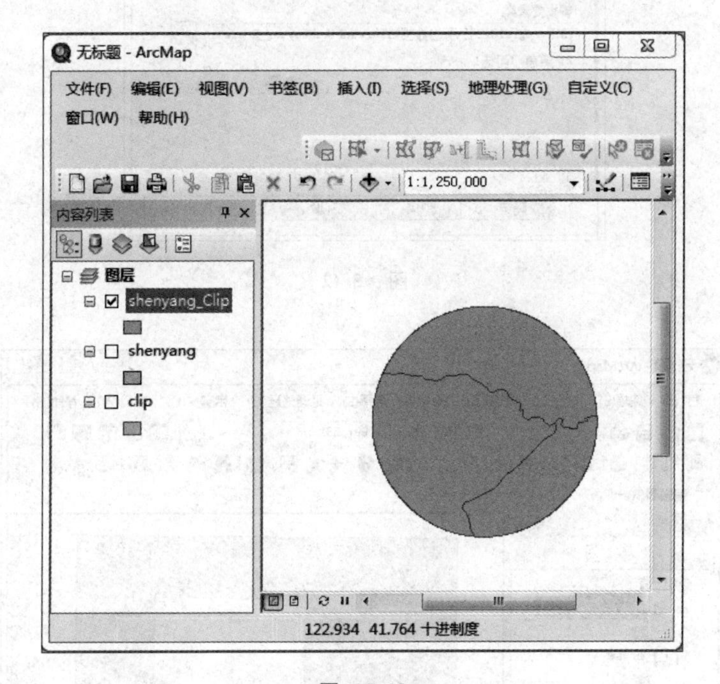

图 5-40

素去除，最后得到剩余的输入图层的结果，如图 5-41 所示。擦除后图层的属性与输入图层相同。

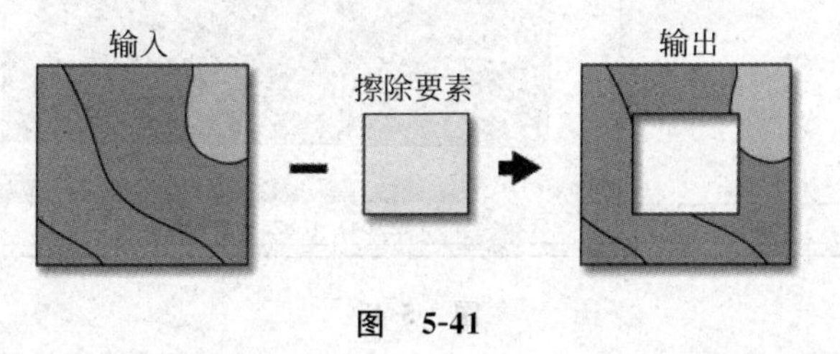

图 5-41

本例使用沈阳行政区图(shenyang. shp)和要擦除的边界图层(erase. shp)来进行擦除分析，具体操作步骤如下：

(1) 在 ArcMap 中加载“shenyang. shp”和“erase. shp”。

(2) 单击 ArcToolBox 窗口中【分析工具】\【叠加分析】\【擦除】工具，打开【擦除】对话框，在【输入要素】下拉列表中选择“shenyang”；在【擦除要素】下拉列表中选择“erase”；在【输出要素类】文本中选择输出要素类的路径和名称，具体设置如图 5-42 所示。单击【确定】按钮，完成擦除操作。

(3) 擦除结果会自动加载到 ArcMap 中显示，如图 5-43 所示。

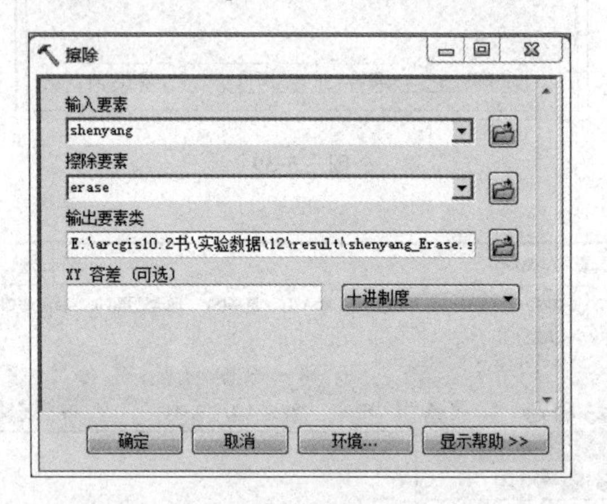

图 5-42

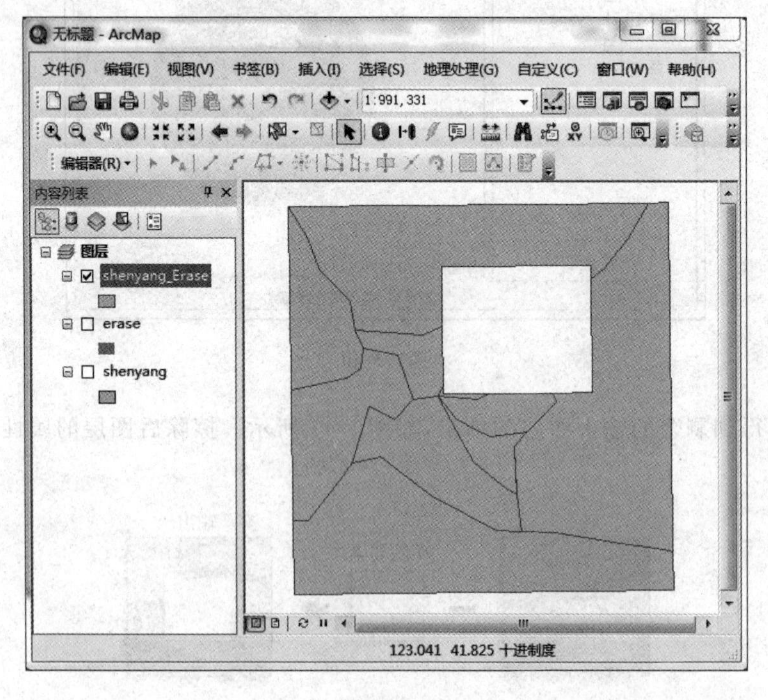

图 5-43

小提示：擦除要素可以为点、线或面，须保证输入要素的类型等级与之相同或较低。面擦除要素可用于擦除输入要素中的面、线或点；线擦除要素可用于擦除输入要素中的线或点；点擦除要素仅用于擦除输入要素中的点。

3）相交分析（intersect）

相交分析用来计算两个图层的交叉部分，落在公共区域的特征被保留。输出结果将继承两个图层的所有属性，如图 5-44 所示。

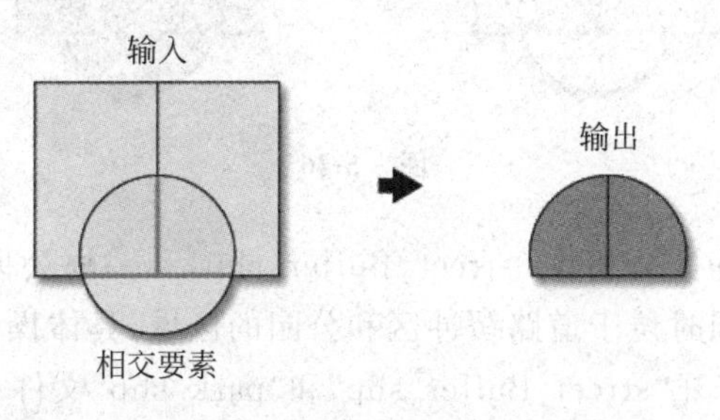

图　5-44

下面用一幅道路缓冲区分析图（street_Buffer. shp）和一幅公园区域图（park. shp），通过相交分析的方法获取道路缓冲区和公园区的空间交集地区，具体操作步骤如下：

（1）在 ArcMap 中打开“street_Buffer. shp”和“park. shp”文件。

（2）在 ArcToolBox 窗口中，单击【分析工具】\【叠加分析】\【相交】工具，打开【相交】对话框，在【输入要素】下拉列表中选择要进行相交分析的图层；在【输出要素类】文本框中选择输出文件的名称及路径，如图 5-45 所示。单击【确定】按钮，完成相交分析的操作。

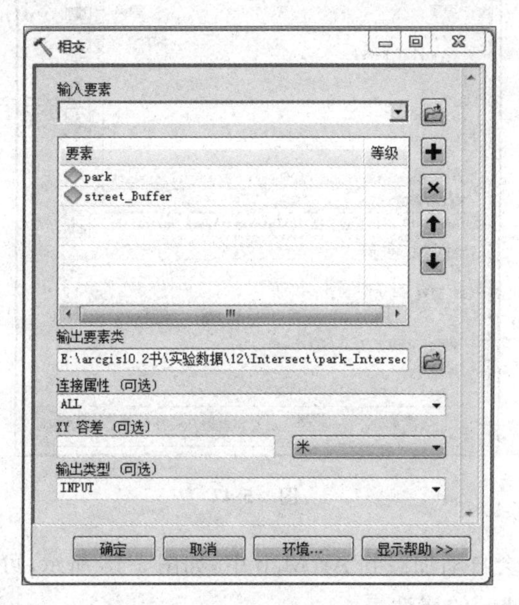

图　5-45

（3）相交结果会自动加载到 ArcMap，查看相交分析输出文件的空间范围和属性信息，可以看到属性表继承了参与相交分析的两个图层的所有属性字段。

4）联合分析(union)

联合分析是将两个图层的地图并成一张，将所有要素及其属性都写入输出要素中，也就是说，输出结果将合并两个图层的所有要素，并继承两个图层的所有属性，如图 5-46 所示。

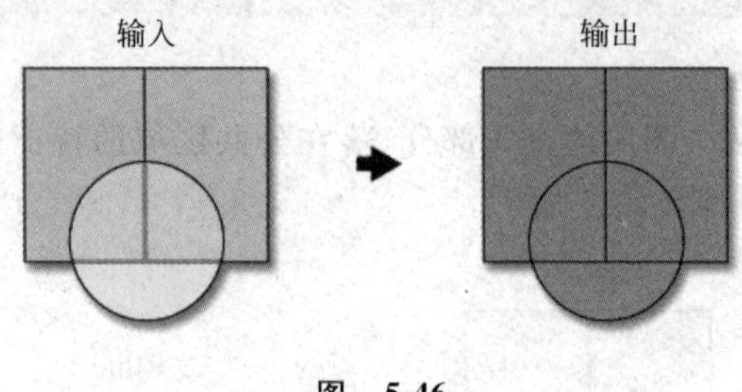

图 5-46

下面用一幅道路缓冲区分析图(street_Buffer.shp)和一幅公园区域图(park.shp)，通过联合分析的方法获取同时位于道路缓冲区和公园的区域，具体操作步骤如下：

(1) 在 ArcMap 中打开“street_Buffer.shp”和“park.shp”文件。

(2) 在 ArcToolBox 窗口中，单击【分析工具】\【叠加分析】\【联合】工具，打开【联合】对话框，在【输入要素】下拉列表中选择要进行联合分析的图层“park”和“street_Buffer”；在【输出要素类】文本框中选择输出文件的名称及路径；勾选【允许间隙存在】复选框，如图 5-47 所示。单击【确定】按钮，完成联合分析的操作。

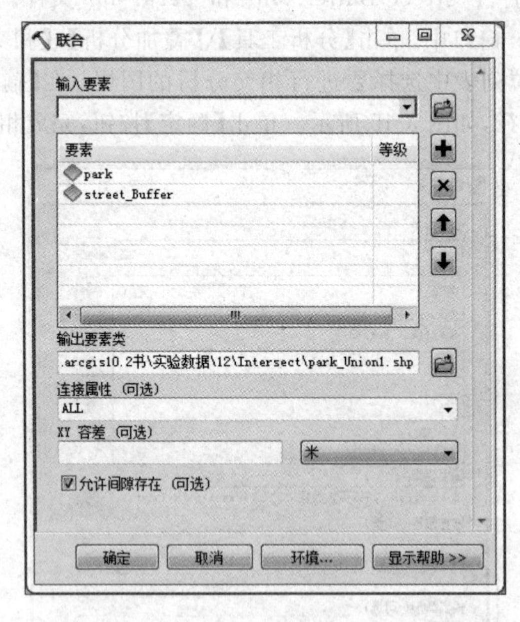

图 5-47

(3) 联合分析结果会自动加载到 ArcMap 中，如图 5-48 所示，可查看联合分析后生成的新要素“park_Union1.shp”的属性表。

5）更新分析(update)

首先对输入的图层和更新图层进行几何相交运算，输入图层被更新图层覆盖的那一部分属性使用更新图层的属性，如图 5-49 所示。

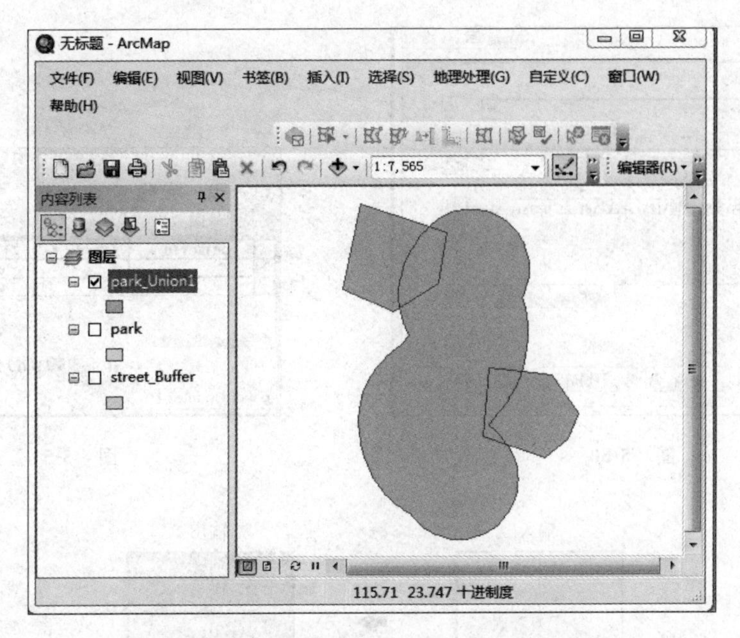

图 5-48

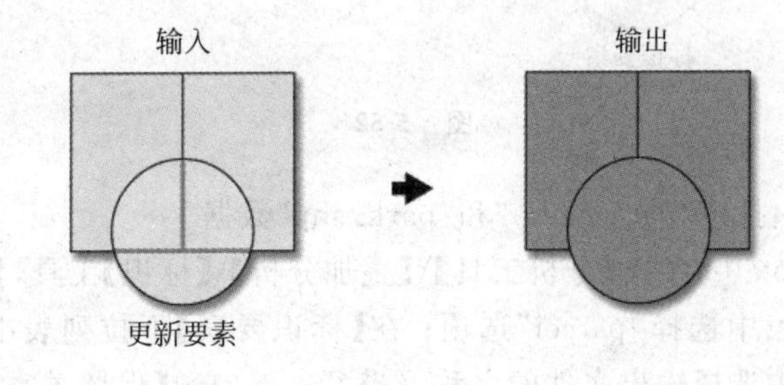

图 5-49

下面用原公园区域图(park1.shp)和新建的花卉展区图(park2.shp),对原来的公园进行更新操作,操作步骤如下:

(1) 在 ArcMap 中加载数据“park1.shp”和“park2.shp”。

(2) 在工具箱窗口中单击【分析工具】\【叠加分析】\【更新】工具,打开【更新】对话框。在【输入要素】下拉列表中选择“park1”;在【更新要素】下拉列表中选择“park2”;在【输出要素类】文本框中选择要输出文件的名称及路径;选中【边框】复选框,其他设置如图 5-50 所示。单击【确定】按钮,完成更新分析。

(3) 更新后的结果“park1_Update2.shp”会自动加载到 ArcMap 中显示,打开“park1_Update2.shp”的属性表,查看其属性,如图 5-51 所示。

6) 标识分析(identity)

标识分析是以输出图层为保留,即取以输入图层为控制边界之内的所有多边形,输入要素与标识要素的重叠部分将获得标识要素的属性,具体如图 5-52 所示。

下面用 1990 年土地使用图(parcel.shp)和 2010 年公园区域图(park.shp),分析 1990—2010 年土地变为公园的范围,具体操作如下:

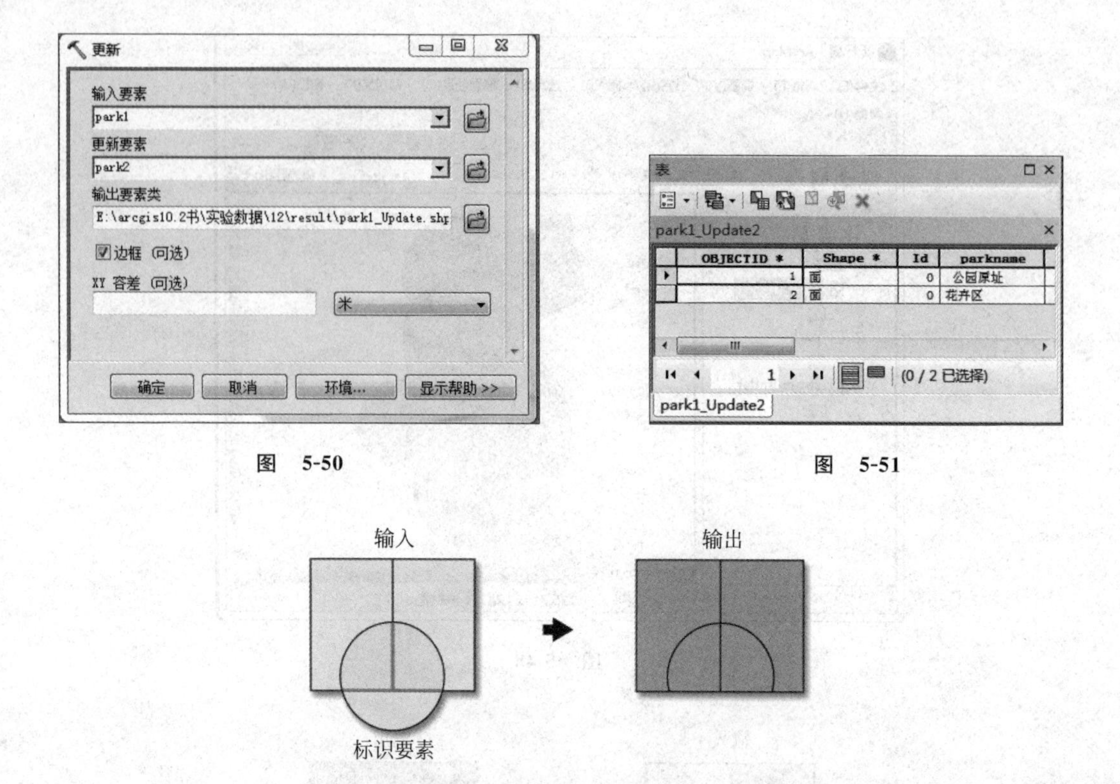

图 5-50

图 5-51

图 5-52

(1) 在 ArcMap 中打开"parcel. shp"和"park. shp"数据。

(2) 在 ArcToolBox 中,单击【分析工具】\【叠加分析】\【标识】工具,打开【标识】对话框,在【输入要素】下拉列表中选择"parcel"选项;在【标识要素】下拉列表中选择"park"选项;在【输出要素类】文本中选择输出文件的名称及路径;不勾选【保留关系】复选框,其他设置如图 5-53 所示。最后单击【确定】按钮完成标识分析。

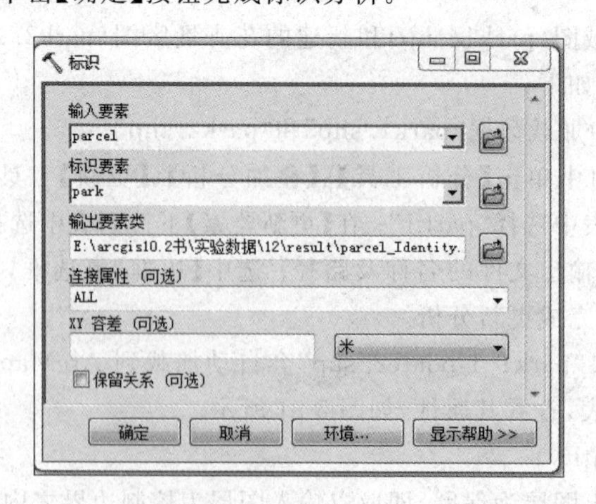

图 5-53

(3) 空间标识分析的结果会自动加载到 ArcMap 中显示,对比前、后属性表的变化,如图 5-54 所示。注意生成的新要素"parcel_Identity. shp"的属性表,该图层的属性继承了参与标识分析的图层的属性。

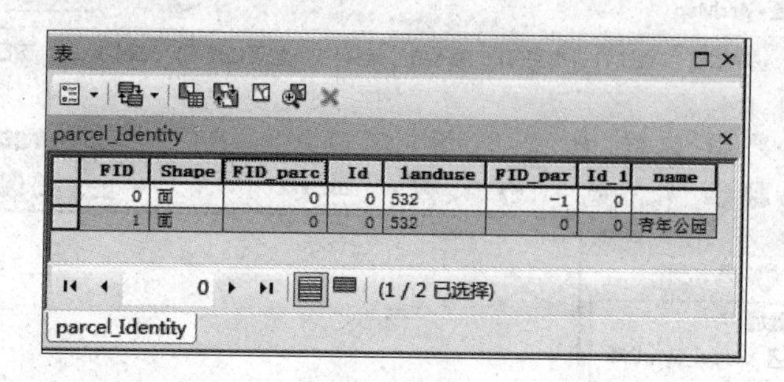

FID	Shape	FID_parc	Id	landuse	FID_par	Id_1	name
0	面	0	0	532	-1	0	
1	面	0	0	532	0	0	青年公园

图 5-54

小提示：输入要素可以是点、线或面，但是不能是注记要素、尺寸要素或网络要素。标识要素必须是面，或者与输入要素的几何类型相同。标识分析主要有三种类型：多边形和多边形，线和多边形，以及点和多边形的标识分析。

7）交集取反分析(symmetrical difference)

交集取反分析是将输入要素和更新要素不重叠的部分输出到新要素类中，即从输出要素类中去除公共部分，只保留非公共部分，如图 5-55 所示。

下面用河流两岸 1000 m 缓冲区图(river_Buffer1000. shp)和空闲土地区域图(parcel. shp)，通过交集取反操作提取河流缓冲区与空闲土地相交之外的地区。

(1) 在 ArcMap 中打开“parcel. shp”和“river_Buffer1000. shp”文件。

(2) 在 ArcToolBox 中，单击【分析工具】\【叠加分析】\【交集取反】工具，打开【交集取反】对话框，在【输入要素】下拉列表中选择“parcel”选项；在【更新要素】下拉列表中选择“river_Buffer1000”选项；在【输出要素类】文本中选择输出文件的名称及路径，具体设置如图 5-56 所示。最后单击【确定】按钮完成交集取反分析。

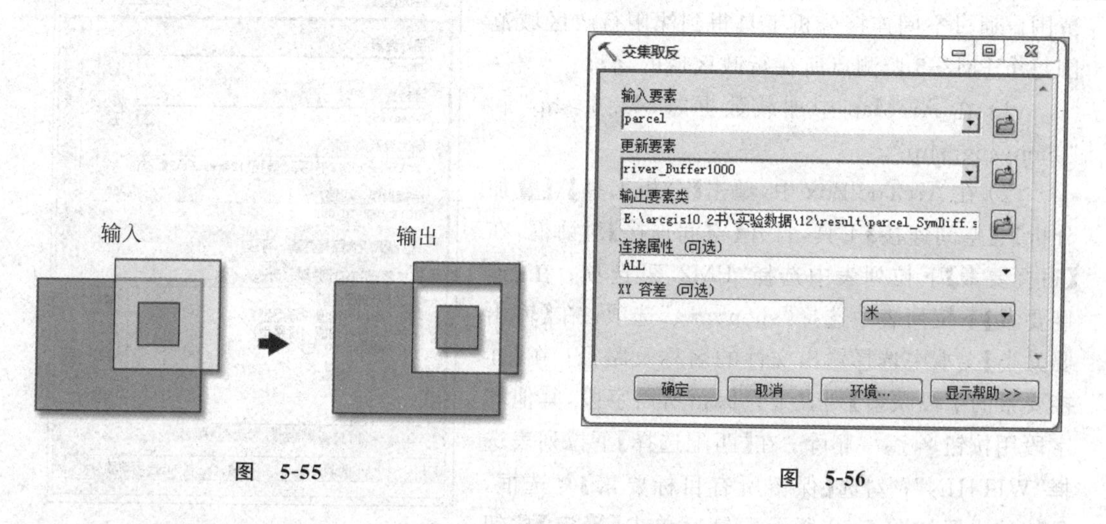

图 5-55　　图 5-56

(3) 交集取反的结果(parcel_SymDiff. shp)自动加载到 ArcMap 中显示，如图 5-57 所示。打开“parcel_SymDiff. shp”的属性表，查看交集取反结果的属性信息。

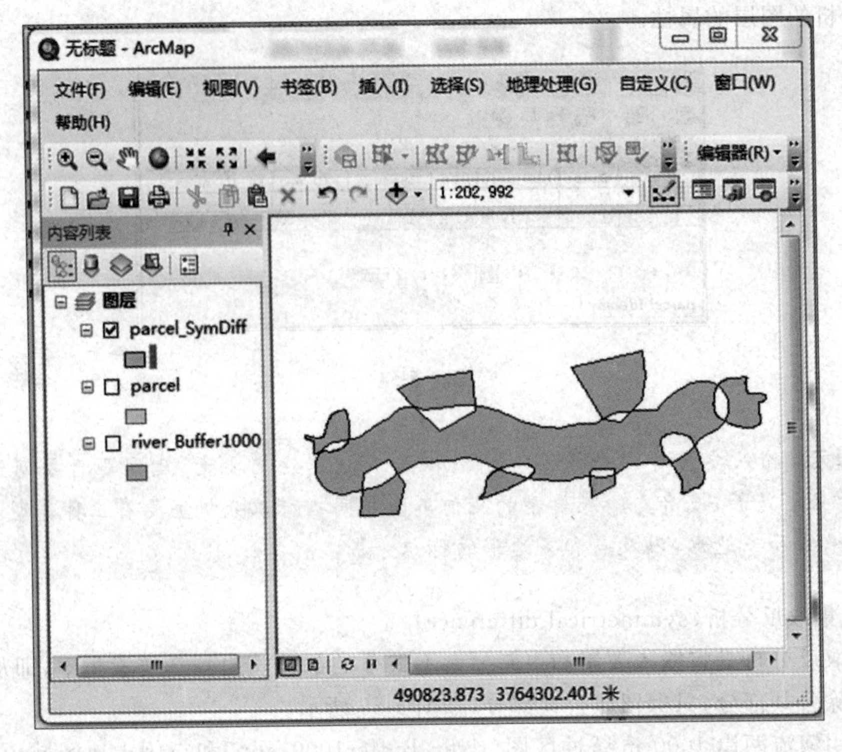

图 5-57

8）空间连接分析（spatial join）

空间连接分析是将一个图层的属性数据（目标）按空间位置（最近距离、是否在内部和是否是其一部分）与另外一个图层的属性表进行属性连接。实际上空间连接分析主要是属性表的操作。例如给出一个点要素图层（PM2.5.shp），表示各区域 PM2.5 监测站；给出一个面要素图层（shenyang.shp），表示沈阳的行政区域范围。通过空间连接分析工具得到沈阳行政区域范围每个 PM2.5 监测点所在行政区域的名称。

（1）在 ArcMap 中加载数据“PM2.5.shp”和“shenyang.shp”。

（2）在 ArcToolBox 中，单击【分析工具】\【叠加分析】\【空间连接】工具，打开【空间连接】对话框，在【目标要素】下拉列表中选择“PM2.5”选项；在【连接要素】下拉列表中选择“shenyang”选项；在【输出要素类】文本中选择输出文件的名称及路径；在【连接要素的字段映射】列表中只保留所需字段，其他的字段用按钮 ☒ 逐一删除；在【匹配选择】下拉列表选择“WITHIN”；勾选【保留所有目标要素】复选框，具体的设置如图 5-58 所示。最后单击【确定】按钮完成空间连接操作。

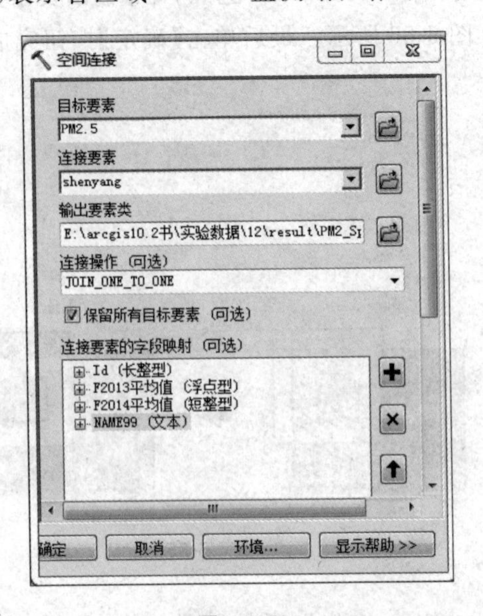

图 5-58

小提示：连接要素的属性将被连接到目标要素的属性中；连接要素的字段映射(可选)控制输出要素类中要包含的属性字段，初始列表包含目标要素和连接要素中的所有字段，可以添加、删除、重命名字段或更改字段的属性，目标要素中的所选字段按原样传递，但连接要素中的所选字段可能会根据有效的合并规则进行聚合；输出要素类是包含目标要素和连接要素的属性的新要素类。

(3) 空间连接后的结果会自动在 ArcMap 中显示，对比分析“PM2.5”和“PM2_SpatialJoin”的属性表变化，如图 5-59 所示。通过图 5-59 可以看到，空间连接是将一个图层(PM2.5)的属性表按空间位置关系(本例是点在面内 WITHIN)与另外一个图层(shenyang)的属性合并，图层的图形特征没有发生变化，但是新数据层“PM2_SpatialJoin”的各个要素具有叠加层要素的多重属性，新图层保留的属性字段可以在连接要素的字段映射列表中设置。

表

PM2.5

FID	Shape *	Id	2013平均值	2014平均值
0	点	0	77.3	87
1	点	0	78	89
2	点	0	63	67
3	点	0	83	101
4	点	0	95	93
5	点	0	77.8	83
6	点	0	117	119
7	点	0	102	95
8	点	0	98	94
9	点	0	81	82

1 (0 / 10 已选择)

PM2.5

表

PM2_SpatialJoin

FID	Shape	Join_Count	TARGET_FID	Id	F2013平均	F2014平均	NAME99
0	点	1	0	0	77.3	87	康平县
1	点	1	1	0	78	89	法库县
2	点	1	2	0	63	67	新民市
3	点	1	3	0	83	101	辽中县
4	点	1	4	0	95	93	沈阳市市辖区
5	点	1	5	0	77.8	83	沈阳市市辖区
6	点	1	6	0	117	119	新民市
7	点	1	7	0	102	95	新民市
8	点	1	8	0	98	94	辽中县
9	点	1	9	0	81	82	康平县

1 (0 / 10 已选择)

PM2_SpatialJoin

图　5-59

2. 基于栅格数据的叠置分析

基于栅格数据的叠置分析是指参与分析的图层均为栅格数据。栅格数据的叠置分析常用于综合评价，ArcGIS 工具集提供 4 个栅格叠加工具：加权叠加、加权总叠加、模糊分析和模糊叠加。本节使用模糊叠加工具提取位于河流两侧缓冲区内高侵蚀区的范围。

(1) 在 ArcMap 中加载栅格数据“bufferzone”和“con_slope_de1”。

(2) 单击 ArcMap 主菜单【自定义】\【扩展模块】命令，打开【扩展模块】对话框，在对话框中勾选【spatial analyst】选项前的复选框，添加空间分析模块，单击【确定】按钮。注意：如果此处不进行模块扩展，就无法在工具箱中使用 spatial analyst 工具。

(3) 单击工具箱中【spatial analyst】\【叠加分析】\【模糊叠加】工具，打开【模糊叠加】对话框，在【输入栅格】下拉列表中选择“con_slope_de1”和“bufferzone”选项；在【输出栅格】文本框中设置输出数据名称及路径，如图 5-60 所示。

(4) 单击【确定】按钮，结果自动加载到 ArcMap 中，如图 5-61 所示。

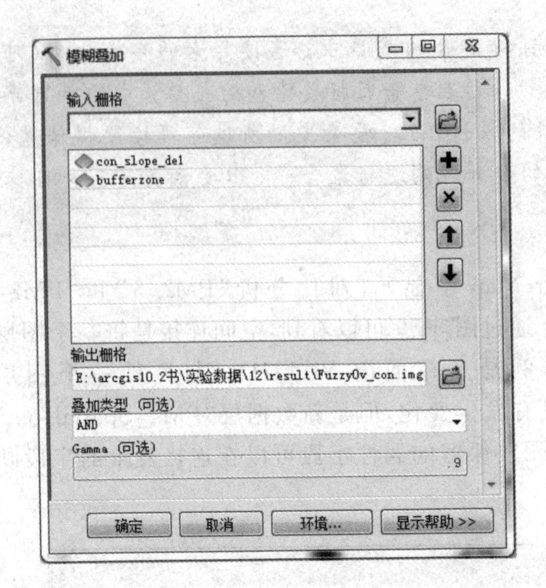

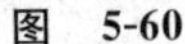
图 5-60

图 5-61

习题

1. 矢量数据叠置分析主要有哪几种方法？利用这几种方法进行叠置分析得到的输出结果，其属性表特点是什么？

2. 什么是基于栅格数据的叠置分析？栅格数据的叠置分析有哪几种方法？

3. 矢量数据的叠置分析和栅格数据的叠置分析有何不同？

5.4 实验十三 网络分析

5.4.1 实验目的

1. 了解网络分析的基本概念、分类及组成。
2. 掌握网络分析的基本方法和步骤。
3. 结合实际，掌握道路网络分析的基本方法。

5.4.2 基础知识

1. 基本概念及分类

网络是图论和运筹学中的一个数学模型，通常用来研究资源在不同点之间的流动。地理网络由一系列相互连通的点和线组成，用来描述地理要素（资源）的流动情况。ArcGIS 使用地理网络模型来对现实世界中的各种地理网络关系进行模拟和分析。现实世界中多种网络关系可以抽象为网络：道路网被抽象为交通网络，河流水系被抽象为河流网络，自来水管道被抽象为管网网络，如图 5-62 所示。网络分析是对地理网络（如交通网络）、城市基础设施网络（如各种网线、电缆网、电力线、电话线、供水线、排水管道等）进行地理分析和模型化的过程,网络分析是ArcGIS提供的重要的空间分析功能。

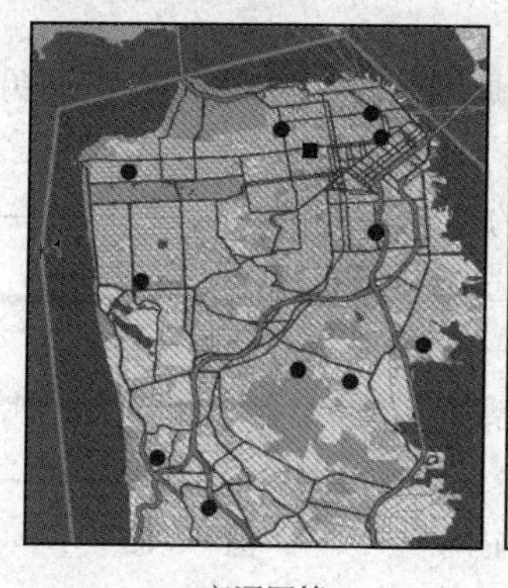
交通网络

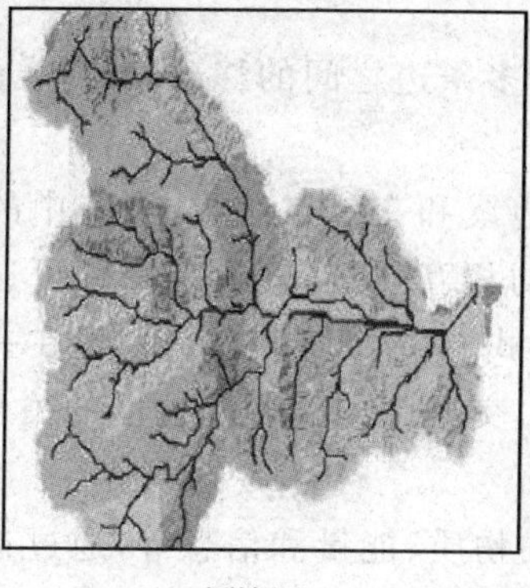
河流网

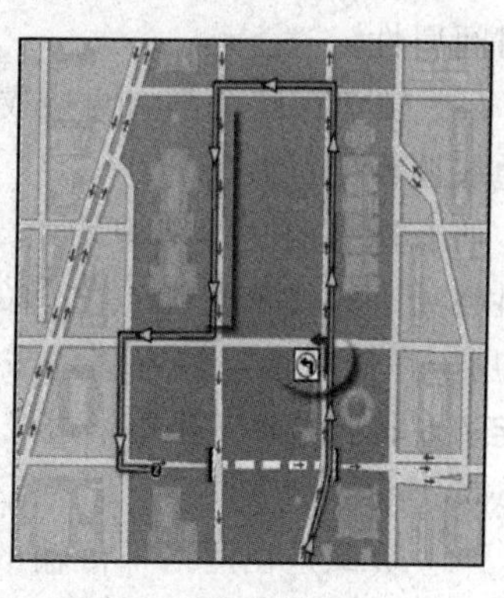
管网网络

图 5-62

网络分析分为传输网络分析(network analyst)和设施网络分析(utility network analyst)两种。传输网络模拟道路、地铁等交通线路,基于网络数据集构建数据模型,是无向网,即网络使用者可以自行决定方向。传输网络可以完成:最佳路径查询、设施服务分析、寻找最近设施点及多点物流派送等分析。设施网络分析源自几何网络,是一种有向网,即网络使用者不能自行决定流向,只能通过业务规则按提前定义好的方向行进,常用于模拟现实世界中的水、电、气等管网设施。两种网络分析方法的区别如表5-5所示,本节主要介绍传输网络分析。

表 5-5

区　别	传输网络分析(network analyst)	设施网络分析(utility network analyst)
应用领域	交通运输	公共事业、自然资源
分析	路径搜索与定位等	流向和追踪分析
网络特性	非定向网络 流向不完全由系统控制 (网络中流动资源可以决定流向)	定向网络(网络中) 流向有源(source)至汇(sink) 网络中流动的资源自身不能决定流向
存储	Shapefile,要素集	要素集
权重	更丰富的网络属性(权重)类型	基于要素属性的权重类型
维护连通性	用户决定何时重建连通关系	系统自动维护连通性

2. 网络组成要素

1) 网络元素

网络元素包括边线、交汇点、转弯、资源、障碍、中心和站点。

(1) 边线是构成网络模型的主要框架,对应着网络中各种线性要素,通常用中心线代表地理实体和现象本身。边线可以表示多种对象,如公路、铁路以及设施网络中的输电线、河流线等。网络可以描述边线的图像属性和属性信息,其中属性信息包括阻碍强度、资源需求量和约束条件。

(2) 边线的两个端点称为交汇点,网络中边与边之间通过交汇点相连,交汇点根据它在网络中的角色或与它相连边的属性而具有某些特定属性，如在道路交叉口处具有穿过路口的时间属性。

(3) 转弯存储可影响两条或多条边之间的移动信息，也是网络中一个边线要素到另一个边线要素的过渡。

所有网络的基本结构均由边线和交汇点组成，网络中的连通性将处理边线和交汇点之间的相互连接，转弯是一种可选元素，用于存储与特定转弯移动方式有关的信息，例如，现在一条特定边左转到另外一条边。边线、交汇点、转弯三者之间的关系如图 5-63 所示。

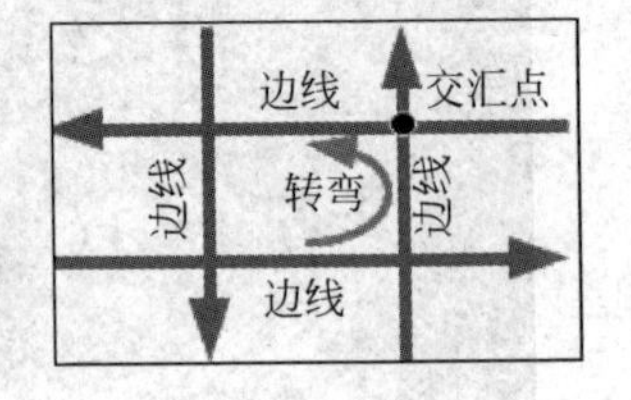

图 5-63

(4) 资源是在网络中传输的物质、能量和信息等，通过在网络中的流动来实现传输和分配。资源的属性很复杂，取决于资源本身的种类，它可能是有形的，比如运输中的石油、货物等；也可能是无形的，比如电流、信息流等。

(5) 障碍是对资源传输起阻断作用的点或线，使网络中的资源不能通过这些节点或边，阻碍资源在与其相连接的任意两条边之间流动。障碍代表了网络中元素的不可通过性，比如维修中的道路、断裂的桥等。

(6) 中心是网络具有一定的容量，并能够从网络边上获取资源或分发资源的节点所在的位置。中心的属性有两种：中心资源容量和中心的阻碍限度。

(7) 站点是资源在地理网络中传输的起点和终点，在网络中传输的物质、能量和信息都是从一个站点出发，到达另一个站点的。站点是具有指定属性的网络元素，在最优路径分析和资源分配中都要用到站点的属性。

2) 网络元素的基本属性

(1) 连通性

网络数据集中的连通性是基于线端点、线折点和点的几何重叠建立，并遵循网络数据集属性的连通性规则。建立 ArcGIS 中网络分析的连通性，要从定义连通性组开始：每个边源只能被分配到一个连通性组中；每个交汇点源可被分配到一个或多个连通性组中；一个连通性组中可以包含任意数量的源；多连通性组是构建多模式网络的基础。

网络数据集有多种连通策略，连通策略定义连通组内的网络元素相互之间的连通方式。使用较多的是对边线要素的连通策略设置，网络数据集中对边的连通策略有端点连通(endpoints)和任意节点连通(any vertexes)两种，如图 5-64 所示。

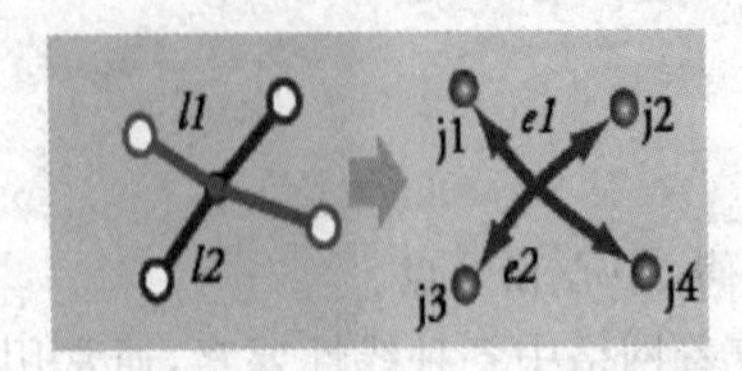

端点连通

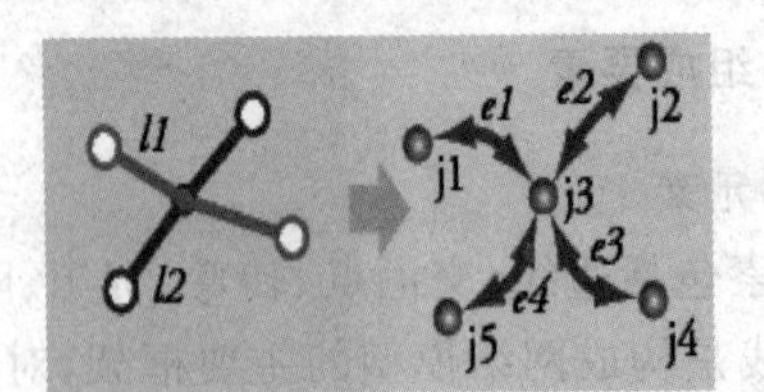

任意节点连通

图 5-64

(2) 网络属性

网络属性是指控制网络可穿越性的网络元素的属性,比如指定道路长度情况下的行程时间,哪些街道限制哪些车辆,沿指定道路行驶的速度以及哪些街道是单行道等。网络属性包含 4 个基本属性,如表 5-6 所示。网络其他的属性有以下几种:成本,指穿越网络元素时累计的某种属性值(如车行时间、路段长度等);描述性,指描述网络元素的整体特征,但车道数、路面材质不直接参与路径计算;约束条件,指被限制的元素在分析时是不连通的,包括单向限制、转向限制;等级,是指定给网络元素的次序或级别,比如道路的三个等级,有一级道路、二级道路和地方道路等。

表 5-6

名　称	描　述
使用类型	指定在分析过程中使用属性的方式,属性可以被标识为成本、描述符、约束或等级
单位	成本属性的单位是距离或时间(例如厘米、米、英里、分钟和秒)。描述符、等级和约束条件的单位是未知的
数据类型	可以是布尔型、整型、浮点型或双精度型。成本属性不能是布尔型,约束条件始终为布尔型,而等级始终是整型
默认情况	自动在新创建的网络分析图层上设置这些属性

(3) 方向

方向构成了从某一边元素到另一边元素的移动方式。通常创建转弯来增加通行的成本,反之则完全禁止转换。方向是如何穿过路径的说明,网络数据必须满足以下最低要求才能支持方向:具有长度单位的长度属性;至少有一个边源;边源上至少有一个文本字段。

3. 传输网络分析

传输网络分析常用于道路、地铁等交通网路分析,其特点是在传输网络中汽车和火车都是可以自由移动的物体,具有主观选择方向的能力。传输网络是(network analyst)基于网络数据集构建的数据模型。

1) 网络数据集

网络数据集是参与构成网络的要素集合(边线、交汇点、转向等),也是一种高级的连通性模型,可以模拟复杂的场景,如多模型(muti-modal)的交通网络;也可以对复杂的网络属性进行处理,如各种限制、网络等级等。网络要素由边线、交汇点、转弯三种网络元素组成,而网络元素的连接取决于源要素的设置,源要素又包含连通性、属性和方向,如图 5-65 所示。

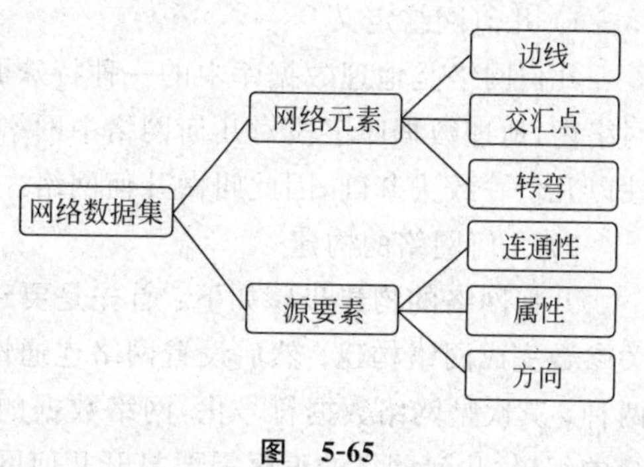

图 5-65

2) 创建网络数据集的流程

构建网络数据集是进行传输网络分析的第一步。有两种方式来创建网络数据集:一是利用地理数据库中的要素数据集来创建,这需要将所有参与网络的要素类放在同一个要素数据集中；二是利用 Shapefile 工作空间来创建，这样创建的网络数据集只能包含 Shapefile 线要素类和 Shapefile 转弯要素类，不能支持多个边源，不能构建多方式网络。因此，最好采用第一种方式创建网络数据集。两种方式的差异如表 5-7 所示。创建网络数据集的具体方法和步骤详见后面的实例。

表 5-7

类　型	多源	多模式网络	位　置
Geodatabase	支持	支持	在要素数据集中
Shapefile	不支持	不支持	在工作空间中

3）网络分析类型

ArcGIS 网络分析扩展模块提供了六种分析功能，可以解决一般的网络问题。在进行网络分析之前，需要构建网络分析图层，六种分析功能对应六种网络分析图层，网络分析的执行始终是针对特定的网络数据集，因此网络分析图层必须与网络数据集绑定。

(1) 路径分析：通过分析任务求出阻抗最小路径的过程，比如最短的时间，甚至是景色最优美的路径。

(2) 查询服务区分析：指查找网络中任何位置周围的服务区。

(3) 最邻近设施分析：查找距离事故地点最近的医院、警局、商店等设施点。

(4) OD 成本矩阵分析：在网络中查找和测量从多个起始点到多个目的地的最小成本路径。

(5) 多路径配送分析：针对有多条配送途径共同完成指定任务的分析。例如，一组客户以最佳方式分配给一支车队，以及安排他们的访问顺序和日程位置分配分析。

(6) 位置分析：基于与需求点的潜在交互信息，从一组设施点中选择需要的设施点。比如在多个零部件制造工厂确定的情况下，从多个组装工厂候选点选取一个最优位置。

4. 设施网络分析

设施网络分析包括流向分析和追踪分析两大功能，对应设施网络分析(utility network analyst)模块，常用于基础设施网络(如综合管网、电缆线等)。设施网络是基于几何网络构建的数据模型。

1）几何网络定义

几何网络是地理数据库中的一种特殊的数据类型，由网络要素构成，这些要素被限制在网络内，地理数据库字段对几何网络中网络要素间的拓扑关系进行维护。几何网络的连通性以几何一致为基础，因此叫做几何网络。

2）几何网络的构建

几何网络的构建步骤如下：首先是要建立网络，通过打开新建几何网络对话框，设置相关参数完成网络构建；然后设置网络连通性规则，连通性规则主要有边-交汇点和边-边规则两种；其次是网络数据符号化，网络数据的符号化根据不同的字段值进行；最后是几何网络的编辑，几何网络的编辑需要打开几何网络编辑工具条。

3）几何网络分析的类型

几何网络分析能够模拟现实世界中各种能量流、物质流传输网络。几何网络分析是在几何网络模型的基础上进行的网络分析，主要用于分析以下任务：

(1) 流向分析：分析几何网络模型中的资源流向，并给予明确的显示。例如，自来水管道中水流在某一管道上的流向；某一输电线上电流的输送方向等。

(2) 追踪分析：对几何网络模型中资源流动进行追踪，用来确定资源从一个站点到另一个站点的流动路径等。追踪分析是基于网络要素连通性基础之上的，根据一定目的对几何网络中的要素进行选择，从而形成一个追踪结果。

5.4.3 实验数据

本节实验数据存放在"文件夹 13"中，具体数据说明见表 5-8。

表 5-8

文件名称	格　式	位　置	说　明
test. gdb	Geodatabase	13\	数据库文件，用于网络分析
Exercise03. mxd	工作空间文件	13\	ArcMap 工作空间文件

5.4.4 实验内容

1. 构建网络数据集

要进行传输网络分析，必须先构建网络数据集，本例使用地理数据库"test. gdb"中的省道要素和主干道要素创建一个简单网络数据集。

1）创建网络数据集

(1) 在 ArcMap 中单击主菜单【自定义】\【扩展模块】命令，打开【扩展模块】窗口，在【扩展模块】窗口中勾选【Network Analyst】选项，激活扩展模块，然后单击【关闭】按钮。

(2) 打开 ArcMap 软件，单击标准工具条上的目录按钮，打开【目录】窗口，在【目录】窗口中导航到"test. gdb"中的要素数据集"道路"所在的位置，如图 5-66 所示。

图　5-66

(3) 在【目录】窗口中右键单击"道路"要素集，在弹出的快捷菜单中选择【新建】\【网络数据集】选项，打开【新建网络数据集】对话框。在新建网络数据集时，对于地理数据库，右键单击包含源要素类（如省道、主干道）的要素数据集；对于 Shapefile 文件，则右键单击 Shapefile 文件（如道路. shp）本身，而不是包含 Shapefile 的工作空间。

(4) 打开【新建网络数据集】对话框，输入网络数据集的名称"street_ND"，然后单击【下一步】按钮，进入图 5-67 所示的对话框，在对话框中勾选"主干道"要素类和"省道"要素类，并将其作为网络数据集的源，单击【下一步】按钮。

(5) 在图 5-68 对话框中选择需要添加的转弯要素类，其中通用要素是默认选项，单击【下一步】按钮，进入图 5-69 所示对话框。

新建网络数据集

选择将参与到网络数据集中的要素类:

主干路

省道

全选(S)

全部清除(C)

图 5-67

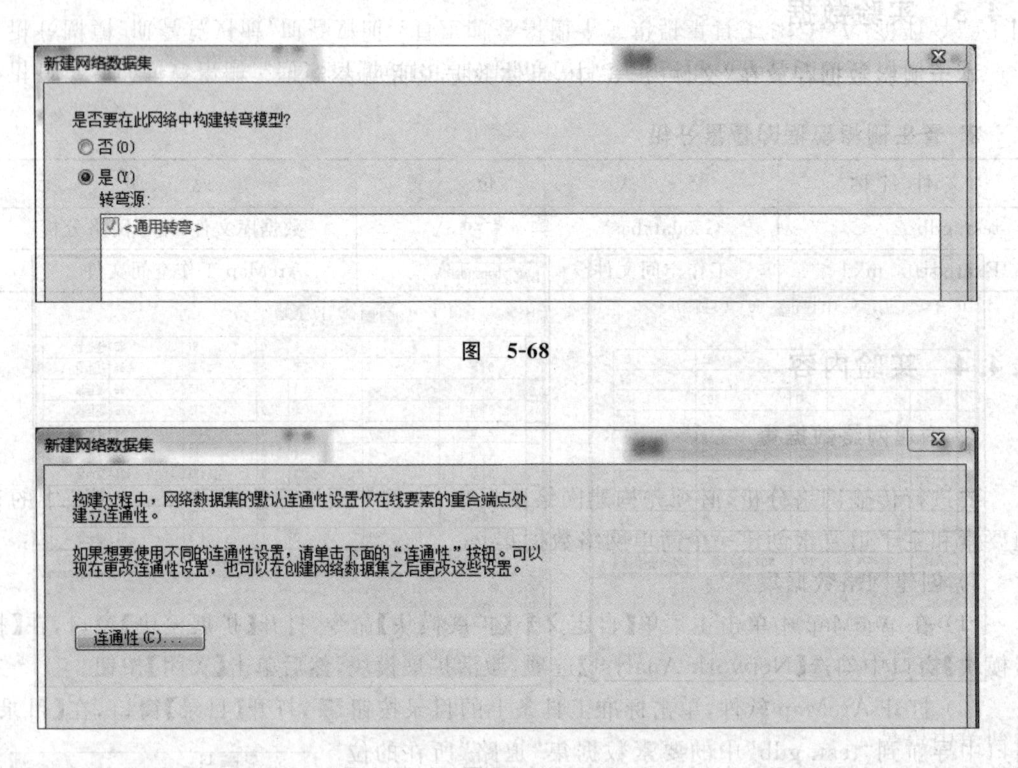

图 5-68

图 5-69

(6) 在图 5-69 对话框中单击【连通性】按钮，打开【连通性】对话框如图 5-70 所示。对于主干道，在【连通性策略】下方单击并从下拉列表中选择“任意节点”，同样设置省道，设置完成后单击【确定】按钮，返回【新建网络数据集】对话框。

(7) 单击【下一步】按钮，因为“主干道”图层和“省道”图层没有高程数据，所以在【如何对网络要素的高程进行建模】下点选“无”选项。单击【下一步】按钮，进入图 5-71 所示对话框，在该对话框中为网络数据集指定属性，并可以添加属性。双击名称为“Oneway”或“长度”的属性行，可以打开【赋值器】对话框，如图 5-72 所示。检查网络属性值是如何确定的，并可以进行修改，单击【确定】按钮，返回窗口。

小提示：属性名称前面带“D”的蓝色圆圈标志，表示该属性在新分析中被默认启用。

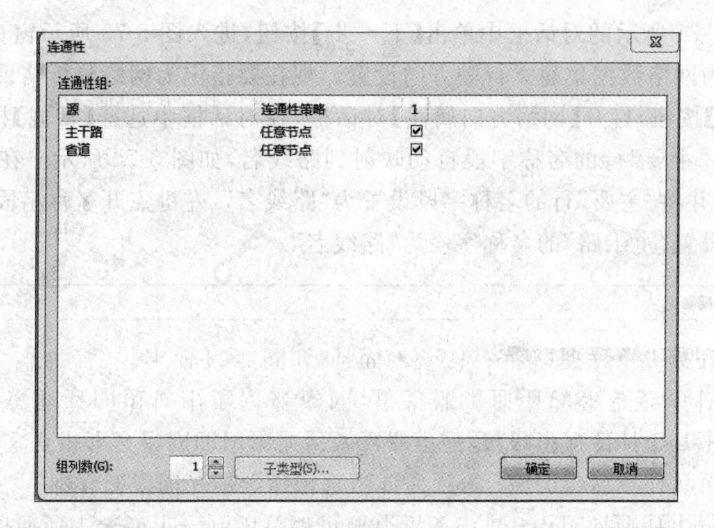

图 5-70

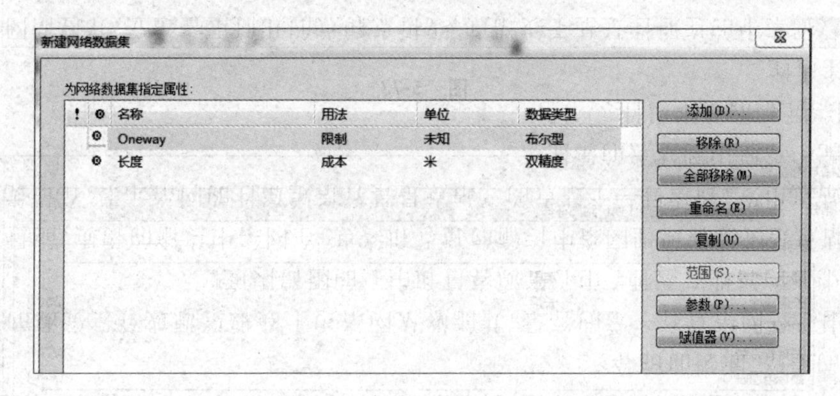

图 5-71

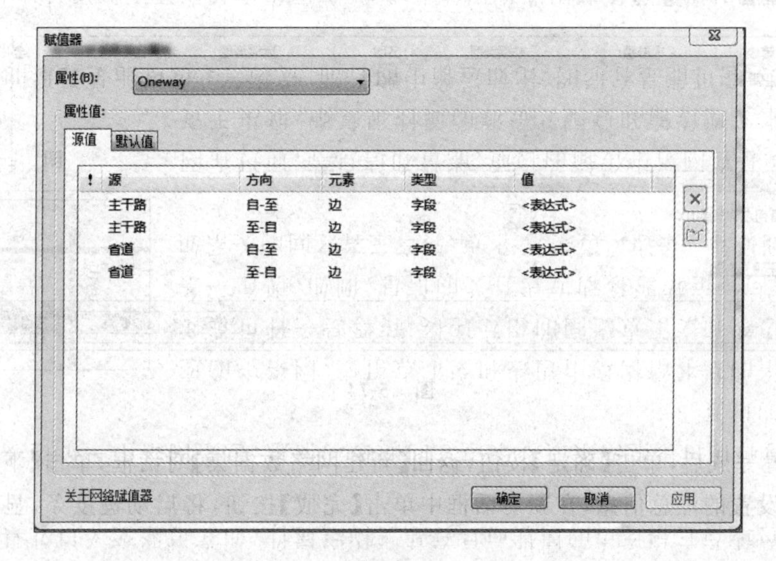

图 5-72

(8) 在图 5-71 所示的对话框中单击【下一步】按钮,进入图 5-73 所示窗口,在该窗口中点选"是"选项为网络数据集建立行驶方向设置。现在要指定为网络分析结果报告方向的字段:单击【方向】按钮,打开【网络方向属性】对话框,在对话框中选择【常规】标签,在【常规】选项卡中,确保"主要"行的名称字段自动映射到路线名,如图 5-74 所示。在【网络源】中选择"道路"选项,并将"主要"行的名称字段设置为"路线名"(左键点开名称字段的下拉列表进行选择),同样设置"主干路"的名称字段为"路线名"。

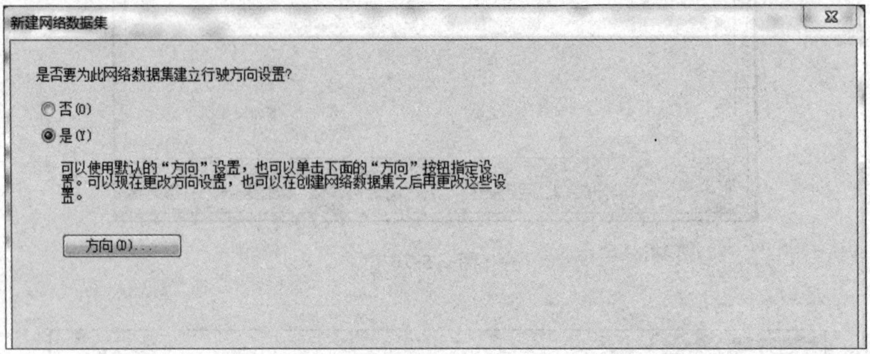

新建网络数据集

是否要为此网络数据集建立行驶方向设置?

否(O)

是(Y)

可以使用默认的"方向"设置,也可以单击下面的"方向"按钮指定设置。可以现在更改方向设置,也可以在创建网络数据集之后再更改这些设置。

方向(D)...

图 5-73

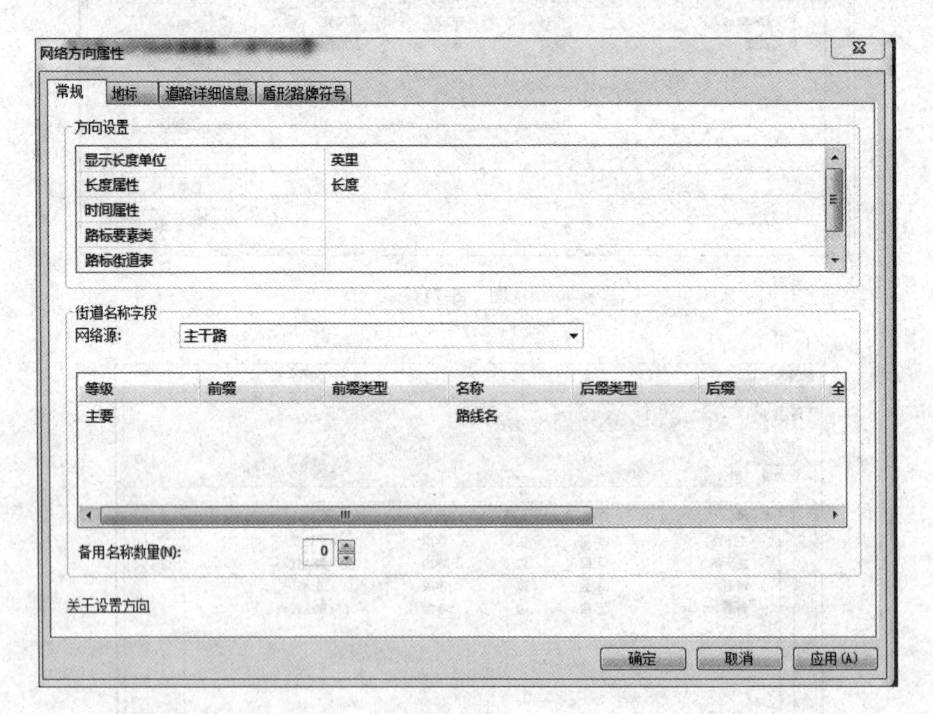

图 5-74

(9) 设置完成后,单击【确定】按钮,返回【新建网络数据集】对话框,单击【下一步】按钮,将显示所有设置的汇总信息,在新对话框中单击【完成】按钮,将启动进度条,显示正在构建网络数据集。

(10) 创建网络数据集后,系统会弹出【新建网络数据集】对话框,如图 5-75 所示,询问是否要立即构建网络数据集，构建过程中会确定哪些网络元素是互相连接的，并填充网络数据集属性，在进行网络分析之前，必须先构建网络数据集。单击【是】按钮，确定立即构建新网络数据集，将启动【构建网络数据集】进度条，构建过程结束后它会消失，系统弹出【添加网络图层】对话框，询问是否将参与的所有要素添加到地图，单击【是】按钮，新的网络数据集“Streets_ND”、系统交汇点要素类“Streets_ND_Junctions”、主干道要素及省道要素将添加到 ArcMap 中。

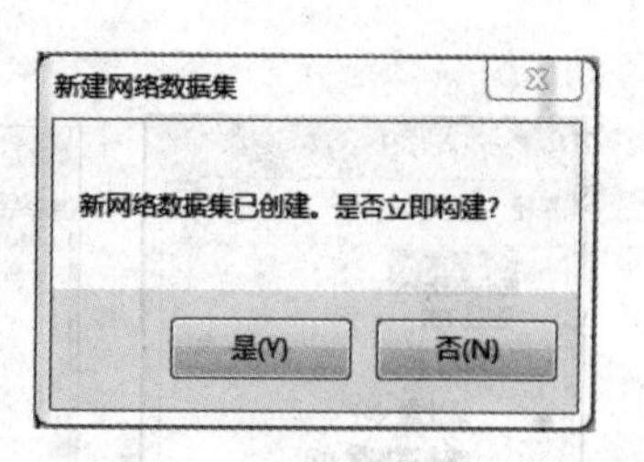

图 5-75

上述过程是比较简单的单一交通模式创建网络数据集，但是在大多数情况下，旅行者和通勤者通常使用几种交通方式，如在人行道上步行、在道路网上驾车行驶以及搭乘地铁，此外货物也会以多种交通方式运输，如火车、轮船、卡车和飞机，因此 ArcMap 也提供了创建多模式网络数据集的方法，本节不作详细讲述。

2. 最佳路径分析

最佳路径分析是指查找停靠点间的最快路径(最短路径)。本例将查找一条按预定顺序访问一组停靠点时的最快路径。

(1) 打开 ArcMap，单击标准工具条上的“打开”按钮，然后在【打开】对话框中打开文件“Exercise03.mxd”。

(2) 在弹出的【扩展模块】对话框中勾选【Network Analyst】选项，完成网络分析模块的扩展，单击【关闭】按钮，退出【扩展模块】对话框。

(3) 加载网络分析工具条，单击主菜单上【自定义】\【工具条】\【Network Analyst】选项，Network Analyst 工具条就被添加到 ArcMap 中。

(4) 在 Network Analyst 工具条上单击 Network Analyst 窗口按钮，打开可停靠的 Network Analyst 窗口。

(5) 在 Network Analyst 工具条上单击【Network Analyst】，然后在下拉列表中单击【新建路径】，此时路径分析图层就被添加到【Network Analyst】窗口中，且网络分析类(停靠点、路径、点障碍、线障碍和面障碍)为空，同时分析图层也被添加到内容列表窗口中，如图 5-76 所示。

(6) 添加停靠点，在【Network Analyst】窗口中，单击【停靠点(0)】选项，这表示它是灵活的网络分析；在 Network Analyst 工具条上，单击创建网络位置工具，使用创建网络位置工具单击地图，会将网络分析对象添加到活动的网络分析中；单击街道网络中的任意三个位置，建立三个停靠点，如图 5-77 所示，所有的停靠点都具有唯一的数字编号，表示路径访问停靠点的顺序(第一个停靠点将视为起地始点，最后一个将视为目的地)。

小提示：如果要移动停靠点，可在 Network Analyst 工具条上单击选择/移动网络位置工具，单击要修改的停靠点，让它处于选中状态，然后再次单击该停靠点，并将其拖到新位置；要修改停靠点的顺序，在【Network Analyst】窗口中单击停靠点，并将其拖动到列表中的其他位置即可。

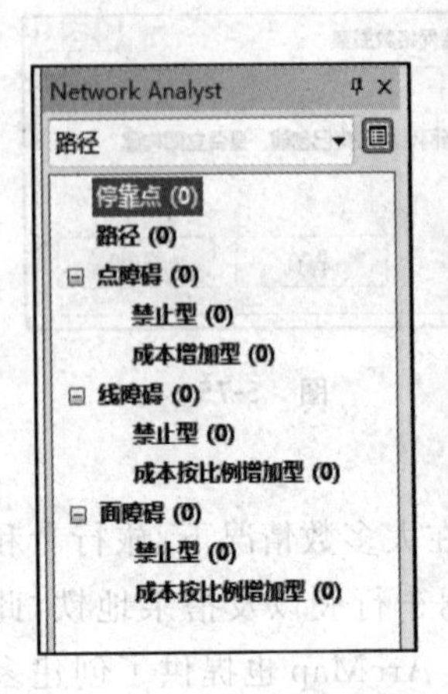

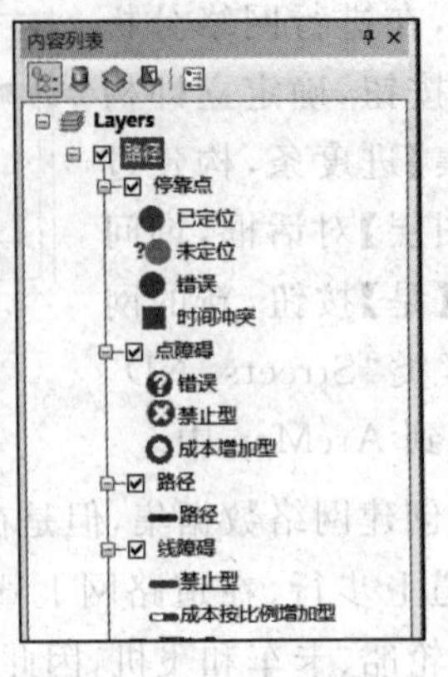

图 5-76

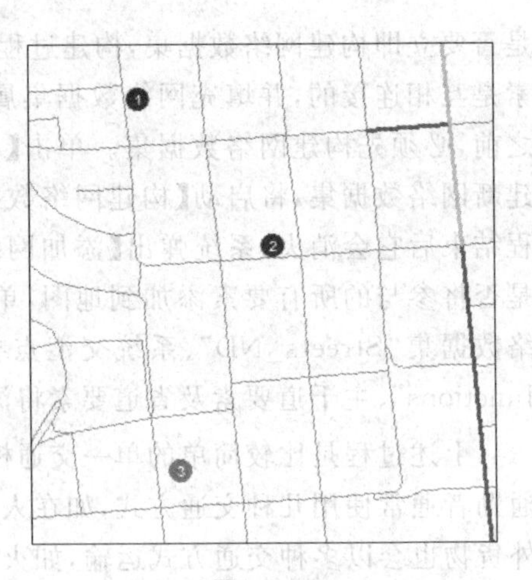

图 5-77

(7) 设置分析参数，基于行驶时间（分钟）来计算路径，在任何地点都允许 U 形转弯以及必须遵守单行道和转弯限制，具体设置步骤如下：①单击“Network Analyst”窗口的“路径”属性按钮，如图 5-78 所示，打开【图层属性】窗口对话框。②在【图层属性】窗口中单击【分析设置】选项卡，确保阻抗设置为旅行时间“TravelTime（分钟）”，本网络数据集具有与TravelTime(分钟)属性相关的历史流量数据；勾选【使用开始时间】复选框，然后在【时间】文本框中输入具体的时间、日期或星期；在【交汇点的 U 形转弯】下拉列表中选择“允许”；确保在限制列表中已经勾选“Oneway”和“RestrictedTurns”选项，具体设置如图 5-79 所示。③单击【确定】按钮完成图层属性设置，相关的参数也就设置完成了。

图 5-78

图 5-79

(8) 计算最佳路径：在 Network Analyst 工具条上，单击求解按钮，“路径”要素将出现在 ArcMap 的地图显示窗口和【Network Analyst】窗口的路径类中，如图 5-80 所示。

小提示： 如果出现警告消息，则表示停靠点可能位于受限制的边上，此时需要使用 Network Analyst 工具条上的选择/移动网络位置工具，尝试移动一个或多个停靠点。

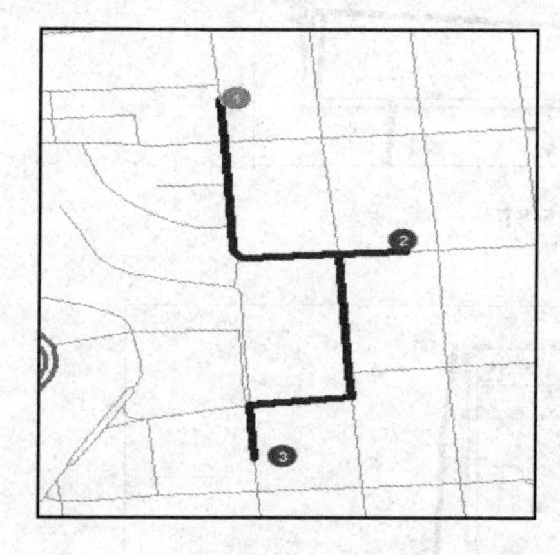

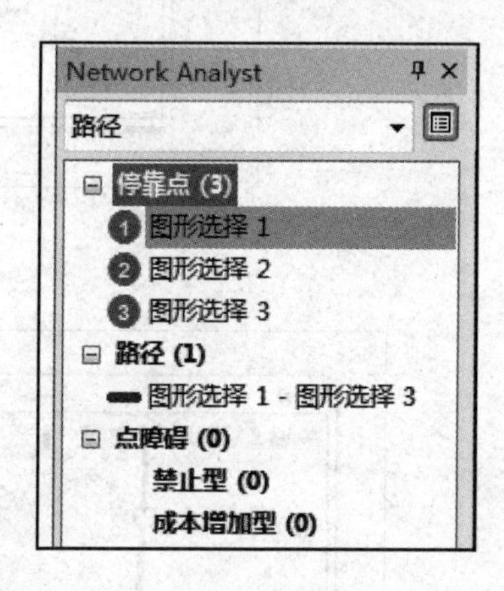

图 5-80

(9) 查看最佳路径分析结果，在 Network Analyst 工具条上单击方向工具按钮，打开【方向(路径)】对话框；在对话框中单击最右端的“地图”链接，将显示策略示意图，单击“隐藏”链接可以将策略示意图关闭，单击【关闭】按钮，退出【方向(路径)】对话框。

(10) 路径保存。路径分析图层保存在内存中，并不是独立存在的图层，因此如果退出 ArcMap 而不保存，分析结果将会丢失。分析路径的保存方式有三种：保存地图文档(MXD)，分析图层也将随它一同保存；可以将整个分析图层“路径”导出为 LYR 文件，分析的属性和对象都将存储在 LYR 文件内；还有一种选择是使用导出数据命令将分析的子图层(【Network Analyst】窗口中的“路径”选项)保存为要素。本实验直接单击工具条上的保存按钮，就将路径分析结果保存到了文档“Exercise03. mxd”中。

3. 添加一个障碍

上面的路径分析结束后，还可以在分析的路径中添加障碍来表示路障，然后找出一条新的去往目的地的备选路线。这种添加路障的分析在现实生活中经常使用，比如道路维修、限时单行、车祸造成的拥堵等。

(1) 单击 ArcMap 窗口工具栏上的创建查看器窗口按钮，在 ArcMap 地图显示窗口中通过拖拽出一个矩形，创建新的查看器窗口。注意拖拽的位置是添加障碍的大致位置，如图 5-81 所示。

(2) 在【Network Analyst】窗口中选中【点障碍(0)下】\【禁止型(0)】选项，在 Network Analyst 工具条上单击创建网络位置工具。

(3) 在【查看器】窗口中，单击路径上的任意位置来放置一个或多个障碍，如图 5-82 所示。在【查看器】窗口添加障碍后，地图显示窗口也在与之相对应的位置添加障碍。

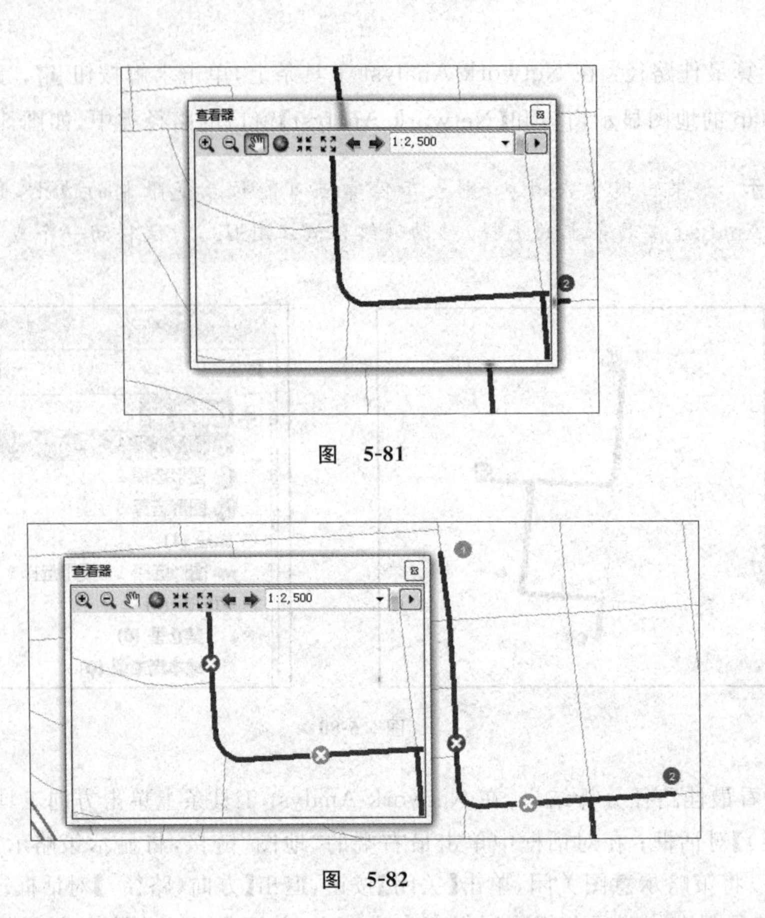

图 5-81

图 5-82

(4) 在 Network Analyst 工具条上单击求解按钮，ArcGIS 将计算避开障碍的新路径，同时注意查看【Network Analyst】窗口的变化，如图 5-83 所示。计算生成了避开障碍物的备选路径，在【Network Analyst】窗口的点障碍下添加两个禁止型的障碍物。

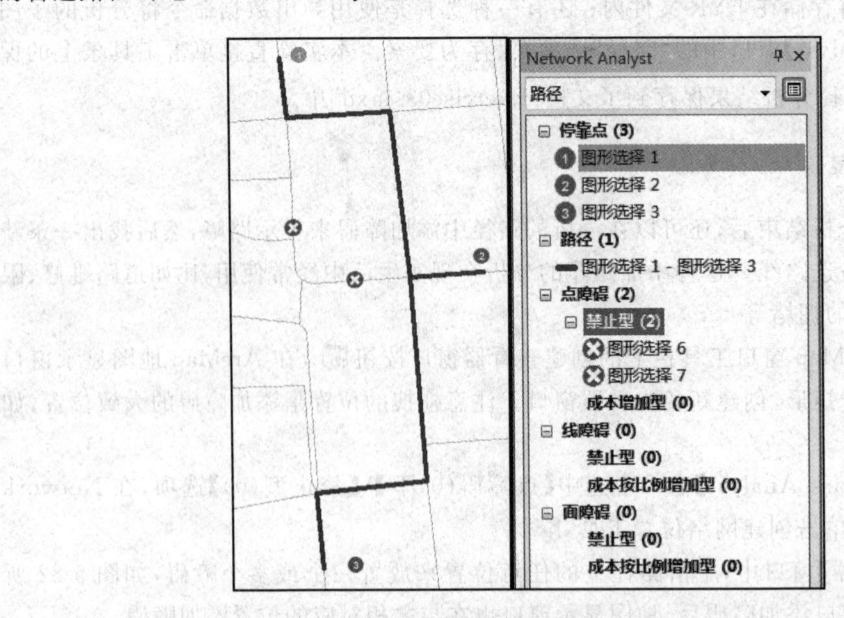

图 5-83

(5) 关闭【查看器】窗口，将本次分析结果保存到 MXD 文档中，在 ArcMap 工具栏上单击保存按钮。

习题

1. 什么是网络分析？网络分析分为哪两类？这两类网络分析有何区别？

2. 在“作业”文件夹下的“test1. gdb”中构建新的网络数据集，并进行以下设置和操作：

(1) 在网络数据集中添加新属性“RestrictedTurns”，来限制在创建自 RestrictedTurns 要素类中的转弯元素的移动；

(2) 在网络数据集中添加任意三个停靠点，对添加的停靠点进行移动、删除等操作；

(3) 进行最佳路径分析，要求时间(分钟)最短；

(4) 在分析出的最佳路径中添加三个点障碍(位置任意)，再进行最佳路径分析；

(5) 将分析结果保存到 MXD 文件中。

5.5 实验十四 模型构建器

5.5.1 实验目的

1. 了解模型构建器(modelbuilder)的基本概念。
2. 熟悉模型构建器的界面组成。
3. 掌握模型构建器的个性化设置方法。
4. 掌握利用模型构建器进行空间分析建模的基本方法和流程。

5.5.2 基础知识

1. 模型构建器的基本概念

模型构建器是一个用来创建、编辑和管理模型的应用程序。模型是将一系列地理处理工具串联在一起的工作流，它将其中一个工具的输出作为另一个工具的输入，也可以将模型构建器看作用于构建工作流的可视化编程语言。模型构建器除了有助于构造和执行简单工作流，还能通过创建模型并将其共享为工具来提供扩展 ArcGIS 功能的高级方法。模型构建器甚至还可用于将 ArcGIS 与其他应用程序进行集成。

模型是以流程图的形式表示，如图 5-84 所示，整个数据处理过程按流程图先后执行，类似电子政务中工作流，都是并行加载，顺序进行的，都有数据输入和数据输出，不同是它没有人员和权限、办理时限等。

2. 模型构建器的优点

模型构建器主要有以下优点：

(1) 自动处理流程：模型构建器可以把分析和准备数据过程中所用到的所有分析工具和数据通过流程化结合在一起。每次更新操作都可以保存，并且重新运行。

(2) 共享数据处理：方便以后和他人共享，实现模型的重复使用。模型的数据和工具

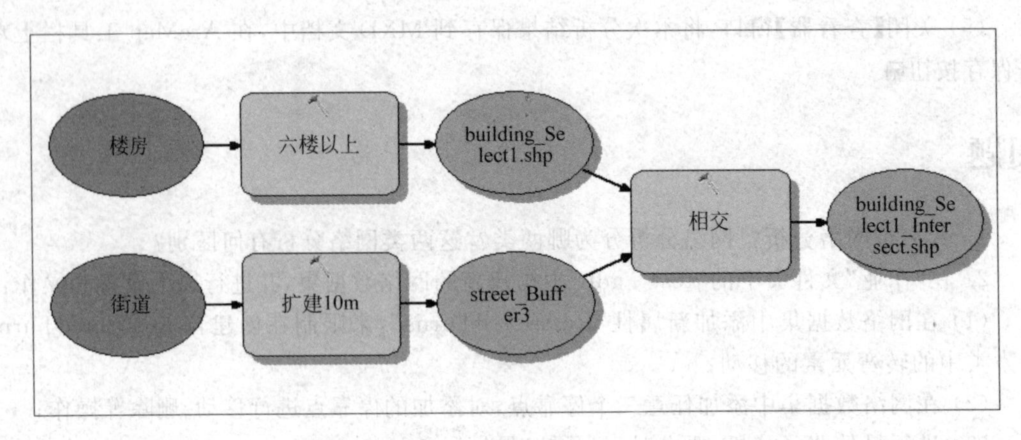

图 5-84

都通过图形方式表示，通俗易懂，并且可以保存下来与别人共享，也可以保存在 SDE 数据库中，或通过 ArcGIS Server 实现互联网共享。

(3) 记录与文档化：模型可以像 Toolbox 中的工具一样运行，还提供了图文结合的帮助，方便共享。

(4) 根据需要添加复杂模型：模型可以包括复杂的处理过程，而一个模型中还可以包含子模型，实现更复杂的应用。

(5) 模型和编程结合：模型可以直接生成脚本语言，和脚本语言结合起来，建立模型，实际是一种图形化编程，但要求大大降低。

3. 模型构建器的界面介绍

模型构建器的界面如图 5-85 所示，主要由主菜单、工具条、右键快捷菜单和模型构建器画布组成，非常简洁。

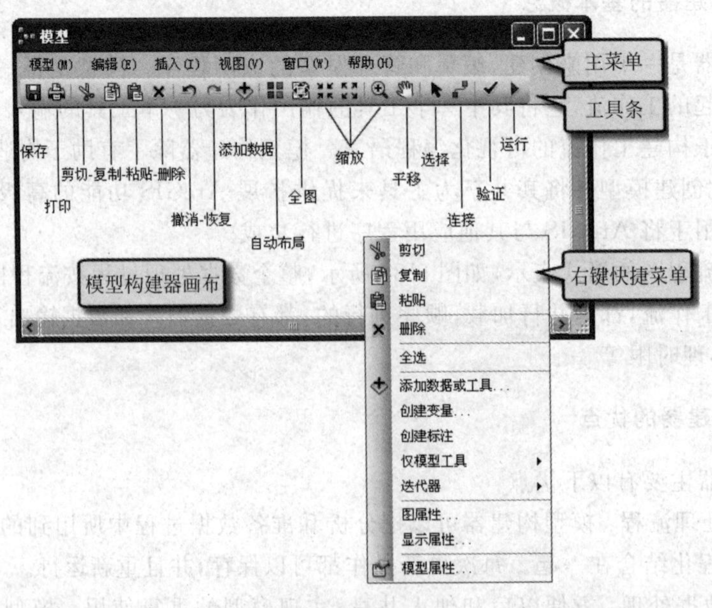

图 5-85

4. **模型构建器基本词汇**

1）模型元素

模型元素主要有工具、变量和连接符三种类型，如图 5-86 所示。

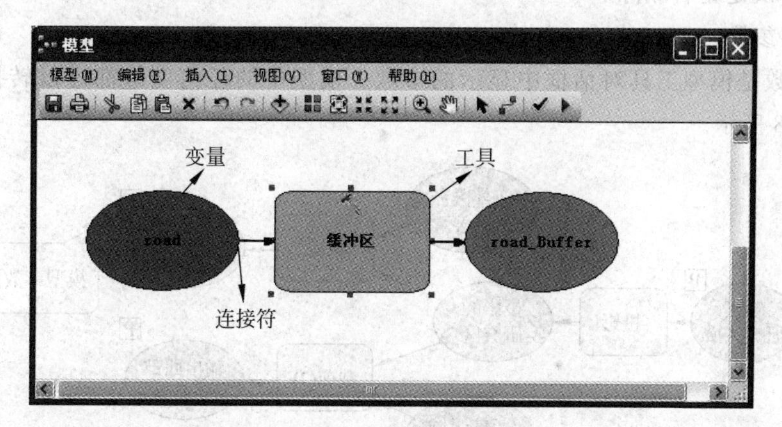

图 5-86

(1) 地理处理工具是模型工作流的基本组成部分。工具用于对地理数据或表格数据执行多种操作。工具被添加到模型后，即成为模型元素。

(2) 变量是模型中用于保存值或对磁盘数据进行引用的元素，有以下两种类型的变量。

① 数据变量：包含磁盘数据描述性信息的模型元素，数据变量中所描述的数据属性包括字段信息、空间参考和路径。

② 值变量：诸如字符串、数值、布尔（true/false 值）、空间参考、线性单位或范围等的值，包含除对磁盘数据引用之外的所有信息。

(3) 连接符用于将数据和值连接到工具。连接符箭头显示了地理处理的执行方向。

2）模型流程

模型流程由一个工具和连接到此工具的所有变量组成，如图 5-87 所示。连接线用于表示处理的顺序，可将多个流程连接到一起以创建一个更复杂的流程。

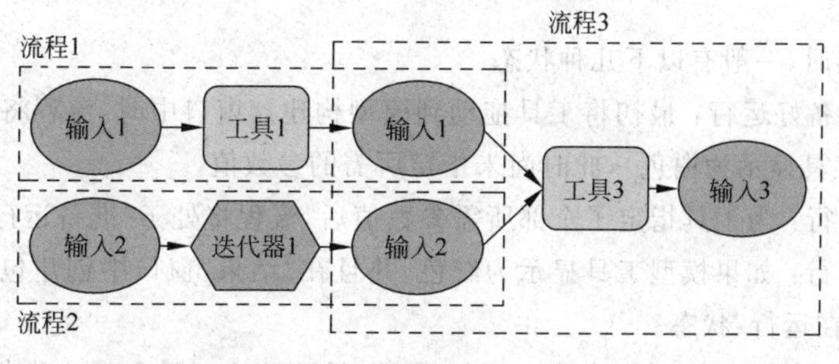

图 5-87

3）中间数据

运行模型时，模型中的各个流程都会创建、输出数据。其中，某些输出数据只是作为中间步骤创建，而后连接到其他流程，以协助完成最终输出的创建。由这些中间步骤生成的数据称为中间数据，通常（但并不总是）在模型运行结束后就没有任何用处了。在操作中，可以将中间数据看作一种应在模型运行结束后即删除的临时数据，但是中间数据并不会自动删除，可以自行决定是否删除。

4）模型参数

模型参数是模型工具对话框中显示的参数。模型中的任何变量都可以转换为模型参数，如图 5-88 所示。

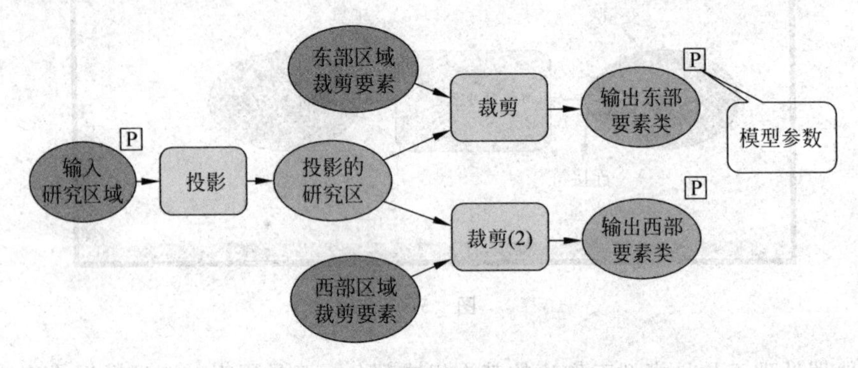

图 5-88

5）模型元素说明

在模型构建器中构建模型时，模型中蓝色椭圆表示输入数据，绿色椭圆表示输出数据，矩形代表处理工具，如图 5-89 所示。

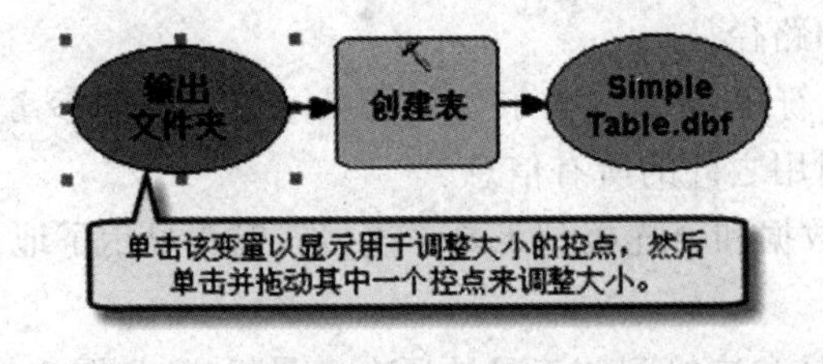

图 5-89

6）流程状态

在构建模型时，一般有以下几种状态。

（1）尚未准备好运行：最初将工具拖动到模型构建器窗口中时，流程将处于“尚未准备好运行”状态（工具显示为白色），此时尚未指定所需的参数值。

（2）准备运行：为工具指定了全部所需参数值后，流程将处于“准备运行”状态。

（3）正在运行：如果模型工具显示为红色，并且在“结果”窗口中创建包含消息的结果，则流程处于“正在运行”状态。

（4）已运行：如果在模型构建器中运行模型，所显示的工具和派生数据元素将带有下移阴影，表示已运行此流程，并且已生成派生数据。

每种状态在模型中会出现不同的表现特征，如图 5-90 所示。

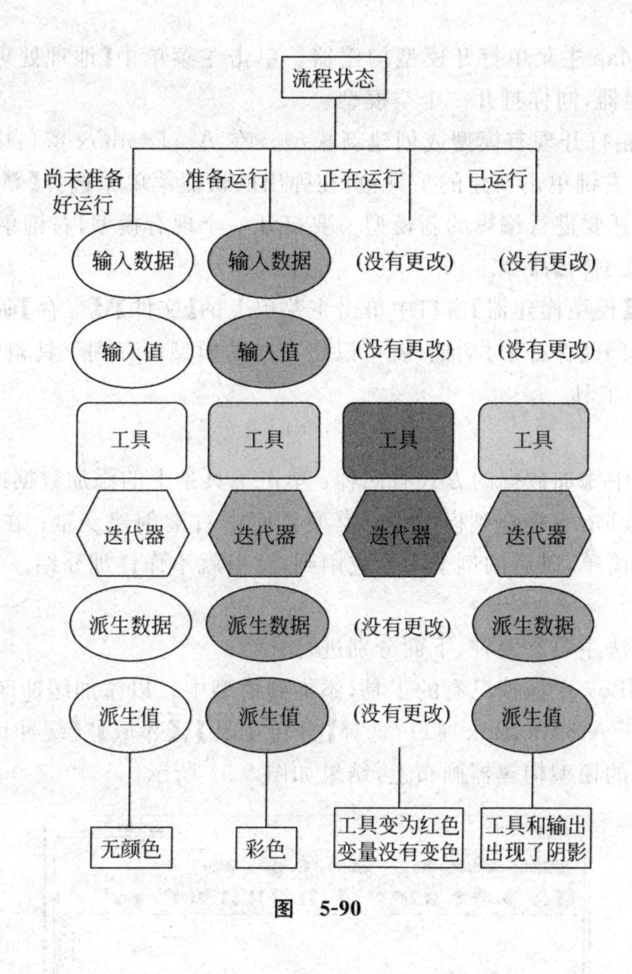

图 5-90

5.5.3 实验数据

本节实验数据存放在“文件夹 14”中，具体数据说明见表 5-9。

表 5-9

文件名称	格式	位置	说明
river. shp	Shapefile	14\	线要素图层，构建缓冲区分析模型
street. shp 及 building. shp	Shapefile	14\道路扩建\	线及面要素图层，用于扩建模型构建
test. mdb	数据库	14\	作业数据

5.5.4 实验内容

1. 模型构建器的基本操作

1）模型构建器的打开与保存

在 ArcMap 中，模型构建器有三种打开方式。

(1) 通过 ArcMap 标准工具条打开新模型。打开 ArcMap 软件，在标准工具栏上单击模型构建器按钮 ，打开模型构建器，其模型为空。

（2）通过 ArcMap 主菜单打开模型构建器。单击主菜单中【地理处理】\【模型构建器】命令，打开模型构建器，同样打开一个空模型。

（3）通过工具箱打开现有模型或创建新模型。在 ArcToolbox 窗口中新建一个工具箱（如 personal.tbx），右键单击新建的工具箱，在弹出的快捷菜单中选择【新建】\【模型】命令，在模型构建器中打开要进行编辑的新模型。要打开一个现有模型，右键单击该模型，在弹出的快捷菜单中选择【编辑】命令。

保存模型。在【模型构建器】窗口中单击主菜单上的【文件】\【保存】命令，或单击工具条上的保存按钮，打开【保存】对话框，就可以将完成的模型保存到工具箱中。

2）添加数据和工具

（1）添加数据

在模型构建器中添加数据的方式有四种：单击工具条上的添加数据或工具按钮；从 ArcMap 或 ArcCatalog 直接拖到模型中；模型界面中右键创建变量；在工具中添加数据。这四种方法都比较简单，以后的例子中会应用到，这里就不作详细介绍。

（2）添加工具

添加工具的方法主要有两种，下面分别进行介绍。

① 从 ArcToolBox 中拖拽已有的工具，添加到模型中。以添加缓冲区工具为例，先打开模型构建器，再打开 ArcToolBox 窗口，选择【分析工具】\【邻域】\【缓冲区】工具，用鼠标拖拽到【模型】窗口中的模型构建器画布上，结果如图 5-91 所示。

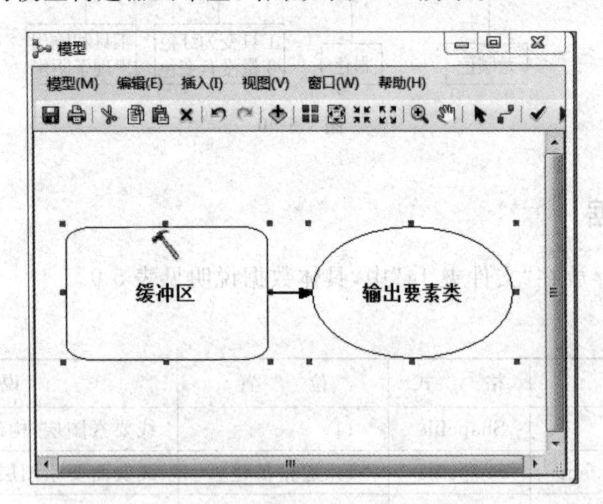

图 5-91

② 查找工具方法。在 ArcMap 中单击主菜单【窗口】\【搜索】选项，或者直接用“CtrL+F”快捷键打开【搜索】窗口，在下拉列表中选择【本地搜索】选项，单击【工具】过滤器，主页中列出了所有已安装的系统工具箱，在搜索文本框中输入“缓冲区”，单击搜索按钮，搜索结果如图 5-92 所示。在图 5-92 中，选择工具名称【缓冲区（Analysis）（工具）】的选项同时拖动，可以将缓冲区工具直接拖动到模型构建器中。

3）连接数据和工具

在创建模型时，必须进行变量和工具的连接，这是模型运行前必须完成的操作。用模型构建器创建模型时，有以下两种方法将变量连接到工具参数上：使用“连接”按钮，或使用工具对话框，如图 5-93 所示。

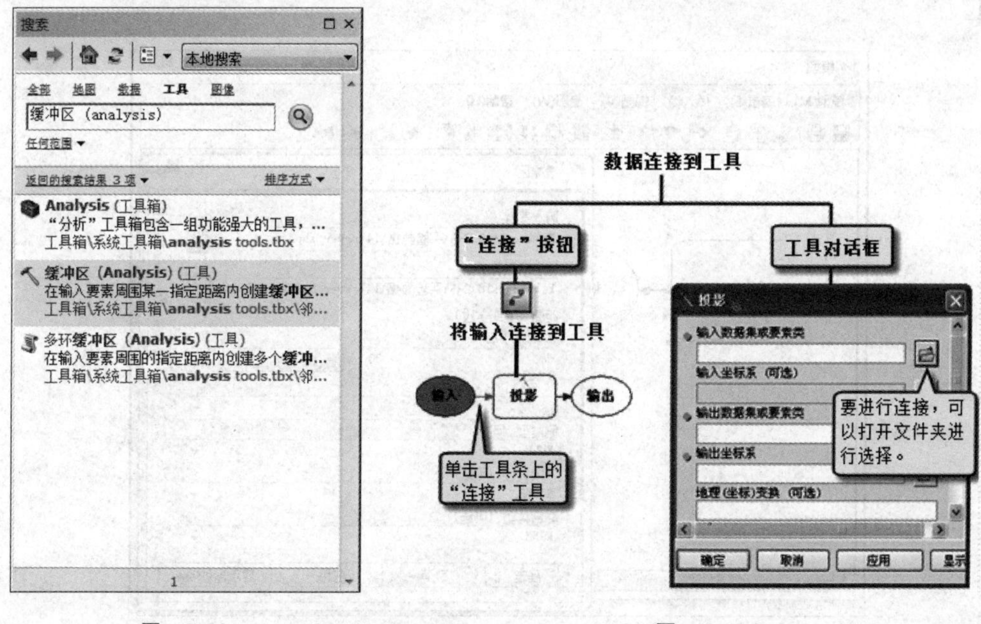

图 5-92　　图 5-93

① 使用连接工具：单击【模型构建器】工具条上的连接按钮，单击想要连接到工具的变量，再单击想要连接变量的工具，通过【可用参数】的弹出窗口选择要连接的参数，这样就建立了变量和工具的连接。

② 使用工具对话框：该操作是在模型窗口中，右键单击“工具”，在弹出的快捷菜单中单击【打开】命令，或者双击工具对话框，直接在对话框中设置数据，这样数据就直接跟工具连接了。

2. 模型构建器创建模型

1) 缓冲区分析模型

本节首先构建的是一个相对简单的模型，其作用是生成河流两岸 30 m 缓冲区，具体操作过程如下：

(1) 在 ArcMap 中，单击标准工具条上的 ArcToolBox 按钮，打开工具箱窗口，在工具箱窗口空白处单击右键，在弹出的快捷菜单中选择【添加工具箱】，打开【添加工具箱】对话框，在对话框中单击新建工具箱图标，在 ArcToolBox 窗口中新建一个名为“personal.tbx”的工具箱。

(2) 在 ArcToolBox 窗口中右键单击新建的工具箱“personal”，在弹出的快捷菜单中选择【新建】\【模型】命令，打开【模型】窗口，这样便可在 personal 工具箱中创建具有默认名称的模型，还会打开该模型以供编辑。

(3) 选中工具箱中【分析工具】\【领域分析】\【缓冲区】工具，并将其拖拽到【模型】窗口中的空白区域。

(4) 在【模型】窗口中双击【缓冲区】工具，打开其工具对话框，在【缓冲区】对话框中设置输入数据、输出数据及缓冲距离，具体设置如图 5-94 所示。设置完参数后单击【确定】按钮。

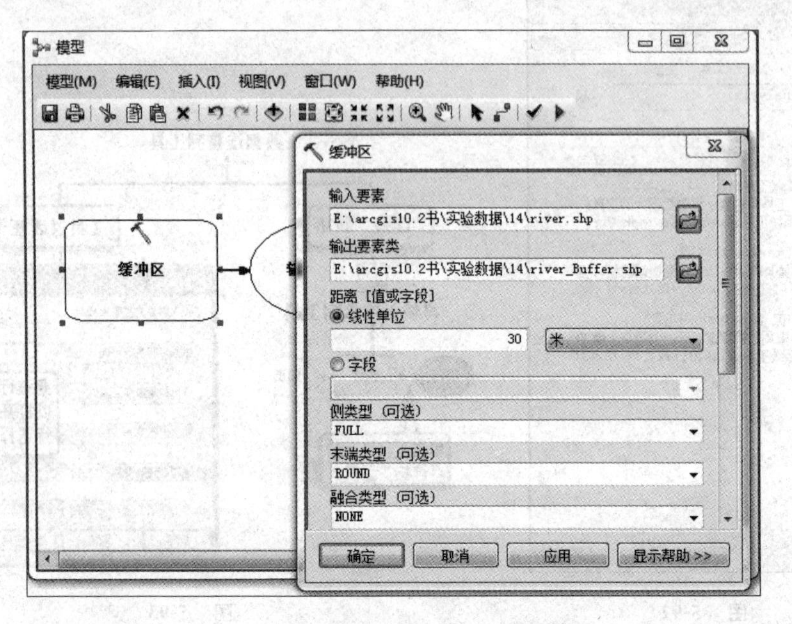

图 5-94

(5) 在【缓冲区】对话框中单击【确定】按钮后，模型窗口输入变量(蓝色椭圆)、工具(黄色椭圆)和输出变量(绿色椭圆)的颜色发生了变化，这表明所有参数值均已指定，并且工具已准备好运行。图 5-95 中输入数据将作为变量(图中的蓝色椭圆)添加到模型中，并自动连接到缓冲区工具。

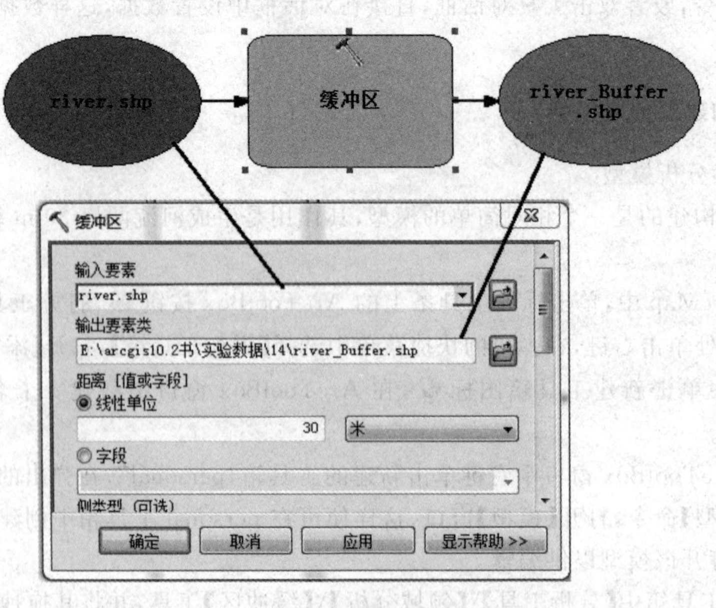

图 5-95

(6) 在 ArcMap 中单击主菜单中【视图】\【数据框属性】命令，在打开的【数据框属性】对话框中选择【常规】标签，在【常规】选项卡中的【单位】选组中设置地图及显示单位均为“米”。

小提示：请注意在【工具】对话框中单击【确定】并不会在【模型构建器】中执行工具。数据或工具添加到模型后便称为模型元素。模型共有三种基本元素：变量(例如，数据集)、工具和连接符。

(7) 填入工具的所有参数之后，模型便准备好运行。运行模型之前，请选择“river_Buffer. shp”变量，右键在弹出的快捷菜单中单击【添加至显示】选项，设置此选项可确保在“模型构建器”中运行模型时，输出“river_buffer. shp”可自动添加到 ArcMap 中，这样便可以快速查看运行结果。

(8) 在【模型】窗口中选中缓冲区工具，右键在弹出的快捷菜单中选择【运行】命令，或在工具栏中选择运行按钮 ▶，模型开始运行，输出文件“river_Buffer. shp”会添加到 ArcMap 中显示。模型完成运行后，工具(黄色矩形)和输出变量(绿色椭圆)周围会显示下拉阴影，表示这些工具已经运行过，如图 5-96 所示。

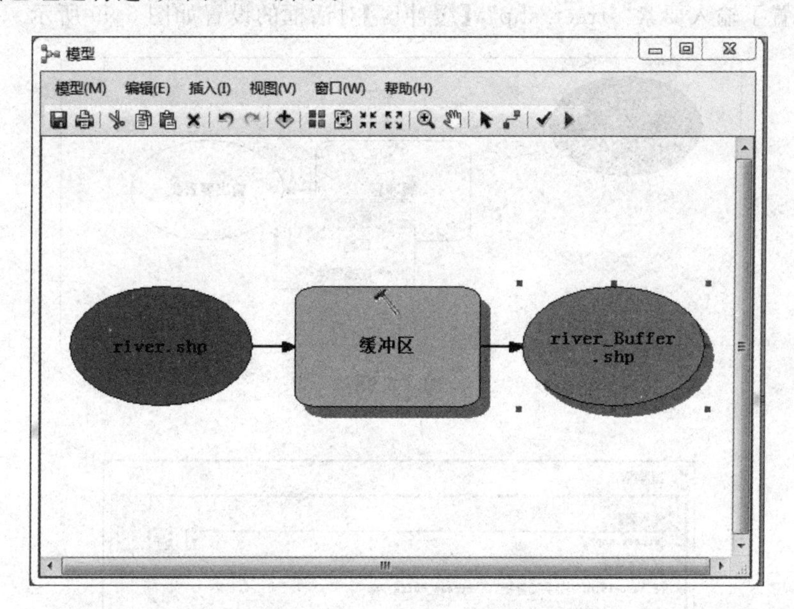

图　5-96

小提示：运行模型还可以单击主菜单【模型】\【运行整个模型】命令，在比较复杂的模型中，在运行模型之前可以点【模型】\【验证整个模型】命令，这个命令也可以通过单击工具栏中的验证模型按钮 ✔ 来实现。

(9) 模型运行结束后，单击工具条上的保存按钮，persional 工具箱中就添加了一个模型工具，关闭【模型】窗口，在 ArcToolBox 窗口中右键单击新建的模型工具，在弹出的快捷菜单中选择【重命名】选项，将该工具命名为“河流缓冲”，如图 5-97 所示。此外需要注意的是模型只能保存在工具箱中。

2）创建道路扩建统计模型

道路扩建统计分析要求：离主要道路两边分别向外扩宽10 m；统计扩建区域内楼层高度为6层或6层以上的楼房。本节使用模型构建器完成相对复杂的分析。

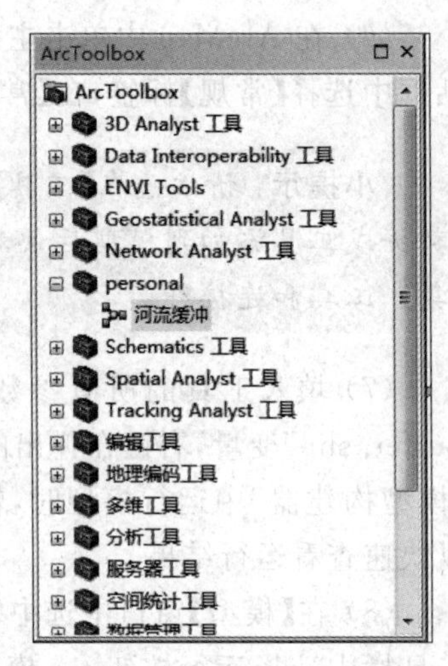

图 5-97

（1）在ArcMap中单击标准工具条上的【模型构建器】按钮，打开【模型】窗口。

（2）条件一：道路两边分别向外扩宽10 m。

① 打开ArcToolBox，将工具箱中【分析工具】\【邻域分析】\【缓冲区】工具拖到模型构建器的空白区域。单击【模型】窗口中【添加数据或工具】按钮添加“street.shp”。

② 在【模型】窗口工具条上单击连接按钮，然后在模型构建器画布上先单击“street”数据，再单击缓冲区工具，在弹出的菜单中选择【输入元素】选项，如图5-98所示，这样就将数据与工具连接起来了。双击【缓冲区】工具，打开【缓冲区】对话框，此时【输入要素】文本框中已经设置了输入要素“street.shp”，【缓冲区】对话框的设置如图5-99所示。

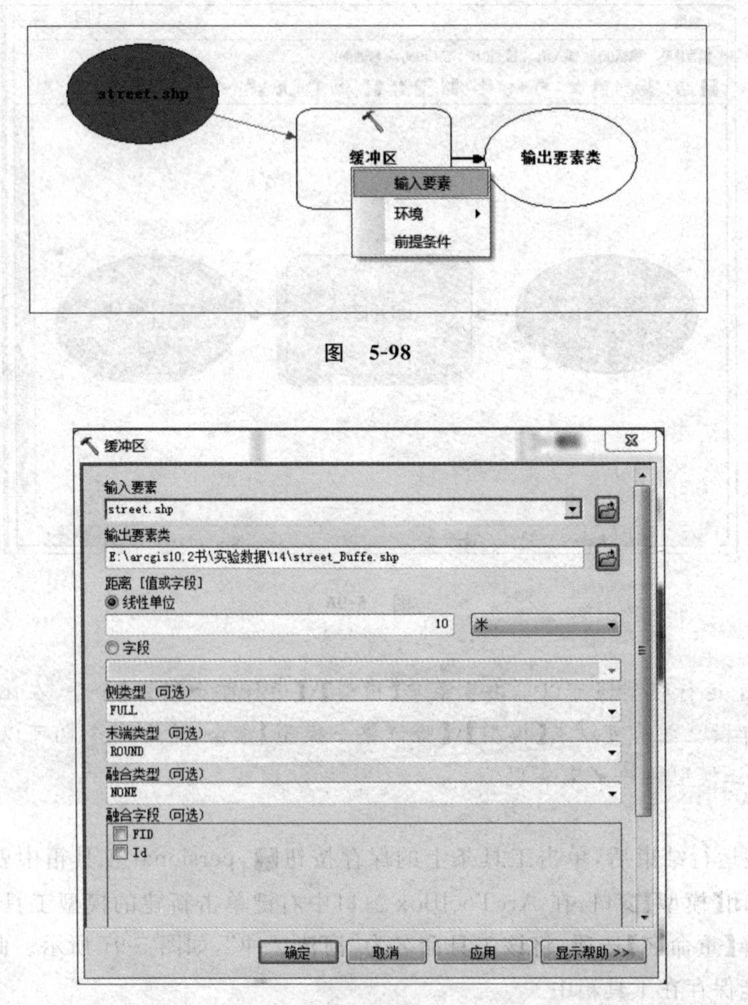

图 5-98

图 5-99

③ 设置完参数后，模型中变量及工具的颜色都发生了改变，此时模型处于可运行状态。右键单击输出变量"street_Buffer. shp"，在弹出的快捷菜单中选择【添加至显示】，选中【缓冲区】工具，右键选择【运行】选项，运行后的结果被添加到 ArcMap 中，并可以进行查看。

(3) 条件二：楼层高度为 6 层或 6 层以上的楼房。

① 打开 ArcToolBox，将工具箱中【分析工具】\【提取分析】\【筛选】工具拖到模型构建器的空白区域。

② 双击筛选工具，打开【筛选】对话框，在对话框中设置输入要素、输出要素及 SQL 语言表达式，具体设置如图 5-100 所示。参数设置完成后单击【确定】按钮。在对话框选中【筛选】工具，右键选择【运行】选项。

③ 单击模型窗口工具栏上的自动布局按钮（使用自动布局可以很好地显示流程），然后单击全图按钮，完成模型窗口流程图的整理。

(4) 找出满足条件的楼房。

① 打开 ArcToolBox，将工具箱中【数据管理工具】\【图层和表视图】\【按位置选择图层】工具拖到模型构建器的空白区域。

② 在模型窗口中，打开【按位置选择图层】对话框。在对话框中设置输入要素图层、关系、选择要素及选择类型，具体如图 5-101 所示。参数设置完成后单击【确定】按钮。

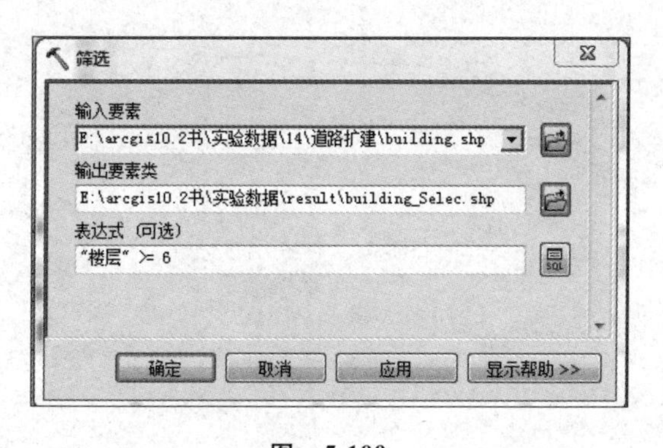

图 5-100

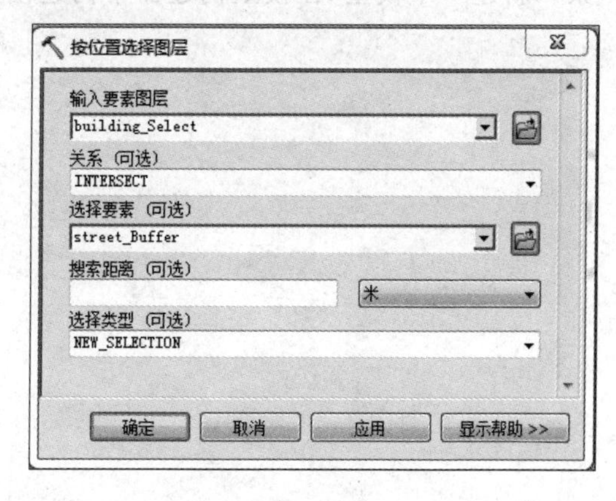

图 5-101

③ 右键单击输出变量"street_Buffer(2)"，在弹出的快捷菜单中选择【添加至显示】，选中【按位置选择图层】工具，右键选择【运行】选项，运行后的结果被添加到 ArcMap 中，被选中的楼房就是在道路扩建范围内且楼层数大于 6 的楼房。

④ 单击模型窗口工具栏上的自动布局按钮和全图按钮，完成模型窗口流程图的整理。

(5) 保存模型

单击模型窗口工具栏上的保存按钮，打开【保存】对话框，将模型保存到工具箱文件中(personal. tbx)，模型名称为"道路扩充"，如图 5-102 所示。

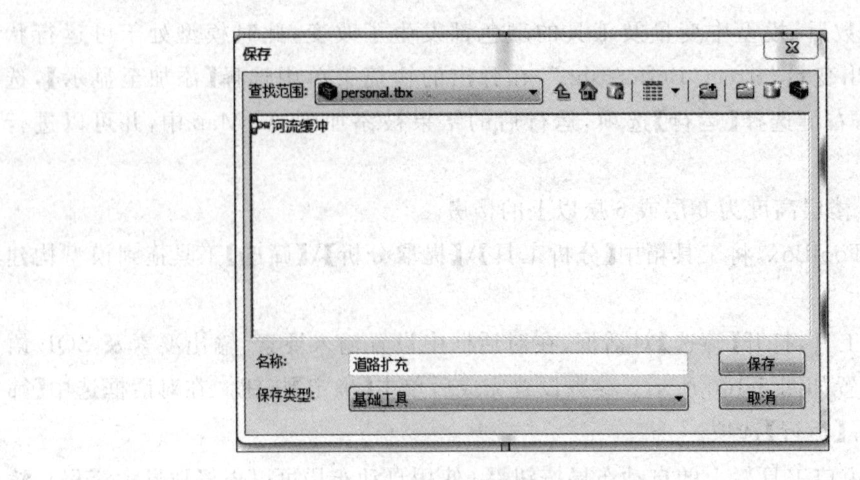

图 5-102

习题

1. 什么是模型构建器？模型构建器有什么优点？

2. 在“test.mdb”个人地理数据库中，有两个要素类：“road”（线要素）和“factory”（面要素），新建一个模型，在模型构建器中构建模型，选出道路 80 m 范围内的所有工厂。

第6章 ArcGIS的应用案例

本书前面5章主要介绍了ArcGIS桌面平台(ArcGIS for desktop)的基本理论和主要功能,其主要功能包括数据管理、制图和可视化、数据编辑及空间分析。空间分析功能是GIS平台区别于其他平台的主要特点,因此本书采用理论与实验相结合的方式,介绍了缓冲区分析、叠置分析及网络分析三种主要的空间分析方法。此外,还介绍了模型构建器(model building),以及利用模型构建器进行空间分析建模的方法,为解决复杂的空间分析问题提供了一种有效的手段。

ArcGIS应用领域非常广泛,在社会公共安全与应急服务、国土资源管理、遥感、智能交通系统建设、水利、电力、石油、国防、公共医疗卫生、电信等领域都有深入的应用。强大的空间分析功能是ArcGIS 10的特点与核心之一,无论对于栅格数据还是矢量数据,低维的点、线、面对象还是三维动态对象,都可以通过其空间分析功能的实现得到较为理想的结果。

本章利用前面所学的知识,尤其是空间分析和专题图功能进行应用案例讲解,一共包括两个案例:沈阳房价专题图分析和医院选址分析。本章通过模拟在业务、生产活动中的实际问题,介绍综合运用ArcGIS空间分析方法解决实际问题的思路和步骤,以期读者能够结合实际灵活运用知识,并能举一反三。

6.1 实验十五 华东地区房价专题图分析

6.1.1 实验要求

根据华东七省2014—2017年的省会城市房价和2017年居民人均收入,利用ArcGIS中的专题图功能,对华东地区的城市房价及收入进行分析和对比,要求如下:

(1) 根据华东七省省会城市2017年房价,生成华东地区房价渲染专题图;

(2) 制作华东地区各省会城市4年房屋价格对比分析专题图;

(3) 制作2017年华东地区房价与收入对应关系统计图;

(4) 创建2017年华东地区房价收入比气泡图。

6.1.2 实验背景

专题地图(thematic map)又称为特种地图,是着重表示一种或数种自然要素或社会经济现象的地图。专题地图由专题内容和地理基础两部分构成。ArcGIS有丰富的专题图功能,提供了渲染、分级显示、柱状图、饼图以及气泡图等多种专题图显示方法。ArcMap专题图的使用，将地图属性信息结合空间信息以直观、突出的方式表现出来。本案例采用数据专题、图标专题和多个属性组合专题等多种方式，表示华东七省省会城市房价与居民收入的空间分布规律及其相互关系，研究其发展变化和动态，从而分析全国房价与城镇居民收入关系的重要特征。

6.1.3 实验数据

本实验数据包括华东七省行政区划图和华东七省省会城市图，属性数据中各城市的房价源于安居网统计数据，居民收入来则来自国家网易新闻发布的数据，如表 6-1 所示，实验数据都存放在“文件夹 15”中。

表 6-1

文件名称	格式	位置	说明
华东地区.shp	Shapefile	15\	面要素，华东地区七省行政区
national.shp	Shapefile	15\test\	面要素，西北六省行政区

6.1.4 实验内容

1. 全国省会城市房价分级渲染图

省会城市的房价在一定程度上反映了该省的房价水平，以华东七省省会城市的房价为代表，分析整个华东地区各省的房价情况。根据七个省会城市 2017 年的房价高低进行渲染，通过颜色的深浅显示中国 2017 年华东地区房价大致分布情况。

(1) 打开 ArcMap 软件，添加“华东地区.shp”文件，在内容列表窗口中右键单击“华东地区”图层，在弹出的快捷菜单中单击【属性表】命令，打开华东地区的属性表，如图 6-1 所示。图 6-1 中“2014 房价”“2015 房价”“2016 房价”及“2017 房价”四个字段分别记录 2014—2017 年华东地区七个省会城市的平均房价(单位元/每平方米)，“2017 工资”字段保存 2017 年七个省会城市的平均工资(以元为单位)。

表

华东地区

FID	Shape *	Id	name	2014房价	2015房价	2016房价	2017房价	省会城市	2017工资
0	面	0	山东省	9341	9281	11667	15842	济南	6067
1	面	0	江苏省	18099	18697	24867	25733	南京	6680
2	面	0	上海市	30522	35237	52142	50077	上海	8962
3	面	0	浙江省	16984	16080	19553	21929	杭州	7330
4	面	0	福建省	13949	14577	19822	26771	福州	6522
5	面	0	安徽省	7825	8461	14983	14362	合肥	6173
6	面	0	江西省	9186	9212	9987	11396	南昌	6235

0 (0 / 7 已选择)

华东地区

图 6-1

(2) 关闭属性表，在内容列表窗口中右键单击“华东地区”图层，在弹出的快捷菜单中选择【属性】命令，就打开了省级行政区图层的属性窗口。

(3) 在属性窗口中单击【符号系统】标签，进入【符号系统】选项卡，在选项卡中进行如下设置：在显示列表中单击【数量】\【分级色彩】选项；在【字段】选项组的【值】下拉列表中选择“2017 房价”选项；在【色带】下拉列表中为分级赋色，具体设置如图 6-2 所示。

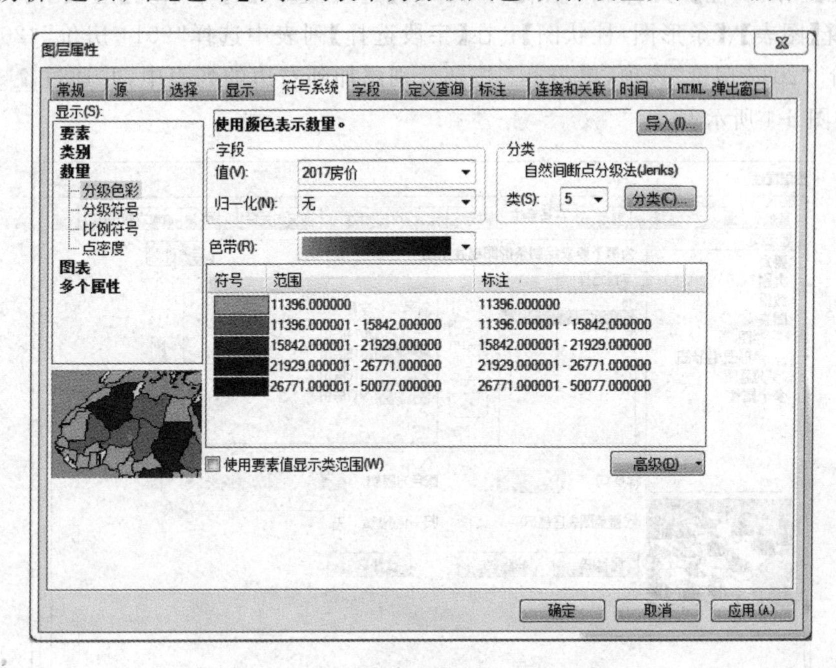

图 6-2

(4) 如图 6-2 所示，ArcMap 采用自然间断点分级法将房价分为 5 等，单击【应用】按钮完成分级渲染。

(5) 在【图层属性】对话框中单击【标注】标签，进入【标注】选项卡。在【标注字段】下拉列表中选择“name”字段，单击【确定】按钮退出【图层属性】对话框。在内容列表窗口中，右键单击【华东地区】图层，在弹出的快捷菜单中选择【标注要素】，每个省的名称就被标注在所在的省级行政区范围内，如图 6-3 所示。

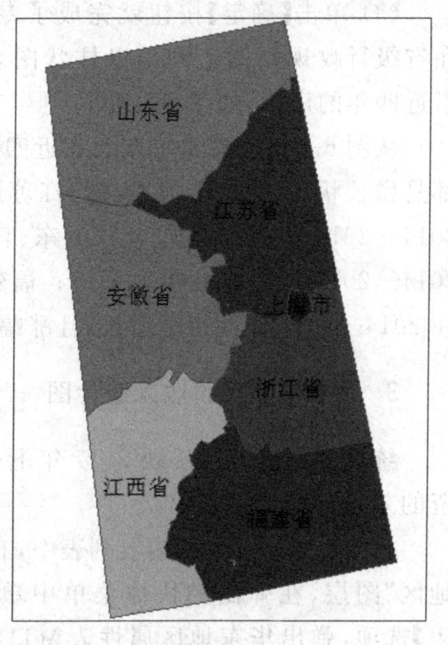

图 6-3

从专题图中可以看出 2017 年华东地区房价分布情况：上海是华东地区房价最高的区域；其次是江苏和浙江地区的高房价；而江西省的房价则相对较低。中国房价比较高的区域主要集中在东南沿海地区，而东北、西北和部分西南地区的房价则相对较低。

2. 华东七省四年房价分析专题图

根据 2014—2017 年各省会城市的房价，利用图表专题对比分析四年房价的变化情况，具体步骤如下：

(1) 在 ArcMap 中加载“华东地区. shp”文件，在内容列表窗口中右键单击“华东地区”图层，在弹出的快捷菜单中单击【属性表】命令，就打开了华东地区图层的【属性表】对话框。

（2）在【图层属性】对话框中单击【符号系统】选项，进入【符号系统】选项卡。在【显示】列表中选择【图表】\【条形图/柱状图】；在【字段选择】列表中选择“2014 房价”“2015 房价”“2016 房价”“2017 房价”选项，单击 < 按钮分别添加到右边的列表中，并通过↑↓键来调节顺序，如图 6-4 所示。

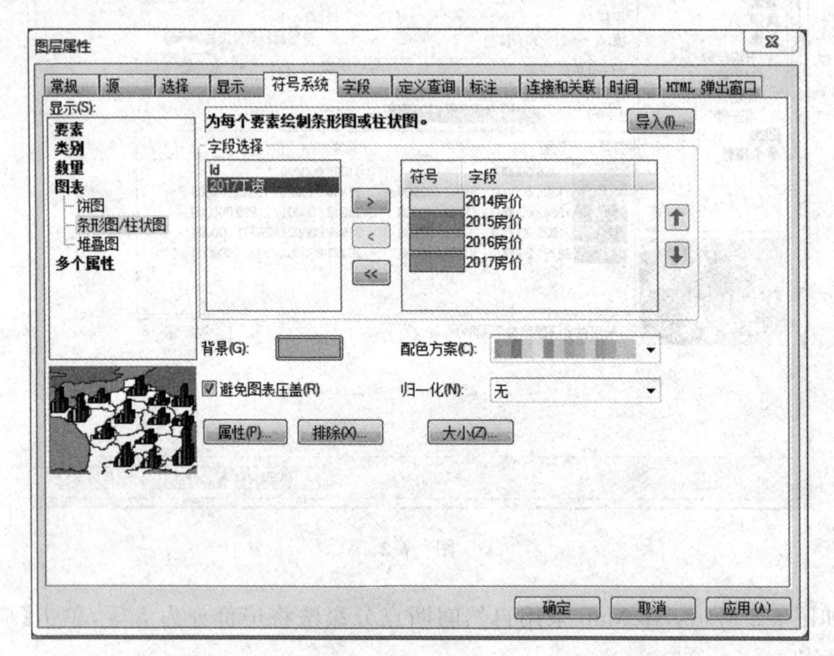

图 6-4

（3）单击【确定】按钮就完成了专题图的制作，在省级行政规划图上列出以柱状图表示的省会城市近四年的房价，如图 6-5 所示。

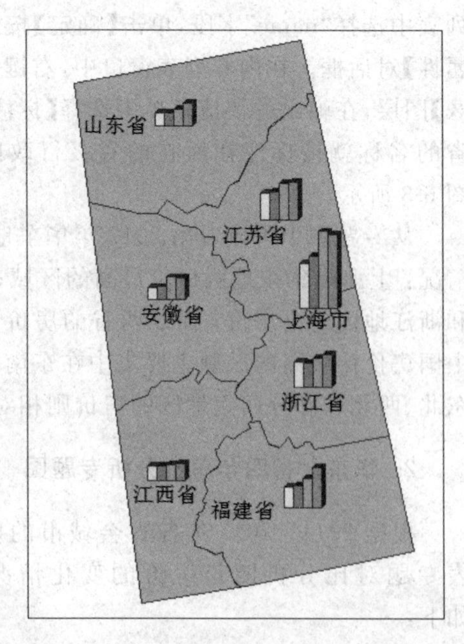

图 6-5

从图 6-5 可以看出华东七省近四年来房价基本都是增长状态，其中上海、安徽、江苏地区的房价在 2014—2016 年间增幅较大；山东、江西的房价在 2014—2017 年间增加幅度平缓；福建地区的房价在 2014—2017 年间持续增长，且涨幅不小。

3. 主要城市房价收入统计图

统计图最能直观反映 2017 年七个省会城市工资的差距。

（1）在 ArcMap 的内容列表中，右键单击“华东地区”图层，在弹出的快捷菜单中单击【打开属性表】选项，弹出华东地区属性表窗口。在属性表中选中“2017 工资”列，右键在弹出的快捷菜单中选择

【降序排列】选项，整个属性表就按 2017 年工资收入从高到低进行了一次排序。

(2) 单击属性表中表选项按钮，在弹出的下拉菜单中选择【创建图表】选项，打开【创建图表向导】对话框，在【图表类型】下拉列表中选择“水平条块”；【值字段】下拉列表中选择“2017 工资”选项；单击【Y 字段标注】下拉列表中选择“省会城市”；单击【水平轴】下拉列表选择“顶部”，这样 X 轴就会出现在顶部，而不是在统计图的下端。其他的设置如图 6-6 所示。

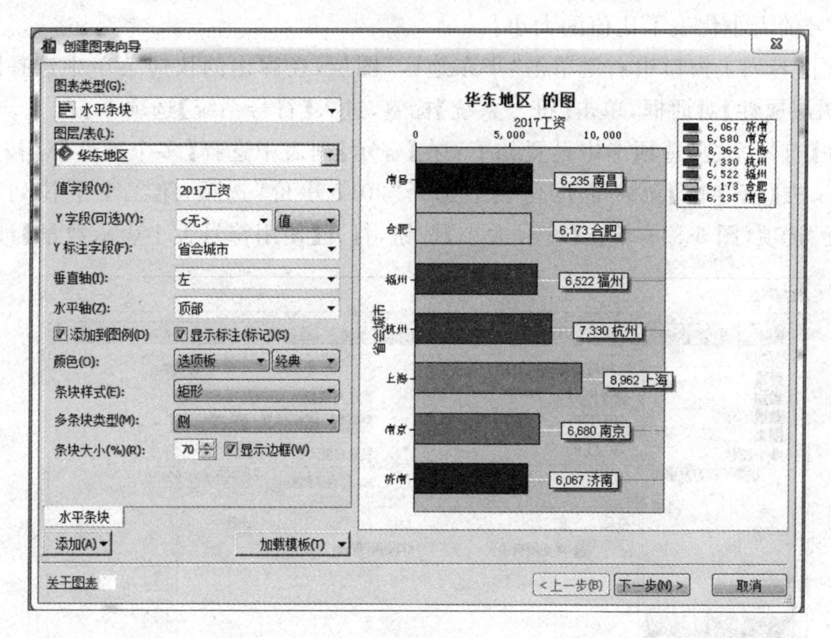

图 6-6

(3) 单击【下一步】按钮，在对话框中设置标题为“2017 年华东地区各省省会城市工资收入统计图”；勾选“以 3D 视图形式显示图表”复选框；其他均为默认设置，单击【完成】按钮。统计图生成结果如图 6-7 所示。

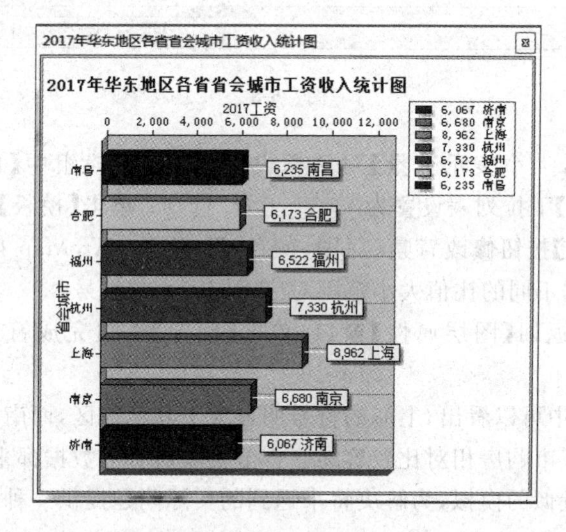

图 6-7

从图 6-7 中可以看出，上海的工资收入远远领先于其他城市，而南昌、合肥、济南等城市的工资收入较低，与高收入地区差距较大。

4. 2017 华东地区省会城市房价与收入对比专题图

通过分析，可用城市房价与城镇居民的工资收入之比来表示购房的难易程度，比值大的说明房价和收入差距较大，购房难，比值小的说明购房相对容易一些。这个比值可以用符号来表示，符号的大小代表了比值的大小。

(1) 在内容列表窗口中右键单击“华东地区”图层，在弹出的快捷菜单中选择【属性】选项，打开【图层属性】对话框，单击【符号系统】标签，进入【符号系统】选项卡。

(2) 在【符号系统】选项卡中设置如下：在【显示】列表中选择【多个属性】\【按类别确定数量】选项；在【值字段】第一个拉列表中选择“2017 房价”选项，第二个下拉列表中选择“2017 工资”选项(图 6-8)；单击【符号大小】按钮，打开【使用符号大小表示数量】对话框。

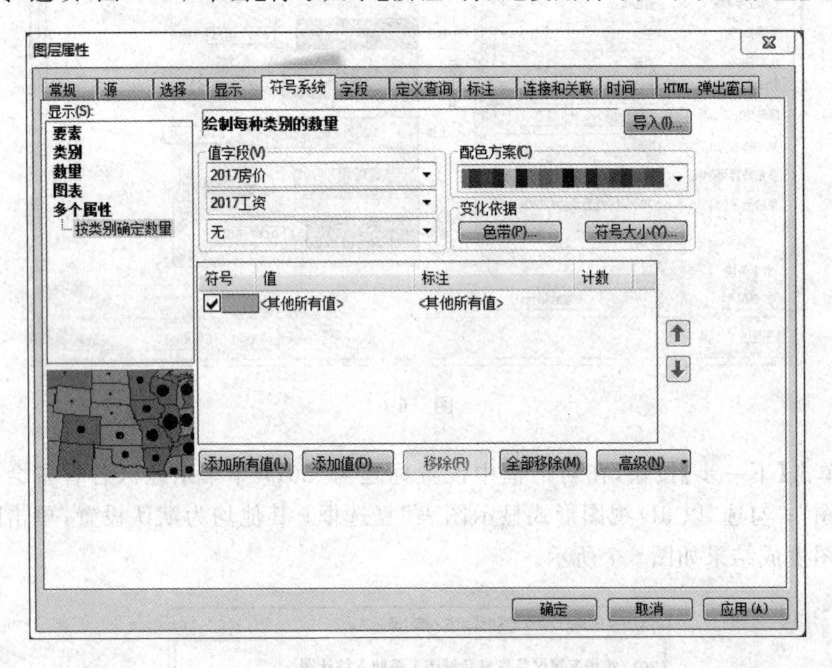

图 6-8

(3) 在【使用符号大小表示数量】对话框设置如下：字段组中【值】下拉列表设置为“2017 房价”，【归一化】下拉列表设置为“2017 工资”选项；单击【模板】按钮，修改符号的样式和颜色；单击【背景】按钮修改背景(底图)颜色(图 6-9)。ArcMap 自动采用自然间断点分级法分为五类，根据不同的比值大小范围对应不同大小的符号。

(4) 单击【确定】返回【图层属性】窗口，单击【确定】按钮完成符号专题图的制作，如图 6-10 所示。

在生成的专题图中可以看出，上海的符号明显大于其他地区，而南昌、合肥、济南等地的符号很小，说明这些城市购房相对比较容易。本节实验所有的数据都来源于网络，数据准确性不高，只是做一个近似的模拟，为解决将来遇到的实际问题提供一种方法和技术手段。

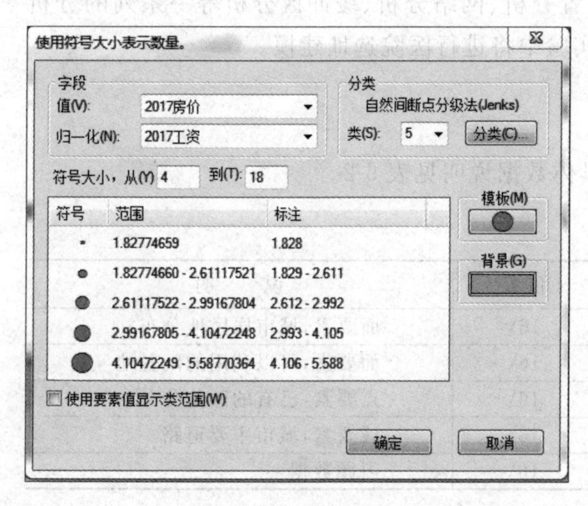

图 6-9

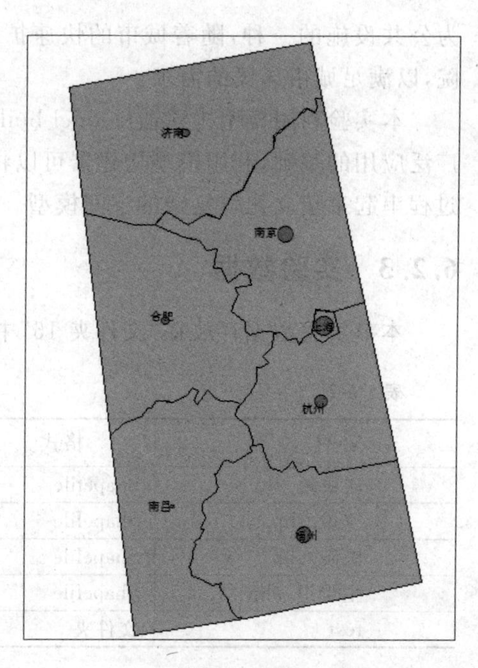

图 6-10

习题

在“test”文件下打开西北六省行政区图“national. shp”，进行如下操作：

（1）打开属性表，新建表示 2017 年西北六个省会城市房价的字段“2017 房价”，以及表示 2017 年这六个省城镇居民收入“2017money”字段，字段设置为长整型。

（2）在这两个字段中分别输入这六个省的房价和城市居民收入，相关数据可在网络查找。

（3）根据各省会城市的房价进行分级渲染。

（4）根据六省房价与城镇居民的收入对比制作符号专题图。

6.2 实验十六 医院选址分析

6.2.1 实验要求

在某中型城市进行医院选址，有以下要求：

（1）离主要公路不能太远，距道路 500 m 以内。

（2）靠近居民地，便于居民就医，距居民地不得超过 2500 m。

（3）不能浪费资源，要优化分配，离已有的医院至少 2000 m。

（4）医院要有一定的规模，能满足一般治疗要求，医院占地面积不得小于 10000 m^2。

6.2.2 实验背景

医院是城市医疗设施最主要形式，也是与城市居民的医疗活动联系最紧密的场所。作为公共设施的一种，随着城市的快速扩张，新的经济开发区及新的居民区需要及时新建医院，以满足城市居民的需求。

本实验利用模型构建器(model builder)进行空间分析建模。空间建模功能是 GIS 能被广泛应用的基础，利用模型构建器可以将叠置分析、网络分析、缓冲区分析等一系列的分析过程串起来建立比较复杂的空间模型。本实验中将进行医院选址建模。

6.2.3 实验数据

本节实验数据存放在“文件夹 16”中，具体数据说明见表 6-2。

表 6-2

文件名称	格式	位置	说明
居民地.shp	Shapefile	16\	面要素，城市居民地分布
空地.shp	Shapefile	16\	面要素，可以利用的闲置地
医院.shp	Shapefile	16\	点要素，已有的医院分布
主干道.shp	Shapefile	16\	线要素，城市主要道路
test	文件夹	16\	习题数据

6.2.4 实验内容

1. 创建模型

(1) 打开 ArcMap 软件，在工具条上单击 ArcToolBox 按钮，打开工具箱窗口，在工具箱窗口的空白处单击右键，在弹出的快捷菜单中选择【添加工具箱】，在打开的【添加工具箱】对话框中单击新建工具箱图标，在 ArcToolBox 窗口中创建一个名字为“select.tbx”的工具箱。

(2) 在 ArcToolBox 窗口中右键单击新建工具箱“select”，在弹出的快捷菜单中选择【新建】\【模型】命令，这样就打开了【模型】窗口。

2. 选址条件之一(距道路 200 m 以内)

(1) 在工具箱 ArcToolBox 窗口中单击【分析工具】\【领域分析】\【缓冲区】工具，按住鼠标左键将其拖到【模型】窗口中模型构建器的画布上，如图 6-11 所示。

(2) 在模型窗口中右键单击缓冲区方框，在弹出的快捷菜单中选择【打开】命令，打开【缓冲区】对话框，在对话框中设置输入要素、输出要素类、距离等参数，具体如图 6-12 所示。单击【确定】按钮，此时图中的图形颜色发生变化，表示准备运行，并且相关参数设置完毕。

(3) 右键单击缓冲区方框，在弹出的快捷菜单中单击【运行】命令。执行模型运行后，右键单击“主干道_Buffer.shp”椭圆框，在弹出的快捷菜单中选择【添加至显示】命令，这样生成的结果就显示在 ArcMap 窗口中。此时模型窗口如图 6-13 所示。

3. 选址条件之二(距离居民地 1000 m 以内)

(1) 在工具箱中单击【分析工具】\【领域分析】\【缓冲区】工具，将其拖到模型窗口的空白处。

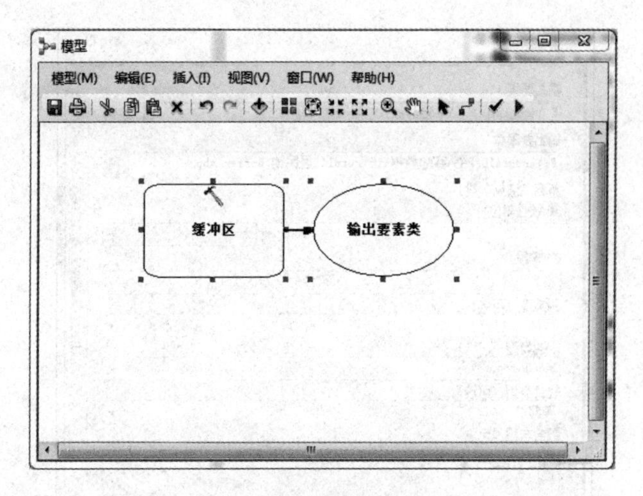

图　6-11

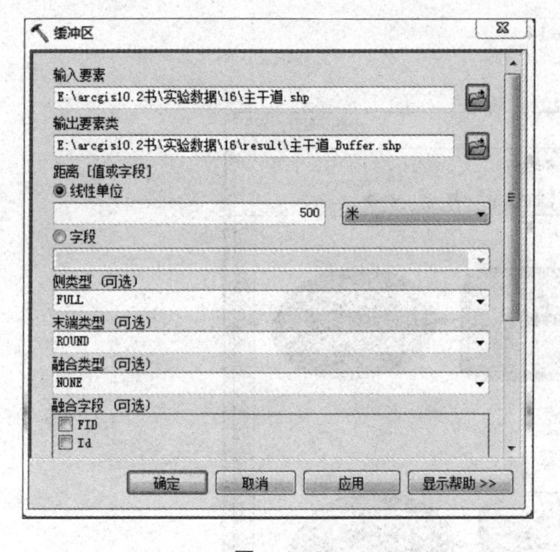

图　6-12

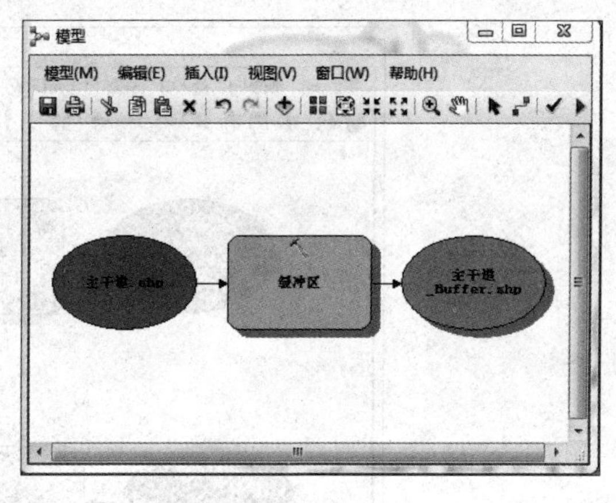

图　6-13

(2) 在模型窗口的工具条上单击添加数据或工具按钮 ，添加“居民地.shp”到模型窗口中，单击工具条上的连接按钮 ，分别单击“居民地.shp”椭圆框和“缓冲区(2)”方框，在弹出的菜单中选择【输入要素】。

(3) 右键单击“缓冲区(2)”方框，在快捷菜单中选择【打开】命令，在【缓冲区(2)】窗口中的设置如图 6-14 所示。

(4) 单击【确定】按钮，同样右键单击“居民地_Buffer.shp”椭圆框，在弹出的快捷菜单中选择【添加至显示】命令，右键单击“缓冲区(2)”矩形框，在菜单中选择【运行】命令，模型就开始运行。运行后模型窗口如图 6-15 所示。

4. 选址条件之三(距离已建成医院 2000 m 之外，且占地面积不小于 10000 m^2 的空地)

(1) 将工具箱中的缓冲区工具拖到模型窗口空白处。

(2) 右键单击“缓冲区(3)”矩形框，在弹出的快捷菜单中单击【打开】命令，打开【缓冲区

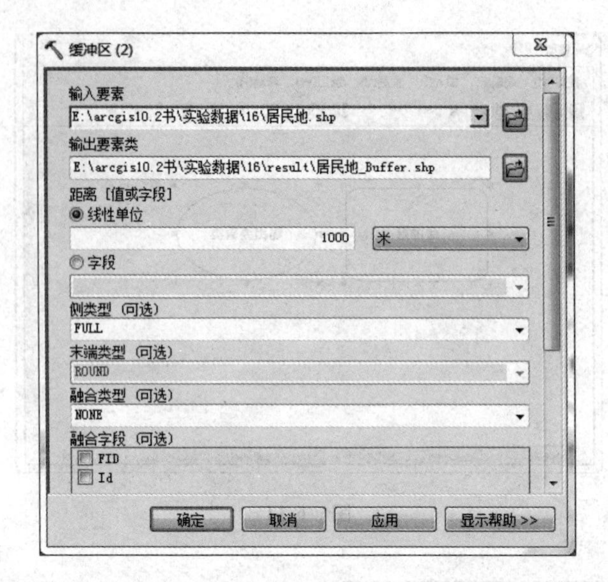

图　6-14

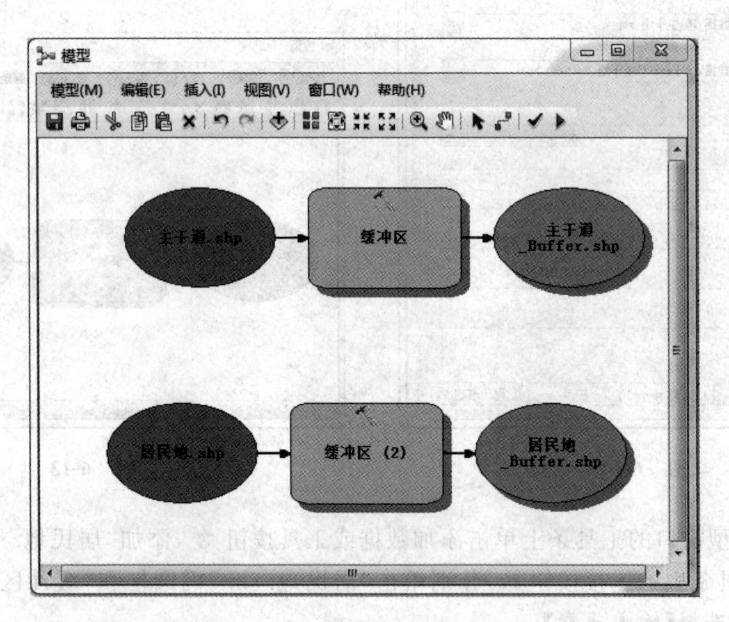

图　6-15

(3)】对话框，对话框中的设置如图 6-16 所示。

(3) 单击【确定】按钮就完成了必要参数的设置，再次右键单击“缓冲区(3)”矩形框，在弹出的快捷菜单中单击【运行】命令，模型开始运行，运行后的模型窗口如图 6-17 所示。

(4) 在工具箱中选择【分析工具】\【提取分析】\【筛选】工具，并将其用鼠标拖拽到模型窗口空白处，右键单击筛选矩形框，在弹出的快捷菜单中单击【打开】命令。【筛选】对话框中的设置如图 6-18 所示，注意此处要选择面积大于 10000 m^2 的空地，因此需要在查询构建器中构建 SQL 语句。最后进行模型运行操作，并将运行后的结果添加显示到 ArcMap 窗口，运行后模型窗口如图 6-19 所示。

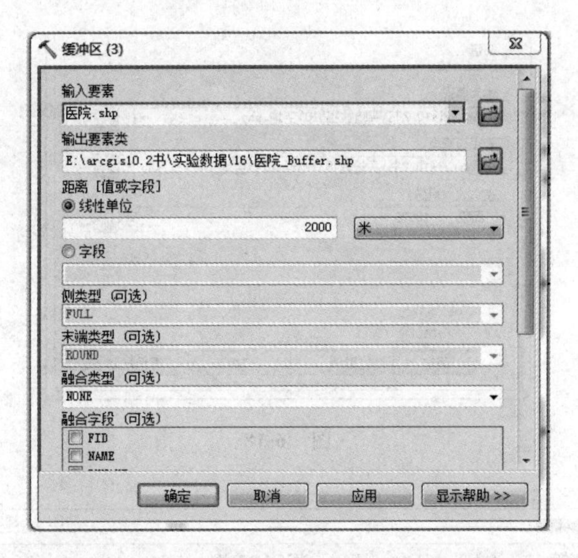

图　6-16

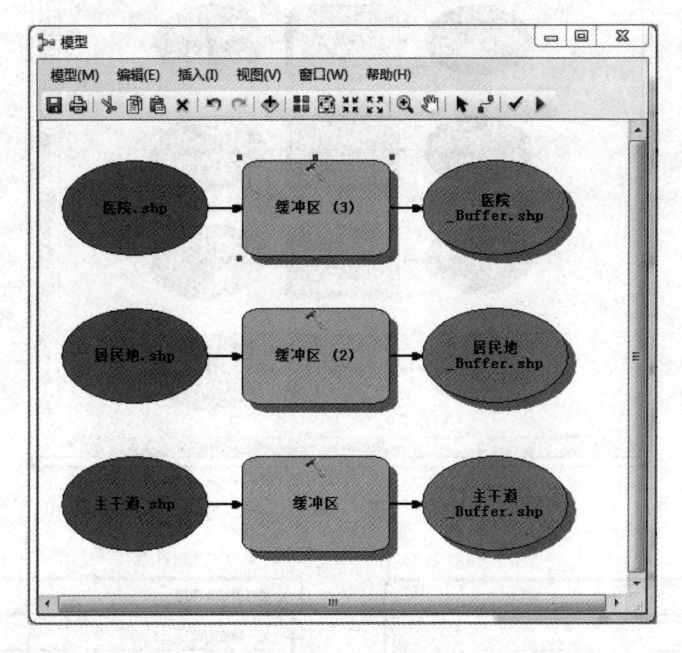

图　6-17

(5) 在工具箱中选择【数据管理工具】\【图层和表视图】\【按位置选择图层】工具，并将其用鼠标拖拽到模型窗口空白处，在模型窗口中双击“按位置选择图层”矩形框，弹出【按位置选择图层】窗口，窗口中参数的设置如图 6-20 所示，然后运行模型。

(6) 在模型窗口中右键单击“按位置选择图层”矩形框，在弹出的快捷菜单中选择【打开】命令，再次打开【按位置选择图层】对话框，在【选择类型】下拉列表中选择“SWITCH_SELECTION”选项，如图 6-21 所示。单击【确定】按钮，返回模型窗口，再次运行模型，右击“空地_Select(2)”椭圆框，在弹出的快捷菜单中选择【添加至显示】。

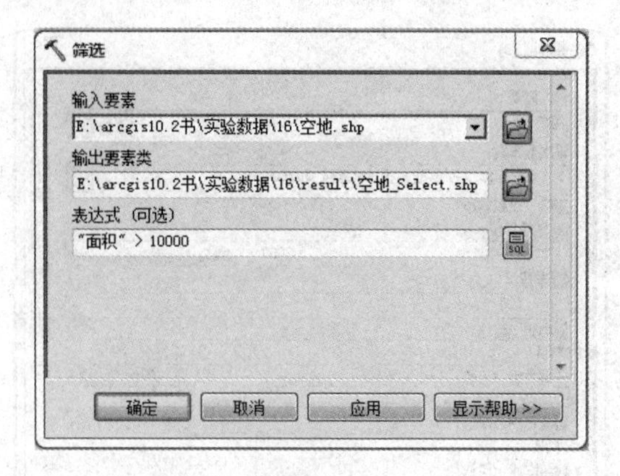

筛选
输入要素
E:\arcgis10.2书\实验数据\16\空地.shp
输出要素类
E:\arcgis10.2书\实验数据\16\result\空地_Select.shp
表达式（可选）
"面积" > 10000
确定
取消
应用
显示帮助 >>

图 6-18

模型
模型(M)
编辑(E)
插入(I)
视图(V)
窗口(W)
帮助(H)
筛选
缓冲区 (3)
缓冲区 (2)
缓冲区

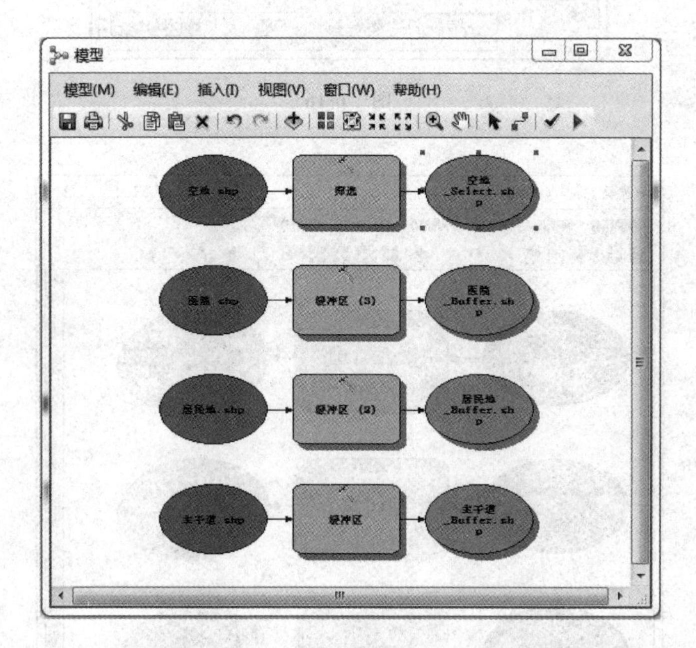

图 6-19

按位置选择图层
输入要素图层
空地_Select
关系（可选）
INTERSECT
选择要素（可选）
医院_Buffer
搜索距离（可选）
米
选择类型（可选）
NEW_SELECTION
确定
取消
应用
显示帮助 >>

图 6-20

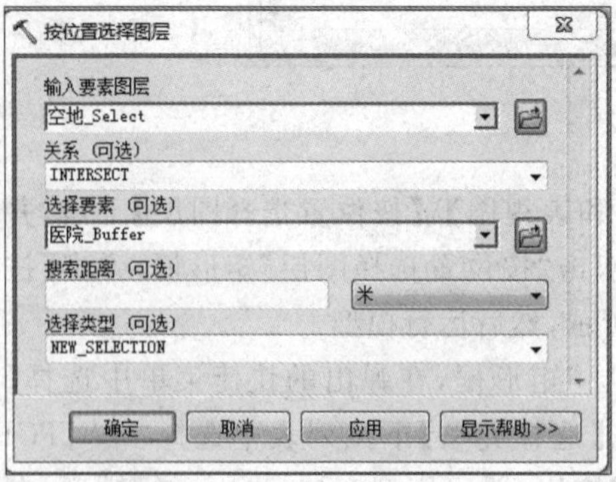

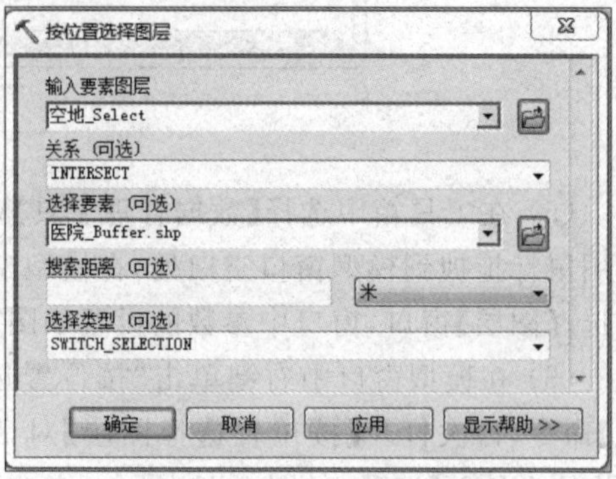

按位置选择图层
输入要素图层
空地_Select
关系（可选）
INTERSECT
选择要素（可选）
医院_Buffer.shp
搜索距离（可选）
米
选择类型（可选）
SWITCH_SELECTION
确定
取消
应用
显示帮助 >>

图 6-21

5. 选出满足条件的地块

(1) 在工具箱中选中【分析工具】\【叠加分析】\【相交】工具,并将其拖到模型窗口空白处。

(2) 在模型窗口的工具条上单击连接按钮,将前面模型运行的结果“空地 select(2)”椭圆框、“居民地_Buffer. shp”椭圆框、“主干道_Buffer. shp”椭圆框以输入要素的方式分别与相交矩形框相连,然后运行相交模型。

(3) 运行后模型窗口如图 6-22 所示。最后在“空地_Select_intersect”椭圆框中单击右键,在弹出的快捷菜单中选择【添加至显示】命令,将结果显示在 ArcMap 窗口中。最后选出的地块(空地_Select_Intersect. shp)与空地要素(空地. shp)进行比较,选出唯一符合条件的空地,如图 6-23 所示。

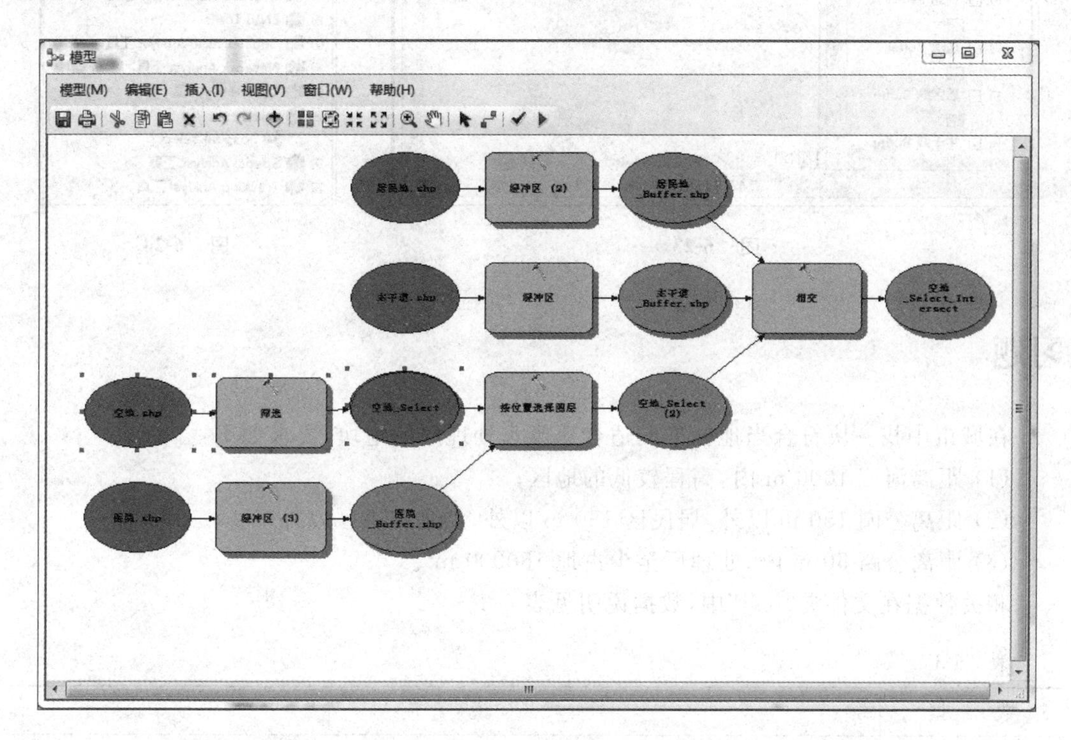

图 6-22

(4) 在模型窗口单击主菜单【模型】\【保存】命令,保存生成的模型。在 ArcToolBox 工具箱窗口中选中新建的模型,并单击右键,在弹出的快捷菜单中选择【重命名】命令,然后将新建的模型命名为“hospital_select”,单击工具箱空白处,完成模型的重命名,如图 6-24 所示。

小提示: 本实验的模型比较复杂,因此在构建模型时要反复使用模型窗口工具条上的自动布局和全图按钮,对已经生成的模型进行合理布局。

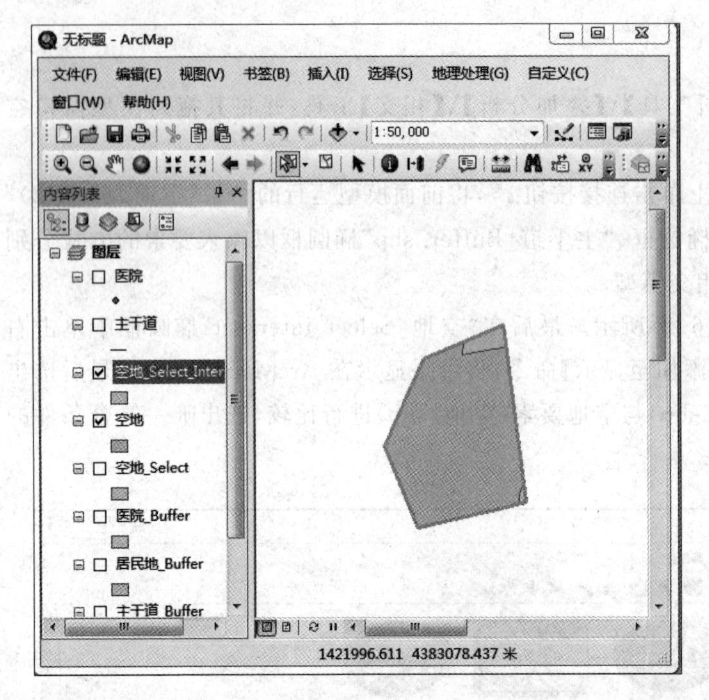

图 6-23

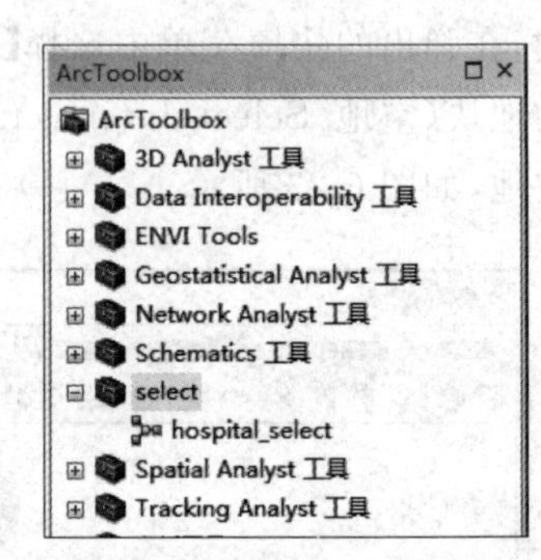

图 6-24

习题

在城市中找一块符合当地标准的适合建废水处理厂的地块，要求如下：

(1) 距离河流 1000 m 内，高程较低的地区；

(2) 距离公园 150 m 以外，居民区 150 m 以外，洪水灾害区以外。

(3) 距离公路 50 m 内，处理厂至少占地 150000 m^2。

相关数据在文件夹"test"中，数据说明见表 6-3。

表 6-3

数　据	说　明
river. shp	该地区河流分布图
lowland. shp	低洼地区分布图
parcel. shp	该地区可用地情况，其中字段 landuse＝510 为居民地；未利用土地在 700～799 之间
flood. shp	洪水区灾害区
park. shp	公园所在地图
street. shp	该区域公路分布图

参考文献

[1] 汤国安,杨昕. ArcGIS 地理信息系统空间分析实验教程[M]. 2 版. 北京：科学出版社,2016.

[2] 牟乃夏,刘文宝,王海银,等. ArcGIS 10 地理信息教程从初学到精通[M]. 北京：测绘出版社,2012.

[3] 王文宇,杜明义. ArcGIS 制图和空间分析基础实验教程[M]. 北京：测绘出版社,2011.

[4] 张明明,于沧海. ArcGIS 10.1 超级学习手册[M]. 北京：人民邮电出版社,2015.

[5] 李建松,唐雪华. 地理信息系统原理[M]. 2 版. 武汉：武汉大学出版社,2015.

[6] 邬伦. 地理信息系统：原理、方法和应用[M]. 北京：科学出版社,2001.

[7] 田庆,陈美阳,田慧云,等. ArcGIS 地理信息系统详解[M]. 北京：北京希望电子出版社,2014.

[8] PRICE M. ArcGIS 地理信息系统教程[M]. 李玉龙,何学洲,李娜,等译. 北京：电子工业出版社,2012.

[9] 全斌,任红鸽,刘沛林,等. ArcGIS 10.2 地理信息系统软件与应用[M]. 徐州：中国矿业大学出版社,2017.

[10] 维尔潘·L. 戈尔,克里斯腾·S. 库兰. ArcGIS 10 地理信息系统实习教程[M]. 朱秀芳,译. 北京：高等教育出版社,2017.